中华传世藏书

《图文珍藏版》

孝经

[春秋] 孔子等 ⊙ 原著

王书利 ⊙ 主编

诠解

第一册

线装书局

图书在版编目（ＣＩＰ）数据

孝经诠解：全6册 / (春秋) 孔子等原著；王书利
主编. -- 北京：线装书局, 2016.3
ISBN 978-7-5120-2130-3

Ⅰ.①孝… Ⅱ.①孔… ②王… Ⅲ.①家庭道德 – 中
国 – 古代②《孝经》– 研究 Ⅳ.①B823.1

中国版本图书馆CIP数据核字(2016)第014020号

孝经诠解

原　　著：［春秋］孔子　等
主　　编：王书利
责任编辑：高晓彬
装帧设计：博雅圣轩藏书馆 Boyashengxuan Cangshuguan
出版发行：线装书局
　　　　　　地　址：北京市西城区鼓楼西大街41号（100009）
　　　　　　电　话：010-64045283（发行部）　64045583（总编室）
　　　　　　网　址：www.xzhbc.com
经　　销：新华书店
印　　制：北京彩虹伟业印刷有限公司
开　　本：787mm × 1092mm　1/16
印　　张：150
字　　数：1826千字
版　　次：2016年6月第1版第1次印刷
印　　数：0001 – 3000套

定　　价：1580.00元（全六册）

孝感动天

队队春耕象，纷纷耘草禽。
嗣尧登宝位，孝感动天心。

虞舜，瞽瞍之子。性至孝。父顽，母嚚，弟象傲。舜耕于历山，有象为之耕，鸟为之耘。其孝感如此。帝尧闻之，事以九男，妻以二女，遂以天下让焉。

戏彩娱亲

戏舞学娇痴，春风动彩衣。
双亲开口笑，喜色满庭闱。

周老莱子，至孝，奉二亲，极其甘脆，行年七十，言不称老。常著五色斑斓之衣，为婴儿戏于亲侧。又尝取水上堂，诈跌卧地，作婴儿啼，以娱亲意。

鹿乳奉亲

亲老思鹿乳，身挂褐毛衣。
若不高声语，山中带箭归。

周剡子，性至孝。父母年老，俱患双眼，思食鹿乳。剡子乃衣鹿皮，去深山，入鹿群之中，取鹿乳供亲。猎者见而欲射之。剡子具以情告，以免。

百里负米

负米供旨甘，宁辞百里遥。
身荣亲已殁，犹念旧劬劳。

　　周仲由，字子路。家贫，常食藜藿之食，为亲负米百里之外。亲殁，南游于楚，从车百乘，积粟万钟，累茵而坐，列鼎而食，乃叹曰："虽欲食藜藿，为亲负米，不可得也。"

啮指痛心

母指才方啮，儿心痛不禁。
负薪归未晚，骨肉至情深。

　　周曾参，字子舆，事母至孝。参尝采薪山中，家有客至。母无措，望参不还，乃啮其指。参忽心痛，负薪而归，跪问其故。母曰："有急客至，吾啮指以悟汝尔。"

单衣顺母

闵氏有贤郎，何曾怨晚娘？
尊前贤母在，三子免风霜。

　　周闵损，字子骞，早丧母。父娶后母，生二子，衣以棉絮；妒损，衣以芦花。父令损御车，体寒，失镇。父查知故，欲出后母。损曰："母在一子寒，母去三子单。"母闻，悔改。

亲尝汤药

仁孝临天下，巍巍冠百王。
莫庭事贤母，汤药义亲尝。

　　前汉文帝，名恒，高祖第三子，初封代王。生母薄太后，帝奉养无怠。母常病，三年，帝目不交睫，衣不解带，汤药非口亲尝弗进。仁孝闻天下。

拾葚供亲

黑葚奉萱闱，啼饥泪满衣。
赤眉知孝顺，牛米赠君归。

　　汉蔡顺，少孤，事母至孝。遭王莽乱，岁荒不给，拾桑葚，以异器盛之。赤眉贼见而问之。顺曰："黑者奉母，赤者自食。"贼悯其孝，以白米二斗牛蹄一只与之。

卖身葬父

葬父贷孔兄，仙姬陌上逢。
织缣偿债主，孝感动苍穹。

　　汉董永，家贫。父死，卖身贷钱而葬。及去偿工，途遇一妇，求为永妻。俱至主家，令织缣三百匹，乃回。一月完成，归至槐阴会所，遂辞永而去。

刻木事亲

刻木为父母，形容在日时。
寄言诸子侄，各要孝亲闱。

　　汉丁兰，幼丧父母，未得奉养，
而思念劬劳之因，刻木为像，事之
如生。其妻久而不敬，以针戏刺其
指，血出。木像见兰，眼中垂泪。
兰问得其情，遂将妻弃之。

涌泉跃鲤

舍侧甘泉出，一朝双鲤鱼。
子能事其母，妇更孝于姑。

　　汉姜诗，事母至孝；妻庞氏，
奉姑尤谨。母性好饮江水，去舍
六七里，妻出汲以奉之；又嗜鱼脍，
夫妇常作；又不能独食，召邻母共
食。舍侧忽有涌泉，味如江水，日
跃双鲤，取以供。

怀桔遗亲

孝悌皆天性，人间六岁儿。
袖中怀绿桔，遗母报乳哺。

　　后汉陆绩，年六岁，于九江见
袁术。术出桔待之，绩怀桔二枚。
及归，拜辞堕地。术曰："陆郎作
宾客而怀桔乎？"绩跪答曰："吾
母性之所爱，欲归以遗母。"术大
奇之。

扇枕温衾

冬月温衾暖，炎天扇枕凉。
儿童知子职，知古一黄香。

　　后汉黄香，年九岁，失母，思慕惟切，乡人称其孝。躬执勤苦，事父尽孝。夏天暑热，扇凉其枕簟；冬天寒冷，以身暖其被席。太守刘护表而异之。

行佣供母

负母逃危难，穷途贼犯频。
哀求俱得免，佣力以供亲。

　　后汉江革，少失父，独与母居。遭乱，负母逃难。数遇贼，或欲劫将去，革辄泣告有老母在，贼不忍杀。转客下邳，贫穷裸跣，行佣供母。母便身之物，莫不毕给。

闻雷泣墓

慈母怕闻雷，冰魂宿夜台。
阿香时一震，到墓绕千回。

　　魏王裒，事亲至孝。母存日，性怕雷，既卒，殡葬于山林。每遇风雨，闻阿香响震之声，即奔至墓所，拜跪泣告曰："裒在此，母亲勿俱。"

扼虎救父

深山逢白虎，努力搏腥风。
父子俱无恙，脱离馋口中。

　　晋杨香，年十四岁，尝随父丰
往田获杰粟，父为虎拽去。时香手
无寸铁，惟知有父而不知有身，踊
跃向前，扼持虎颈，虎亦靡然而逝，
父子得免于害。

恣蚊饱血

夏夜无帷帐，蚊多不敢挥。
恣渠膏血饱，免使入亲帏。

　　晋吴猛，年八岁，事亲至孝。
家贫，榻无帷帐，每夏夜，蚊多攒
肤。恣渠膏血之饱，虽多，不驱之，
恐去己而噬其亲也。爱亲之心至矣。

尝粪忧心

到县未旬日，椿庭遗疾深。
愿将身代死，北望起忧心。

　　南齐庾黔娄，为孱陵令。到县
未旬日，忽心惊汗流，即弃官归。
时父疾始二日，医曰："欲知瘥剧，
但尝粪苦则佳。"黔娄尝之甜，心
甚忧之。至夕，稽颡北辰求以身代
父死。

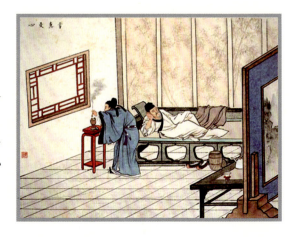

前　言

《孝经》是一部重要的儒家经典,是孔子和学生曾子的谈话,一问一答陈述了孝的道理、含义,记录、整理后,就成了我们今天的《孝经》。

《孝经》以"孝"为中心,通过孔子与其门人曾参谈话的形式,对孝的价值、意义、作用以及实行"孝"的要求和方法等问题进行了集中的阐述,是一部儒家孝伦理的系统化著作。

《孝经》认为,"孝"是"天之经也,地之义也,民之行也","德之本也,教之所由生也",认为"孝"是自然规律的体现,是人类行为的准则,是国家政治的根本。

《孝经》在唐代被尊为经书,南宋以后被列为"十三经"之一,共分十八章,全文不足两千字,是十三经中篇幅最短的一部。

《孝经》在中国古代影响很大,历代王朝无不标榜"以孝治天下",唐玄宗曾亲自为《孝经》作注。

《孝经》是孝道的理论总结,又是古代"五经"之总纲、"六艺"之根本。明代的黄道周说:"《孝经》者,道德之渊源,治化之纲也。六经之本,皆出于《孝经》,而大、小戴《礼》,皆为《孝经》义疏。"

"孝""孝行""孝道"和《孝经》的意义与价值,《吕氏春秋·孝行览》有这样的话,值得今人体会:"凡为天下,治国家,必务本而后末。所谓本者,非耕耘种植之谓,务其人也。务其人,非贫而富之,寡而众之,务其本也。务本莫贵于孝。""夫孝,三皇五帝之本务,而万事之纪也。""夫执一术,而百善至,百邪去,而天下从者,其唯孝也。"虽然有些夸大其词,且文化背景也有很深的百代隔离的沟壑,但是其深层的理念与智慧也许还是值得人们去体味的。

"孝"是一棵从人的心灵深处生长出来的道德之树的根,根正才能大树苗壮,根深才能枝繁叶茂,根蒂牢固才能花果飘香。

"孝行"是顺应人心、顺因人性、顺从人情、顺依人本之德行。我们需要从这种道德的根本上去浇灌、去培土、去养育,并将孝行弘扬之、广大之、寥廓之。

"孝道"是因性而明教、追文反质的至道。它是从人性中揭示出来、概括出来、提升出来的，又返回去指导人们怎样去做人、办事、立身、齐家、处世、治国、平天下的大道。

此套《孝经》共十八章，主要从五个方面展开论述，读者可以从任何一个感兴趣的地方去读：

一、围绕着《孝经》，数千年的历史生发出来的许多谜团，讲述在历史中的风风雨雨中，《孝经》到底经历了哪些饶有趣味的事情。诸如孝道的发展和演变、孝的种类、不孝之罪等。

二、从现代社会来观察与《孝经》的联系，直接诠释现代智慧的转换，这是希望古为今用、执古御今，诸如以孝齐家、以孝治国等，让现代人能用上《孝经》的智慧，为现代人的人生、事业的成功进行针对性的现代解读。

三、解读《孝经》原文，阅读、浏览、欣赏这本经典，让大家知道《孝经》到底讲了些什么。在这一部分我们还把唐玄宗的《孝经注》、清顺治的《孝经注》和清雍正的《孝经注》全部收录到书里了。

四、由《孝经》而品读它的"案例读本"，那就是著名的、影响深远的《二十四孝》，本书收录了"二十四孝原本"和"二十四孝别录"，这也许能让我们更加近距离地看到孝的魅力与作用。

五、《孝经》的智慧典藏在历史中，层积在每一个王朝中，我们将其抽绎出来，诸如"劝孝歌""孝道雅俗之语""践行孝道"和孝的应用等，供大家品味一番。

现代人曾经冷淡、冷冻了孝道与《孝经》，然而孝之道永远不会消失殆尽、灭迹无踪，因为"孝"的根子就扎在每个人的心的最深处、情感最原始的生发地。尽管有的人的心灵已经荒芜，甚至不堪回首，但是一旦触动，便会如一道闪电照亮那地方。

论国学智慧，则孝道不能不讲，《孝经》不能不读。因为此中的智慧不是肤浅而是太深，义理不是迂腐而是太重，层积不是薄陋而是太厚，作用不是轻微而是太大，现代智慧不当置若罔闻而是太亟须转换。但愿本书或能像一道闪光，虽微弱但还能烛照到达心灵的深处，虽闪烁但还能照亮前行的路标，让暗昧者辨明，让明哲者更明！

目 录

第一章 《孝经》概述

一、《孝经》其书

中国古代文献典籍浩如烟海，其中有一类被称为"经"，如"四书五经""十三经""金刚经"等，那么什么是"经"？

孔子之前，文献典籍由于战火、语言文字和书本材质等问题，大部分都没有保持下来。孔子要学习古代的历史，能够查到的资料是非常有限的，他也常常向别人请教，很多知识都来源于口耳相传。孔子开始办私学的时候，需要将一些古代书籍拿来教授学生，古代书籍开始流传。

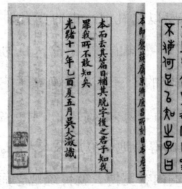

《孝经》书影

孔子教授的书籍主要是距今三千年前的周朝到当时流传了几百年的著作。包括了《诗》《书》《礼》《易》这四本，和孔子自己编写的《春秋》。汉代设立了学馆，将前面的五种书并称为"五经"。前面四部书最为古老，时间可以追溯到三千年前的周朝。经过孔子的整理，这些书成为当时学习的权威，也就是"经"，这几本书改名为《诗经》《尚书》《周礼》《周易》。

《诗经》为中国现存最早的一部诗集，也是最早的一部文学作品集。《尚书》是中国现存最早的历史文献集。《周易》是中国现存最早的一部哲学著作，相传为周文王在安阳羑里监狱所作。《仪礼》是研究中国周代礼仪的著作。

在汉代，以《易》《诗》《书》《礼》《春秋》为"五经"，官方颇为重视，立于学官。唐代有"九经"，也立于学官，并用以取士。所谓"九经"包括《易》《诗》《书》《周礼》《仪礼》《礼记》《春秋》三传。

唐文宗开成年间于国子学刻石，所镌内容除"九经"外，又加上了《论语》《尔雅》《孝经》。五代时蜀主孟昶刻"十一经"，排除《孝经》《尔雅》，收入《孟子》，《孟子》首次跻入诸经之列。

南宋硕儒朱熹以《礼记》中的《大学》《中庸》《论语》《孟子》并列，形成了今天人们所熟知的《四书》，并为官方所认可，《孟子》正式成为"经"。至此，儒家的十三部文献确立了它的经典地位。清乾隆时期，镌刻《十三经》经文于石，阮元又合刻《十三经注疏》，从此，"十三经"之称及其在儒学典籍中的尊崇地位更加深入人心。

《十三经》的内容宽博，就传统观念而言，《易》《诗》《书》《礼》《春秋》谓之"经"，《左传》《公羊传》《谷梁传》属于《春秋经》之"传"，《礼记》《孝经》《论语》《孟子》《仪礼》均为"记"，《尔雅》则是汉代经师的训诂之作。这十三种文献，当以"经"的地位最高，"传""记"次之，《尔雅》又次之。

"经"即是"常"，也是"纲"，是国家民族最根本的立国精神，比法律更具有约束力。每个朝代都有自己的法典，但是几乎都沿用这些经典，因此说经典比法律更加稳固。

《孝经》以孝为中心，比较集中地阐发了儒家的伦理思想。"夫孝，天之经也，地之义也，人之行也。"书中指出，孝是诸德之本，"人之行，莫大于孝"，国君可以用孝治理国家，臣民能够用孝立身治家，保持爵禄。

另外值得一提的是，《孝经》首次将孝亲与忠君联系起来，认为"忠"是"孝"的发展和扩大，并把"孝"的社会作用推而广之，认为"孝悌之至"就能够"通于神明，光于四海，无所不通"。

《孝经》对实行"孝"的要求和方法也做了系统而详细的规定。它主张把"孝"贯穿于人的一切行为之中，"身体发肤，受之父母，不敢毁伤"，是孝之始；"立身行道，扬名于后世，以显父母"，是孝之终。它把维护宗法等级关系与为君主服务联系起来，主张"孝"要"始于事亲，中于事君，终于立身"，并按照父亲的生老病死等生命过程，提出"孝"的具体要求："居则致其敬，养则致其乐，病则致其忧，丧则致其哀，祭则致其严。"

从这本书的分章来看，《孝经》还根据不同人的身份规定了行"孝"的不同内容：天子之"孝"要"爱敬尽于其事亲，而德教加于百姓，刑于四海"；诸侯之"孝"要"在上不骄，高而不危，制节谨度，满而不溢"；卿大夫之"孝"则一切按先王之道而行，"非法不言，非道不行，口无择言，身无择行"；士阶层的"孝"是忠顺事上，保禄位，守祭祀；庶人之"孝"应"用天之道，分地之利，谨身节用，以养父母"。

《孝经》提出要借用国家法律的权威，维护其宗法等级关系和道德秩序。在中国自汉代至清代的漫长社会历史进程中，它被看作是"孔子述作，垂范将来"的经典，对传播和维护社会纲常、社会太平起了很大作用。

二、《孝经》主旨

"孝"字考略两千多年来，《孝经》中的养老、敬老、尊老、亲老、送老思想被反复地强化，成了中华民族固有的传统美德，甚至具有了法律的功能。

（一）孝的等级

《孝经》《论语》是古代童蒙识字的必读经典，通常是先读《孝经》《论语》，之后再读《诗》《书》《礼》《易》《春秋》五经。《孝经》一千七百九十九字，自产生以来，受到统治者的高度重视。在古代的中国，孝的概念是不断变化的，历代对《孝经》注而又注，疏而又疏。据说，前后给《孝经》作注的达五百多家，各有各的解读，但无论怎样解释，都离不开《孝经》文本。然而，《孝经》又分为今文孝经和古文孝经，这也给注释《孝经》带来了困难，但总体上是以十八章为主。历代统治者之所以重视《孝经》的研究、推广，甚至唐玄宗亲自参与注释《孝经》，其根本原因是：孝是德之本，孝体现了圣人之德，孝能够起到规范家庭伦理道德，调整家庭人际关系的作用，而这种功能可以与法律互补；孝在许多方面的功能作用，是法律不能代替的。

《孝经》到底有着怎样的含义呢？要理解这个问题，首先得从《孝经》开始，其次，要从《孝经》产生的背景入手，也就是从孔子、曾子所处的时代来分析，才能彻底地解读《孝经》的意义。

在"开宗明义第一"中，就非常明确地将《孝经》要阐述的思想说得清清楚楚："夫孝，德之本也，教之所由生也。""立身、行道，扬名于后世，以显父母，孝之终也。夫孝，始于事亲，中于事君，终于立身。"这段话有两个意思，第一倡导以"德"治天下，第二是说孝源于父母，是天经地义的，孝自个人再延伸到事君、立身。

《孝经》的首要意思，也是最为本质的意义，就在于德治，接下来在"三才章"中有"夫孝，天之经也，地之义也，民之行也。……是以其教不肃而成，其政不严而治"。这种德治源于是自然的法则，来源于天，是任何人都不可违背的。

《孝经》体现的第二个意思是，孝是普遍的社会法则。孝渊源于血缘关系，既然任何人都有父母，那就意味着，上白天子，下到百姓，都得讲孝道。所以，接下来就是"天子章""诸侯章""卿大夫章""士章""庶人章"，各个阶层，不论贵贱，都得受孝的约束。

第三，孝有等级。《孝经》中非常明确地按照不同的级别，来规范各自应当要做的孝行，先规定天子，最后到庶人。至于这一点，有人曾问王安石，说为什么在《孝经》的"天子章""诸侯章""卿大夫章""士章"中，都引《诗》的一句话来结尾，独独"庶人章"不引《诗》中的句子。王安石回答说，这样做的目的，就是要体现孝是有等级的。虽然王安石的这种解释有些牵强，但也说明了在当时严格的等级制之下，孝的确是有等级的，天子之孝、诸侯之孝、卿大夫之孝、士之孝、庶人之孝，各自不同。

《孝经》何以会成为古代中国德治的标准呢？统治者如何会如此强调将孝作为一种普遍的道德来规范社会，包括天子本人呢？这一切，源于中国先秦时期是一个孝的社会，孝的思想深入到社会生活的各个方面。在先秦典籍中，孝的观念很流行，无论是上层社会人士，还是普通的百姓，都讲孝心孝行。《尔雅·释训》有"善父母为孝，善兄弟为友"。《说文》的解释是："孝，善事父母者，从老省，从子，子承老也。"春秋时期的著作《左传》《国语》中，孝言、孝行也是较为普遍了。在《左传·文公十八年》中，季文子的一句话"孝敬忠信为基德，盗贼藏奸为凶德"，将孝、敬联用，在《国语·晋语》中，有"事君以敬，事父以孝"的说法。晏子将孝纳入君臣、父子、兄弟、夫妻的关系中，作为整个社会伦理道德的规范，晏子说："君令臣共，父慈子孝，兄爱弟敬，夫和妻柔，姑慈妇听，礼也。君令而不违，臣共而不二，父慈而教，子孝而箴，兄爱而友，弟敬而顺，夫和而义，妻柔而正，姑慈而从，妇听而婉，礼之善物也。"这些话，都大大地丰富了孝的含义，从这些言论中，不难看出，孝在先秦时期，不独词语丰富，它在本质上起着规范各个不同层次的关系，它的调节功能是异常强大的，故孝在先秦时期得到了统治者普遍认同。

《孝经》是先秦孝的思想的系统化，完成这一工作的是孔子、曾子等。根据研究证实，《孝经》的言语主要来源于《尚书》《诗经》《左传》《国语》《论语》《孟子》《荀子》等书。《孝经》的进步意义不只是简单地将孝的思想系统化，更为重要的是，它在含义上的扩充，尤其是将孝的思想扩展到了忠君思想上，从家庭关系扩展到国家关系上，这是一个巨大的进步，这就使得《孝经》更加受到统治者的青睐，无疑也就强化了《孝经》的政治功能。历代统治者看中了《孝经》强大的政治功能、稳定社会的功能，大力提倡《孝经》，故有汉朝以孝治天下，唐朝有家藏《孝经》的说法。《孝经》中的养老、敬老、尊老、亲老、送老等思想，也被反复地强化，成了中华民族遵守的固有的传统美德，甚至于具有了法律的功能。

（二）《孝经》的注疏

历代学者不间断地对《孝经》进行注疏，从而丰富了孝的含义，其中，《孝经衍义》是集大成者。《孝经》自产生以来，就形成了巨大的影响，并被其他的书所引用，第一个引用《孝经》的是《吕氏春秋》。通常认为，《吕氏春秋》是吕不韦及其门人的著作，此书属于杂家。《吕氏春秋》所引的是《孝经》诸侯的文字，"高而不危，所以长守贵也；满而不溢，所以长守富也"。若将这段引用的文字与现在的《孝经》比较，还是有一些不同。汉文帝时，设《孝经》博士，《孝经》被立于学官，成了专门的学问。《孝经》的解释也就成了一项重要的工作，皇帝中给《孝经》注释的有：晋元帝的《孝经传》、晋孝帝的《总明馆孝经讲义》、梁武帝作《孝经义疏》、梁简文帝的《孝经义疏》、唐玄宗的《孝经注》、清世祖的《孝经注》、雍正的《孝经集注》。皇帝参与注疏《孝经》，主要还是出于政治上的目的，希望通过提倡孝道，督促官员、百姓重孝、讲孝，形成一个稳定、和睦的社会。清初著名的文学家、藏书家朱彝尊，根据自己的收藏，著《经义考》一书，其中就列举了历代对《孝经》作注的著作，总数285部，这显然不是全部，因为朱彝尊的藏书比起朝廷的藏书，实在是差得太远。不过，最为重要的注家的注释基本上都收集到了。除了我们通常所说的传统的儒家学者对《孝经》作注外，佛家、道家也有人对《孝经》作注，如南朝齐、梁间的著名道士陶弘景就有《集注孝经》一书，南朝宋僧慧琳有《孝经注》一卷，再就是十六国时的释慧始著有《孝经注》，南朝陈沙门灵裕有《孝经义记》。

　　以上只是就《孝经》的本义及其产生的背景作了一些概述，那么，后来的学者到底是如何认识、阐述这区区的一千七百多字的呢？显然，每个时代对《孝经》的解释都是不同的，其本质含义在不断变化，但基本意思不变。康熙时，编订的《御定孝经衍义》，是一部集大成的著作，全书一百卷，汇集了历代注释《孝经》的成果。将其目录列出，就可以看出中国古代的学者是如何将这短短的一千多字衍义成百万言的。单就《御定孝经衍义》的目录就可以看出，《孝经》的延伸意义是远远超出了我们今人的想象，由孝所引申出来的意义，已经是包罗万象了。古人将孝视作是一个无所不在的真理，放之四海皆准，"孝为王道之本，万化之原，故曰：夫孝，置之而塞乎天地，溥之而横乎四海，施之后世而无朝夕。推而放诸东海而准，推而放诸西海而准，推而放诸南海而准，推而放诸北海而准，然而无所不包者，其体施之有方，达之有渐，能足乎其量；而无以加者其用，其体则足乎？赤子之心，无憾于匹夫之贱，蔬粟饮水，与尊养四海，其致一也。"甚至有人认为，《孝经》是六经之始，早在汉朝的郑康成就有了此说："孔子以六艺题目不同，指意殊，别恐道离散，后世莫知根源，故作孝经以总会之。"郑康成的意思是说，孔子先著述了《诗》《书》《礼》《乐》《易》《春秋》六经，最后才著述《孝经》，是想以《孝经》来总领六经，以防后人不知六经的根本，也可防止随意解释六经。后来，魏徵等人在著述《隋书》时，又抄了这句话："孔子既叙述六经，作《孝经》以总会之，其枝虽分，本萌于孝者也。"

《御定孝经衍义》目录列表

衍至德之义	仁、义、礼、智、信。
衍要道之义	父子、君臣、兄弟、夫妇、朋友（师弟子附）。
衍教所由生之义	礼、乐、政、刑。
天子之孝	爱亲（衍爱亲之义）：早谕教、均慈爱、敦友恭、亲九族、体臣工、重守令、爱百姓、课农桑、薄税敛、备凶荒、省刑罚、恤征戍。
天子之孝	敬亲（衍敬亲之义）：事天地、法祖宗、隆郊配、严宗庙、重学校、崇圣学、教宫闱、论官才、优大臣、设谏官、正纪纲、别贤否、制国用、后风俗。
诸侯之孝	敬爱、不骄、不溢、爱亲、敬亲、法服、法言、德行。
士之孝	爱亲、敬亲、事君忠、事长顺。
庶人之孝	爱亲、敬亲、用天道分地利谨身节用。
大顺之征	

在《孝经》的意义解读中，有三种解读的方式，第一种是常规的解释方式，那就是用孔子或六经中的言语来进行解释。这种解释是最多的，也是一般人都能接受的，我们通常见到的解释，多是这一种。第二种解释是用汉朝谶纬学说来解读，这种解释在我们今天的人看来，实在是离奇，不可接受。这种解释有一本书，叫作《孝经纬》，该书最早在《后汉书》中引用，但作

者无考，原书已不传。但后来的著作中，常常引用它的只言片语，《太平御览》中引用得较多。根据此书的用语特点，应当是汉朝作品，解释的方式是用当时流行一时的谶纬学说，其说牵强附会之处较多，比如，"王者德至，渊泉则醴，泉出"，"王者德至，鸟兽则凤凰翔"，"王者奉己约俭，台榭不侈，尊事耆老，则白雀见"，虽然这些解释很怪异，但后来的学者，仍常常会引用其中的一些片段。第三种解读的方式，就是使用《易经》来解释。这种解释的方式盛行于宋朝，《易经》作为中国古代的主要经书之一，一开始并不像《尚书》《孝经》等存在今文、古文之争。但到了宋朝，《易经》本身的解读就是争论的问题之一，这也引起了人们对《易经》的关注和研究，也有人用《易经》来解释《孝经》。康熙年间的《御定孝经衍义》，正是这一解读方式的代表之作，它引用各种解释，其中也包括《易经》的一些解释。

三、《孝经》作者

是谁撰写了《孝经》？

《史记·仲尼弟子列传》中记载："曾参，南武城人，字子舆，少孔子四十六岁。孔子以为能通孝道，故授之业，作《孝经》。死于鲁。"从这个记载中我们可以知道，曾参比孔子小 46 岁，孔子把曾参看做是能通晓并传布孝道的最合适人选，于是选定曾子专门传授了孝道。《孝经》也由是而来。但到底是孔子作了《孝经》，还是曾子作了《孝经》？《史记》中没有清晰地指明，因此后人或认为《孝经》是孔子作，或认为是曾子作。

《史记》之后的另外一本史书《汉书·艺文志》中说："《孝经》者，孔子为曾子陈孝道也。夫孝，天之经，地之义，民之行也，举大者言，故曰

《孝经》。汉兴，长孙氏、博士江翁、少府后仓、谏大夫翼奉、安昌侯张禹传之，各自名家。经文皆同，唯孔氏壁中古文为异。"这里的"孔氏壁"指的是孔子裔孙孔鲋于秦末时所藏，汉武帝时鲁恭王扩建宫舍，推倒孔子故居墙壁时发现其中藏有经书。《汉书》中也没有说是谁作了《孝经》。《孔子家语》中也有"曾参志存孝道，故孔子因之以作《孝经》"的记载。

司马迁距孔子的时代已经过去了三百多年，比整个唐代的时间还要长，他们自然没有详细的史料知道到底是谁写的，因而就按照前人的观点来记载了。

唐代所写的《隋书·经籍志》中说"孔子既叙六经，题目不同，指意差别，恐斯道离散，故作《孝经》以总会之。"明确指出《孝经》是孔子写的，不过，这也是一家之说。

如今，对于《孝经》的作者主要有以下几种说法：

第一种，孔子撰写了《孝经》。

国学家杨伯峻说：《孝经》不是孔子所作，不待智者而后明，因为一翻《孝经》本书便会明白。孔子若作《孝经》，哪能称他的学生曾参为"曾子"，之后后人对前人表示尊敬的时候才会用"子"，孔子称其弟子，经常就是"由""求"这样直呼其名的。另外《孝经》中出现了一些孔子以后的一些书，如《左传》《孟子》《荀子》，孔子不可能知道他死后一两个世纪的人说过什么话。和《论语》对比，《孝经》论孝大不相同，甚至有矛盾处，难道是孔子前后言行不一？所以越到后代，主张孔子作《孝经》的人便逐渐少了。

第二种，孔子弟子曾子作《孝经》。

按照《史记》和《汉书》的记载，如果排除了孔子写《孝经》，那么剩下的就只有曾子了。对此，杨伯峻先生在《经书浅说》中的建议是：这一说法，在司马迁时未受重视；到两晋以后，附和者渐多。但取《礼记》和《大戴礼记》曾子论孝诸事与《孝经》比较，也有很多不统一的地方，所以这一说也不可信。

李学勤说："《孝经》文中多称引《诗》《书》，体例与《礼记》所收《中庸》《大学》相似，确为曾子一系儒家作品。《吕氏春秋》曾引《孝经》，证明其书成于先秦。"

第三种，曾子弟子中的子思作《孝经》。

宋代的王应麟《困学纪闻》引宋代冯椅之说："子思作《中庸》，追述其祖之语乃称字，是书当成于子思之手。"此认为《孝经》乃曾子弟子中的子思所作，一些学者较倾向此说，主要理由是《缁衣》《中庸》《坊记》《表记》出自《子思子》，《孝经》与《缁衣》四篇多在"子曰"之后引《诗》《书》，风格相同，应该属于同一时代、同一作者的作品。

第四种，后人伪造《孝经》。

宋代的朱熹认为《孝经》是后人附会而成。其曾云："《孝经》独篇首六七章为本经，其后乃传文。然皆齐鲁间陋儒家纂取左氏诸书之语为之，至有全然不成文理处。传者又颇失其次第，殊非《大学》《中庸》之俦也。"而清代姚际恒《古今伪书考》认为《孝经》是汉儒所伪造。

除此之外，还有人怀疑其他的作者，这里只罗列集中最有代表性的观点。

到底是谁撰写了《孝经》？一直到今天还没有统一的结论。我们认为，从各种信息来看，不可能是孔子自作，也不可能是曾子自作，同样也似乎不可能是孟子弟子所作，亦然不可能是汉儒伪造。比较下来可能性大的选择方向是两个：一是孔子弟子所作，一是孔子门人的弟子所作。如果偏重于后者的话，那么有可能是曾子的学生所作；如果再把范围缩小，那么或者可能是

一一

曾子的弟子中的子思所作。但是在还没有十分确定是子思或曾子一系所作时，不妨采取较宽泛一些的看法，留有余地，有待今后进一步的考证、统一认识。

四、今古文《孝经》

一切要从"焚书坑儒"开始说起。

焚书坑儒发生在秦朝。秦始皇三十四年（公元前213年），博士齐人淳于越反对当时实行的"郡县制"，要求根据古制，分封子弟。丞相李斯加以驳斥，并主张禁止百姓以古非今，以私学诽谤朝政。秦始皇采纳李斯的建议，下令焚烧《秦记》以外的列国史记，对不属于博士馆的私藏《诗》《书》等也限期交出烧毁；有敢谈论《诗》《书》的处死，以古非今的灭族；禁止私学，想学法令的人要以官吏为师。此即为"焚书"。《孝经》也应该在被焚之列。

第二年，两个修炼功法炼丹的术士侯生和卢生暗地里诽谤秦始皇，并逃亡而去。秦始皇得知此事，大怒，派御史调查，审理下来，得犯禁者四百六十余人，全部坑杀。此即为"坑儒"。两件事合称"焚书坑儒"。

在先秦，《孝经》曾被《吕览》引用过，秦代因焚书坑儒而不见流传，汉代突然出现了《孝经》。《孝经》是从哪里来的？

先是汉代初年，一个叫作颜贞的人献出了《孝经》。汉惠帝看重思想文化建设，废除秦时所定的"挟书"令，鼓励民间献出所藏的书籍。后来朝廷还派出人员到各地寻访亡佚经典，于是，河间人颜芝的儿子颜贞把自己家私藏的《孝经》献了出来。

后来汉代又出现了《孝经》的另外一个版本，这个版本是用先秦的古文字写成的，也称为孔壁古文《孝经》或"古文《孝经》"。这里的"古文"是相对于秦始皇统一汉字之后而言的。

之所以称为"孔壁古文"，与这个古文孝经出现的地点有关。相传西汉武帝末年，鲁国的恭王刘余，本是汉景帝的儿子，想要扩大自己的宫室，于是扩建而将附近孔子旧宅的房子给毁坏了。房子墙壁被毁坏时，人们忽然发现墙壁有夹层，里面藏有东西，结果从中得到了藏在其中的《尚书》《礼记》《论语》《孝经》等书简，都是用古文字写成的。据说，这些典籍还是在秦始皇焚书坑儒的时候，由孔子的第九代嫡孙孔鲋偷偷地藏在古宅的墙壁内的。鲁恭王将这批书籍归还了孔家。为了纪念孔鲋的藏书之功，后来人们就在古宅的院子中特意修建了一座象征性的墙壁，称为"鲁壁"，也称为"孔壁"。"孔壁"中的这些用古文写的经典文本，也就被称为了"古文经"。

一本今文《孝经》，一本古文《孝经》，它们有什么区别呢？

古文《孝经》比今文《孝经》多一篇"闺门"，也就是给女人尽孝单列的一章，其他今文《孝经》中的十八章，在古文《孝经》中变成了二十二章。也就是说，古文《孝经》比今文的多一篇，其余的各篇目都是相同的。

到了汉成帝时，刘向奉命整理古籍，他以今文《孝经》对照互校，最后定了是八章，这个《孝经》的文本一直流传到今天。

五、《孝经》的历史

尽管如此，人间仍有未烧书。当时有个人叫颜芝，冒着生命危险，把《孝经》藏了起来，等到汉朝初年政治环境变得宽松起来，他的儿子颜贞就把《孝经》拿出来献给朝廷了。到汉文帝的时候，汉朝就设立了《孝经》博士，同时还有别的博士，如研究《论语》的等等。后来武帝的时候朝廷立了五经博士，那里面没有《孝经》，但不是不读《孝经》，而是《孝经》这时候已经被纳入了小学（做人的基本规范要求）范围，也就是说，汉朝要求一个人在童年时代就要读《孝经》。

那么，在古代《孝经》和其他经典是什么关系呢？是不是《孝经》仅仅属于初级读物呢？汉朝有一个大儒，叫郑玄（字康成）说过一句话，"《孝经》是六经总汇"。《诗》《书》《礼》《乐》《易》《春秋》汇到一起，用非常简短的话把他们的要义讲出来，就得讲《孝经》。《孝经》的地位原来如此重要。按章太炎先生的理解："《孝经》是国学之宗。"宗，就是根本，国学的根本，不能不讲《孝经》，因为你要有所作为，《孝经》就是行动的指导。

汉以后《孝经》在中国历史上的影响就铺开了，"圣朝以孝治天下"。古人特别是帝王非常注重自己的谥号，那是对他一生的评价。汉朝自惠帝以后，所有的皇帝谥号都有一"孝"字。其实严格地讲汉文帝应该叫汉孝文帝，汉武帝叫汉孝武帝才对。这种谥号特点影响了中国两千多年（清朝末年慈禧的谥号叫孝钦）。西汉大儒董仲舒对《孝经》研究得很深。东汉的时候，《孝经》得到了进一步推广，期门、羽林之士，这些皇帝的禁卫军都要背诵《孝经》。

魏晋南北朝之后，中国历史陷入混乱，按钱穆先生所讲：这段时期支撑着中国文化的是中国的门阀制度。长期以来我们对这种制度的评价偏重于负面作用，有失公正。实则，历史上的门阀制度以家族为单位，讲究家庭内部的和谐友爱，在历史上很有意义的；尤其在传播中华文化方面，起到了不可替代的作用。当时社会非常混乱，如果没有那些豪门大族的支撑，中国文化精神的保存一定会遭受危机。当时人对士族的尊崇不是没有文化缘由的。比如晋代的王家、谢家，大家都知道，这些家族里面主要贯彻孝道，没有孝道，家族没有办法把各个成员凝聚起来。所以我们说这段中国历史虽然政治上非常混乱，但在民间有坚实的文化基础。中国文化经过所谓的"五胡乱华"而没有灭亡，和孝道深入民间有很大的关系。所以在唐朝初年的时候，皇帝虽然政治地位很高，但对待这些豪门出身的大臣也都很尊重，那是当时的社会风气使然。

唐朝是信仰非常自由的时代。一些皇帝，如唐太宗，儒释道都能接受，宋、元、明、清等朝代都一如既往地把《孝经》放在了重要位置，有些皇帝表现得还很突出。

六、《孝经》的注释

历代给《孝经》作注释的学者很多，尤其引人注目的是这里面包括了很多皇帝。为《孝经》作注释最集中的朝代是魏晋南北朝。这个时候国家纷乱，给《孝经》作注释和讲解的皇帝特别多。后来历代都有皇帝要么自己讲《孝经》，要么自己主持，请学术权威讲《孝经》，要么干脆自己参与解释《孝经》。最著名的参与者是唐玄宗。今天我们用的《十三经注疏》本就是唐玄宗综合了各种解释所做的权威解释。

唐玄宗李隆基两次注解《孝经》，是《孝经》传播史上最著名的事件。他还把这些注释连同经文都刻在了石头上，叫《石台孝经》。这个《石台孝经》现在还有，在陕西的西安，是用隶书写的，不是唐代流行的楷书。《石台孝经》的文本是西汉刘向整理定稿的，注释是唐玄宗写的。当然唐玄宗不是按照自己的好恶任意发挥，他实际上综合了以前的学术成果。这部《孝经》的注释在历史上站得住，不是因为他的政治地位，而是因为注释有一定的学术水准。其实给《孝经》作注的人不少，古今都算上有四百多家。这些注释里面有皇帝作的将近二十家。唐玄宗的注释传了下来，很不简单。有些学者说唐玄宗在用自己的权力推行他的《孝经》注释，这个说法欠公允。如果如其所云，唐玄宗的注释的流行也仅限于唐代，这无法解释后来的读者为什么还不会舍弃他的注释。

再以后，在宋代宋太宗把《孝经》刻出来赠给大臣；宋高宗书法很好，把《孝经》写出来赐给大臣。元代也很重视。明太祖朱元璋对《孝经》也很重视。清朝康熙、雍正、乾隆都非常重视。一直到咸丰皇帝，可能觉得社会有了一些问题，他增加了一个科举考试科目，把《孝经》的内容增加进去。

我要说的就是历代帝王都非常重视《孝经》。这个问题的反面也有值得注意的现象，帝王这么重视，那么《孝经》在解释的过程中也同样受到限制。所以有人说"帝王重视《孝经》，使《孝经》变成了变相的《忠经》"，变成效忠皇帝的经文了。应该说帝王们主要的用心在这里，移孝作忠，"求忠臣必于孝子之家"，这是从政治方面的考虑。所以历代皇帝在表彰《孝经》的时候，同样《孝经》本身的解释也受到限制，《孝经》中很多大义不容易凸现出来。

近代的《孝经》注释，因作者的立场往往是反对孝道、反对中国传统家族制度的，故经常带有批判色彩。《孝经》被人们抛弃了，不是《孝经》本身被抛弃了，而是它所要表现的孝道不再作为价值观为人们所接受了。

今天我们解读《孝经》，就是要公正地对待经典，把被掩盖的那部分经义解释出来。不是把唐玄宗的注释简单翻译成白话文就算理解了，我们这个时代不需要这样的做法。这个时代不再有帝王，没必要努力向"移孝作忠"的方向去理解。

这部传自孔子，经曾子传下来的经典，自有其魅力，自有其深意，我们有责任公正地对待它。

七、《孝经》的文本

关于《孝经》章节的名称很早就有了，不是近代人起的，孔子之后，也就是在曾子当时就有这个说法。章节名称起得非常精确，基本上能把各章的主要内容很准确地概括出来，这很不容易。我们在研读《孝经》的过程中就能够明显地感受到这一点。

《孝经》有两个文本，我们今天用的是今文本，《孝经》还有古文本。今文，所谓"今"就是当时，是汉朝，也就是说今文成为定本的时候是在汉朝，也就是我们前面讲过的颜氏父子保存献出的那个文本。汉朝的时候使用的文字是隶书。为什么要献出来？秦始皇统一天下之后，实行的政策是焚书坑儒。儒家的东西传起来就有生命危险，整个家族就有可能被杀掉，所以没有人敢传《孝经》。秦始皇时候制定了限制经典流传的法律，汉朝初年都没有改变，仍在使用秦律。这个法律主要是禁止人们私自流通书籍，尤其是儒家经典。一直到汉惠帝四年的时候才开始把禁令消除，在汉武帝的时候才开始有较大的改观。

首先出现的是今文本（即颜氏本）。今文本出来以后，孔家的传人孔安国又传出了古文本，就是孔家自己传的东西。孔家有家学，都世代传承孔子的经典，但是在秦始皇时藏起来了，在夹壁墙里面的一个秘密小仓库里藏着。把这个献出来，大学发现这是汉朝之前的东西，是用六国文字记载的，用古文写的。所谓的古文是相对于汉朝来说的，汉朝如果是"今"的话，古文就是汉朝之前的文字。汉朝是隶书，而古文不是隶书，应该是秦始皇统一天下用的小篆之前的文字。统一天下大家都要写篆书，李斯倡导写小篆。古文还在小篆之前，属于六国文字。

六国文字不像有些学者所夸大的差别那么大，如果真那么大的话就没办法交流了。它是加了其他各个国家（齐、楚、燕、韩、赵、魏、秦）的一点特点。在流传过程中，比如楚国文字写的时候有一些特殊的符号，在考古学上，挖掘出来可以看出是属于楚系文字，但不是说这个文字和其他国家的文字就没法沟通，而是有相当的趋同性。我们在研究战国文字的时候就可以比较了，尽管有差异但是其造字法—许慎所说的六书造字法是贯穿在其中的。

秦始皇统一文字不假，但并不是说原来的不能读，只是他加以规范而已；何况时间也很短，统一天下才十几年就被推翻了。那个时代推广文字，没有相当长的时间效果不会很明显。今文和古文出现之后，相当长一段时间流行的是今文。古文流传过一段时间后就在中国历史上消失了，这与战乱有关，更主要的是国家没有采用由孔家流传出来的古文本。

秦始皇

古文本和今文本在用字上是有些区别的。今文本十八章，古文本二十二章，分的章节不太一样，用的字也不一样，但是绝大多数文字都是相同的。这不是两部经文，而是一部经文通过不同的文字传承系统表现出来了，有一点点区别。由于长期使用今文，古文慢慢地就失传了。后来在朝鲜、日本发现了古文本，又反过来"出口转内销"，传回来。这一传回来，很多学者就觉得这个文本不对，觉得不是原来中国的古文本，是日本人自己伪造的。

现在学者研究觉得从日本传回来的这个应该是真正的古文本，原来认为是假的这个说法站不住脚。为什么呢？因为在日本传回中国的文本中我们发现很多用字和隋唐时候的用字非常吻合，断定这个文本是在隋唐时候流入日本。那个时候日本大规模地向中国派遣唐使，最早叫遣隋使，往隋朝派留学生。他抄就是在当时那种环境中抄的，抄完之后没有动。这个没动留下了我们宝贵的考古方面和鉴定方面的标志。从文字抄写风格看可以知道是哪个朝代的，这样的考证之后发现，我们今天看到从日本传回来的古文本就是孔安国献出来的，后来失传的那个。

现在我们在学《孝经》的时候就有两个文本可以用，古文和今文。今文和古文它们的章节名称是一样的，这说明什么问题？说明章节的名称来源非常早。古文本和今文本章节名称是一样的，除了古文本多出的部分以外，重合的部分章节名称是一样的。章节的名称取得非常早，应该是孔子的七十二贤人再下一辈的人就给它起名字了。有一种说法是认为子夏在儒家传承经典的过程中起的作用很大，子夏（卜、商）在孔门四科中是文学。这个文学不是今天的古典文学、外国文学，是文献和经典，是经典传承、经典解释。有人讲："章句之学从子夏开始"章句之学一直传到汉代，成了最发达的显学。

在西汉的时候解释经文的传统大概有两个：一个是微言大义，像董仲舒的《春秋繁露》；那是微言大义，子夏的不是微言大义，是章句之学，重点体现在文献的整理和解读上。文献的整理就包括给每一章起名字，这应当是儒学在传承过程中的一个风气。我们推断曾子和子夏是同一个时代的人，在往下传的过程中互相有影响，所以章句之学会蔚然成风。

大致算定一下，给章句起名字不会太晚，应当在战国时期。我们在讲《孝经》的时候，我们的讲法是继承传统，但是我们和清代的传统不太一样。清代的传统非常注重家法，一家一户的家法。讲今文就完全按照今文来讲，不掺杂古文，讲今文又按照各自的流派不掺杂其他。这样的做法在经典解释过程中现在看来是有问题的，原因比较复杂，不打算详细讲。简单地讲这种家法的追溯在考古上、考证上意义非常重大，非常必要，但是在学习过程中未必是最重要的。如果我知道哪一个家法，通过考证原原本本地说出来，不会掺杂别的其他的信息。这样的做法是对的，但在理解经文上未必是这样，因为你要看家法是怎么出现的。

汉代的家法特别讲究传承的纯粹性，这里面包括了维护自身的学术权威性，讲究传多少代没有变，有纯粹性。老师怎么讲你怎么学，你再传给你的弟子必须是这样。这里讲的不完全是道理，讲的是学术上的严谨。为什么在这里严谨性、血统的纯粹性与文字本身的内涵出现了区别？因为这个时候要用经典来获得功名利禄，经典能给你带来社会地位。所以这个时候传承经典的人很多，各家各派都特别注重自己系统的纯粹性，避免和别人混淆。如果混淆你就没有独特的地位了，慢慢地在传承过程中你就被淘汰了，这是从政治的角度来讲。

清朝人为什么注重这个？清朝的东西以考证学著称，但是清朝在大义方面不太敢深入，涉及人性、涉及政治，甚至涉及历史都大致采用回避的态度。所以清朝在考据学上非常繁荣，但是在义理建设方面显得非常薄弱。有一位近代著名的学者杨向奎先生（曾在山东大学任教）说："清朝最伟大的思想家戴震（戴东原），也是中国近三百年来最伟大的思想家。"可是读了戴东原的作品，尤其总抨击理学的，你会发现他谈的内容可能他本身还没有入门。这话说得有点儿绝对，但大家可以去看，尤其大家可以看一下台湾学者的研究成果，看他们怎么来评价戴东原的。

真正大张旗鼓表彰戴东原的是胡适，为什么胡适喜欢谈戴东原？主要表彰戴东原思想方面的成就。其实，戴东原在学术方面的成就不用胡适来表彰，整个清朝都给他评价很高。胡适说戴东原不仅仅考据学是权威，他在思想方面也是大师。前半句话是对的，久成定论；后半句话是不对的，这样的人怎么是思想方面的大师呢？他的作品都在，大家可以去看。

宋明理学关于心性修养方面的见解他深入不进去，他是用常人、普通人的生活常识来对待宋明理学。今天我们在研究宋明理学的时候也会涉及这个问题。这是非常严重的问题。就好像你用一个五音不全、艺术细胞非常稀少的人去评价一首歌曲，评价艺术，他往往不得要领。头脑再精明，理性再发达，在这个地方使不上劲。理学有特殊的修持方法，你要按照那个方法去做才可以，不是理性思辨能够解决的，也不是调用一下日常生活中的经验就能深入进去的。这个问题我们在这儿稍微点一下。

所以过去古人所讲的家法，今天在讲《孝经》的时候，我们不会亦步亦趋地照抄下来。我们为了把这部经文讲清楚，在相当多的地方我们会参照古文本。古文本很重要，包括在读其他经典的时候古文本也是非常重要。过去一直强调今文本，我觉得今文本当然是最重要的，但是古文本起到的参照作用是不可替代的，不能说是可有可无。有些难字真的是需要古文本来解释。所以我们在讲解《孝经》的时候以今文本为主干，也会参照古文本。

八、曾子与《孝经》

《孝经》不同于曾子一些分散在各处的零散的言论，它是一部系统的著作。《孝经》一千七百九十九字，共十八章，是十三经中最短的经文，但几乎涵盖了社会生活的各个方面，成为中国古代政治、经济生活的重要组成部分，影响中国达两千多年。

"孝"字是什么时候与畜、养的意思一致而有了"孝道"之意的呢？有人推测，第一个将养老之"畜""养"字与事神之"孝"字二义结合起来的人，就是孔子，这在《论语》的记载中可以看出。在《论语》卷1中，孔子有四个弟子问孔子关于"孝"的问题，这四个人是孟懿子、孟武伯、子游和子夏，这就是著名的"四子问孝"。虽然他们四个人问的是同样的问题，但孔子在回答这四个弟子时，答案却是不一样的。孟懿子问孝，孔子回答"无违"，"生事之以礼，死葬之以礼，祭之以礼"。这个"无违"，说的是在孝养父母时不要违反了礼制。后来，朱熹的解释是，生事葬祭，事亲之始终。孟武伯问"孝"时，孔子回答说："父母唯其疾之忧。"意思是说，父母最为担心的是自己的儿子生病，所以，作为儿子，如果能够体谅父母亲所担心的事，也就是尽了孝心。子夏问"孝"，孔子回答说："色难！"说的是对父母亲尽孝，最难的是"色难"，也就是怎样和颜悦色、诚实地侍奉父母。仅仅是给父母亲酒食是不够的，若只是给以食物，还不能说是完全尽了孝。这是一个著名的典故，后来，也有人将"色难"称之为"色养"。子游问孔子孝的问题时，孔子则说"今之孝者，是谓能养，至于犬马皆能有养，不敬，何以别乎？"显然，孔子对孝养父母，不是简单地给以食物而已，他特别强调以诚挚之心来对待父母。所以，他对孟懿子说，要以礼制孝养父母，对子夏说，要和颜悦色地奉养父母，对子游说，要以敬爱之心来孝养父母。总之，孔子在谈到孝的时候，不是简单地指食物上的奉养，更多地强调在侍奉父母时的一个"诚"字上。孔子正是在回答子游的问题时，以"养"字来解释"孝"字，将"孝""养"连用。所以，我们单从文献的角度来看，孔子是首先将孝释为孝道之意的。至此，"孝"字就有了"孝道"之意了。

全归有名训，珍重恐伤肤。

小子启手足，吾今知免夫。

这是宋林同所写的"曾子诗"。关于《孝经》的作者，前面已讲过，有多种说法，有的说是孔子，也有说是曾子的弟子子思，但更多的人认为是曾子。

在谈《孝经》之前，我们得先看一下曾子其人。曾子，名参，字子舆。其祖上在周时封国在鄫，于是，就以国为姓，其国大致在今天的山东西南部的枣庄与临沂之间。在春秋六年时，莒（今莒县，在山东南部）人灭了鄫国。鄫世子就逃到了鲁国，使用曾姓就是从这时开始，大约是出于纪念故国鄫的原因。曾子大约生于公元前505年，卒于公元前436年，比孔子小46岁，年13就入孔子之门。在师侍孔子时，向孔子问安亲之道，侍亲至孝，每天有五次问候父母亲着衣的厚薄，除此之外，还得询问枕头的高低，睡得是否舒服。曾子后来随孔子到过一些国家。曾子入孔门之时，孔子有两个著名的学生，颜回和子路，这两个人给曾子留下了深刻的印象。就在曾子入孔门不久，颜回就去世了，曾子一直想以颜回作为自己做人的楷模，子路也是曾子最为尊敬的人之一，曾子认为子路是可以托六尺之孤，可以寄百里之命的人。曾子追随孔子大约有十几年，孔子死后，曾子参加过务农、讲学、游历。据《庄子·寓言》的记载，曾子曾经做过官，但未有说做的是什么官。在《韩诗外传》卷1中，载有"曾子仕于莒，得粟三秉，方是之时，曾子重其禄而轻其身。亲没之后，齐迎以相，楚迎以令尹，晋迎以上卿，方是之时，曾子重其身而轻其禄"。可见，曾子是不记前仇的，最早在莒做官，就是这个莒国，灭了曾子祖上的国家——鄫国。此后，齐、楚、晋三国，都许以高位于曾子。至于曾子是否真的做过官，至今仍然有争议。在《韩诗外传》卷7中有曾子说："吾尝仕齐为吏，禄不过钟釜，尚欣欣而喜者，非以为乐，乐其逮亲也。"而《孔子家语·七十二弟子解》中则这样记载曾子的话："志存孝道，……齐尝聘，欲与为卿，而不就。"《孔子家语·在厄》篇则另有记载："曾子蔽衣而耕于鲁，鲁君闻之，而致邑焉，曾子固辞不受。"对照这些记载，是互相矛盾的，《韩诗外传》说曾子做过官，但《孔子家语》的语气肯定地说曾子没有做过官。今人的观点也是莫衷一是，有人以为，曾子所谓的做官说法，都是附会之说，是后人为了褒奖曾子的孝道而瞎编出来的故事，估计这类故事出自汉晋儒士之手。也有人认为，曾子作为一个大孝子，当然会积极做官的。为什么做官就孝，不做官就是不孝呢？这涉及先秦时人们对孝的认识，孟子在说"三不孝"时，其中的第二不孝就是"家穷亲老，不为禄仕，二不孝也"，这就说得很清楚了，如果家里贫穷，有机会做官却放弃，就是不孝。曾子虽然出身于士，但已是家道中落，只能是以农为业了，既然曾子是一个孝子，出来做官，也就是理所当然了。曾子晚年，在家乡教书授徒。曾子是个博学多识的人，且笃实践履，其弟子中出了许多著名的人物，如乐正子春、公明仪、公孟子高、子襄、阳肤等人。春秋时著名的将领吴起，就是曾子的学生，这在《吕氏春秋》和《史记》中都有记载，说吴起学于曾子，但曾子因怒其不孝，就将他逐出了师门。

曾子病重将死之时，鲁国季孙氏赠给曾子簧，这个簧是专指大夫所睡的竹席，曾子不高兴，要他的儿子将簧换成一般的竹席，因为曾子是一个讲究礼、维护礼的人，如果他睡在簧上死掉，就是非礼。曾子在临死前，叫儿子换掉竹席，实际上是以正其子，叫儿子在任何场合都得讲礼，这就是"曾子易簧"一典的出处。曾子死的时候，就留下遗言，叫门人将他的尸体放在灶房里沐浴更衣，这就是《礼记·檀弓上》中所说的"曾子之丧，浴于爨宦"。这个"爨室"，就是灶房，或者说是厨房，这一显然违背礼制的事，让历代学者争抢不休。有人认为，曾子是达礼之人，死后应当在正室沐浴更衣，也就是寿终正寝，即《礼记》中所谓的"适室"，曾子明知故犯，所以，一般认为曾子是矫情。后来就有人为曾子辩护，辩护的理由就是在这个"爨"字上，以为这里的"爨"字通"奥"，或者说，这个"爨"字本身就写错了。"奥"在《周易》中解释为西南方的意思，古人有"西南则安"的说法。至于一栋房屋，则是西南那一间屋子就称作"奥"，这间屋里设有火炉，不同于厨房，在这里，常常要接待客人，是非常尊贵的地方，倘使这样解释，那"曾子之丧，浴于爨室"，就是合乎情理的了。

曾子的孝源于孔子"孝、悌、忠、信"思想。曾子追随孔子十几年，孔子对曾子说："孝，德之始也，悌，德之序也，信，德之厚也，忠，德之正也。"后来，曾子就是按照孔子的"孝、悌、忠、信"四德来规范自己的行为的。敬王三十九年，孔子以己之志，将孝的思想传给曾子，曾子时年25岁。曾子从孔子游学最晚，但得道最早。当曾子从孔子那里继承到了孝道之时，曾子的儿子子思只有6岁，子思在26岁时，学乃大成。在《论语》中，有孟懿子、孟武伯、子游和子夏四子问孝的故事，就是没有曾子问孝。从孔子关于孝的回答上来看，当时孔子的孝的思想尚未成为理论，孝的学说还只是停留在零散的言论上，而将孔子的言论经过完善，最后形成孝的理论，这最为关键的一步，就是由曾子来完成的，其表现形式，就是一部传颂千古的《孝经》。孝道思想初步萌芽于孔子，孔子本人也是一个有孝道的人，由于孔子早孤，所以没有机会事父，故宋林同有咏孔子孝的诗：

事亲良不易，战战复兢兢。

学得如夫子，犹言丘未能。

曾子的孝是从孔子那里继承得来的，所以弄清孔子的孝是有必要的；弄清孔子的孝，也有助于我们弄清曾子的孝。孔子的孝就是上面提到的四个字"孝、悌、忠、信"，弄清了这四个字的含义，也就基本上弄清了孔子的孝道观。"孝""悌"可以放在一起来解释，因为这两种孝行，都是源自血缘关系。《尔雅·释训》云："善父母为孝。"《说文》的解释是："孝，善事父母者。"何谓悌？刘宝楠在《论语正义》中解释，"悌，即弟俗体"，实际上就是兄弟的意思。由此可以看出，这个孝悌，实际上是规范父子、兄弟之间的关系的，也就是家庭伦理道德之间的关系。孝悌二字，在孔子那里通常是并称，《论语》中有："其为人也，孝弟，而好犯上者，鲜矣。""孝弟也者，其为仁之本与！"另外，孔子还有"弟子，入则孝，出则弟"，"宗族称孝焉，乡党称弟焉"。在孝悌之中，当然是父子关系更加重要，父子关系是天经地义的，是最为根本的，封建社会的一切关系都是从孝开始的，孝是其他关系的基石。既然父子之间的关系是如此重要，孔子又是非常看重父子之间的关系，当孔子的学生宰我认为子女给父母服丧三年时间太长时，孔子回答说："予之不仁也！子生三年，然后免于父母之怀。夫三年之丧，天下之通志也。予也有三年之爱于其父母乎？"显然，孔子将为父母服三年丧看得非常重要。当然，赡养父母是孔子所谓孝的基本的组成部分，是孔子谈得较多的。除了上面提到过的四子问孝之外，在《论语·里仁》中，孔子说："父母之年，不可不知也。一则以喜，一则以惧。"意思是说，父母年高，做子女的要高兴，若父母年老体衰，做子女的就会担心。孔子在《论语·学而》中有："父在，观其志；父没，观其行，三年无改于父之道，可谓孝矣。"在《论语·里仁》中"三年无改于父之道，可谓孝矣"意思是，父亲活着的时候，做儿子的不得独断专行，父死之后，只要看作儿子的行为，就可以知道其做人的善恶。若是三年不改父亲志趣，才称得上是孝子。看来，孔子所谓的孝，范围是很广的，比后来所说的孝的概念要广得多。孔子所谈到的孝，多是与宗法等级的政治与社会制度紧密相连的，是时代社会思想的反映。这些孝的观点，在当时来说，是有其积极意义的，如孔子在《学而》中有："其为人也孝弟，而好犯上者鲜矣；不好犯上，而好作乱者，未之有也。君子务本，本立而道生。孝弟也者，其为仁之本与！"在这里，孔子做了一个合乎逻辑的推理，在家里是一个充满爱心、尽孝悌的人，在社会、在国家，当然不会犯上作乱，也不会危害社会。所以，孔子大力宣扬"本"。"本"就是孝悌，如果一个社会都追求孝悌，在行动中以孝悌作为标准，那无疑是

一个稳定和睦的社会，这正是孔子所谓的孝悌的积极意义之所在。

元代至明代正史孝子入传人物

正史卷数	入传人物
《晋书》卷88孝友	李密 盛彦 夏方 王裒 许孜 庾衮 孙晷 颜含 刘殷 王延 王谈 桑虞 何琦 吴逵
《南史》卷73孝义上	龚颖 刘瑜 贾恩 郭世通 严世期 吴逵 潘综 张进之 丘杰 师觉授 王彭 蒋恭 徐耕 孙法宗 范叔孙 卜天与 许昭先 余齐人 孙棘 何子平 崔怀顺 王虚之 吴庆之 萧叡明 萧矫妻羊 公孙僧远 吴欣之 韩系伯 丘冠先 孙淡 华宝 解叔谦 韩灵敏 刘渢 封延伯 吴达之 王文殊 乐颐之 江泌 庾道湣
《南史》卷74孝义下	滕县恭 陶季直 沈崇傃 荀匠 吉翂 甄恬 赵拔扈 韩怀明 褚修 张景仁 陶子锵 成景隽 李庆绪 谢蔺 殷不害 司马暠 张昭
《北史》卷83孝行	长孙虑 乞伏保 孙益德 董洛生 杨引 阎元明 吴悉达 王续生 李显达 仓跋 张升 王崇 郭文恭 荆可 秦族 皇甫遐 张元 王颂弟 颎杨 庆田翼 纽因 刘仕俊 翟普林 华秋 徐孝肃
《隋书》卷72孝义	陆彦师 田德懋 薛濬 王颂 杨庆 郭俊田 翼纽回 刘士俊 郎方贵 翟普林 李德饶 华秋 徐孝肃
《旧唐书》卷188孝友	李知本 张志宽 刘君良 宋兴贵 张公艺附 王君操 周智寿 智爽 许坦 王少玄附 赵弘智 陈集原 元让 裴敬彝 裴守真 子子余 李日知 崔沔 陆南金 弟赵璧 张琇 兄瑝 梁文贞 李处恭 张义贞 温迪·罕斡鲁补 陈颜 刘瑜 孟兴 王震 刘政吕 元简附 崔衍 丁公著 罗让
《金史》卷127孝义	温迪·罕斡鲁补 陈颜 刘瑜 孟兴 王震 刘政 陈颜 刘瑜 孟兴 王震 刘政
《宋史》卷456孝义	李璘 甄婆儿 徐承珪 刘孝忠 吕升 王翰 罗居通 黄德舆 齐得一 李罕澄 邢神留 沈正 许祚 李琳等 胡仲尧 仲容 陈兢 洪文抚 易延庆 董道明 郭琮 毕赞 顾忻 李琼 朱泰 成象 陈思道 方纲 庞天祐 刘斌 樊景温 荣恕旻 祁·暐 何保之 李批 侯义 王光济 李祚等 江白 裴承询 孙浦等 常真 子晏 李泷等 杜谊 姚宗明 邓中和 毛安舆 李访 朱寿昌 侯可 申积中 支渐 邓宗古 沈宣 苏庆 文台亨 仲忻 赵伯深 彭瑜 毛洵 李筹 杨庆 杨庆 陈宗 郭义 申世宁 苟与龄 王珠 颜诩 张伯威 蔡定 郑绮 鲍宗岩附

在孔子的思想体系中，"忠"是一个重要的概念。《说文》的解释是："敬也。尽心曰忠。"朱熹的解释是"尽几之谓忠"。在《论语》中，忠字共出现 18 次，可见孔子是常常将忠挂在嘴上，教导自己的弟子。《论语·述而》中有："子以四教：文、行、忠、信。"可知孔子很看重忠在社会生活中的作用。在《论语》中，提到忠字的地方有"主忠信""言忠信""言思忠""为人谋而不忠乎""臣事君以忠""忠告而善导之""与人忠"等，这些忠字，在不同的地方，有着不同的意思。到底如何理解忠呢？上面在谈到孝悌之时，孝悌主要是规范血缘关系的。孔子之所以推崇孝悌关系，是因为孔子以为，在家尽孝悌的人，在外也肯定会忠于自己的君王。在《论语》中，孔子的忠的意思，与孝悌起的作用是相同的，它是规范人际交往关系的，也就是说，在人与人的交往中，要讲究一个忠字，忠在规范人际关系上，与孝悌是互相谐调、互相作用、互相补充的。孔子所谓的忠，范围非常广，比后来所说的忠君的含义要广得多。有人认为，儒家特别强调忠君思想，这是对孔子学说的误解，将孔子的忠仅仅理解为只是对国君的忠了。应当说，这实际上是忠的含义在不断地演变，就如同孝的概念一样，是不断变化的，忠和孝的概念，都有从很宽泛的意思向狭隘发展这么一个过程，无所谓谁对谁错。至于忠、忠孝，我们将另外再讨论，此处就不再深入分析了。

最后就是"信"了。孔子常常将"忠""信"并提，如同他将孝悌并举一样，这就说明了忠信是同一个范畴，不过仍然是有差别的。单就字形来看，就能推测出这两个字的不同意思。忠字的下面是"心"，显然是指心理活动，故忠诚常常连用。信的右边是"言"，当是与言语有关，《论语》中正是这个意思。《论语·学而》中有"与朋友交，言而有信""信近于义，言可复也"，无不说的是言而有信，"言而有信"这个成语，就是源于此。孔子的信，不独指人与人之间的关系，还有政治意义，如"敬事而信"，在

《论语·颜渊》篇中，有"子贡问政"，孔子回答说，"民无信不立"，意思是说，治理国家，不可失信于民。在《论语·子路》篇中，孔子的回答是相同的，"上好信，则民莫敢不用情"，意思是如果治理国家的人讲究信誉，老百姓当然也就不会欺诈了。

由于孔子本身就大讲孝道，加上《史记·仲尼弟子列传》中明确地说了"孔子以为能通孝道，故授之业，作《孝经》"，故《孝经》一书为孔子所作，已成定论。直到宋朝，有学者对此提出了怀疑，如南宋金华（今浙江金华）人唐仲友，他与朱熹为同时代人，与朱子之间过节很大，他就提出："孔子为曾参言孝道，门人录之为书，谓之《孝经》。"此论一出，南宋许多学者多持此说，这就影响到后来的人对《孝经》作者的认识，自此，多数人都认为《孝经》的作者是曾子，虽然至今还有不同的说法，但多持曾子说。不过，不论《孝经》一书出自谁之手，孔子与曾子都起着最主要的作用，这是肯定的。

孔子虽然讲孝，但孔子的父亲早死，所以，孔子为不能尽父孝而遗憾。也就是说，孔子虽然有诸多的孝的言论，要讲起孝行来，还是不能与他的学生曾子相比。在孔子看来，曾子是不够聪明的，在《论语·先进》中，孔子是这样评价曾子的："参也，鲁。"直接说曾子愚钝。曾子十分注重自己的道德修养，"吾日三省吾身"，就是曾子的话，所以，后人将曾子视为"宗圣"。《孝经》既然是曾子的著作，那曾子必定是一个讲孝、重孝之人，事实正是如此。《论语·学而》中有："慎终追远，民德旧厚矣。"这句话的意思是，作为人子，父母死了，应穷其哀戚，对于久远之事，要追而不忘，久则人敬之。上之化下，如风扉草，君上能行，则民下之德，日归于厚。显然，曾子在此处所谓的孝，不独是对父母尽孝道，还包括臣民对君王之忠。与孔子一样，曾子也有许多关于孝的言论，除了《孝经》是系统的著作之外，他的言论也多是零散的。好在汉朝的戴德在《大戴礼记》卷4中，收录了一些曾子的孝的言论，在卷4的五个条目中，其中就有四个是谈曾子关于孝的言行的：《曾子本孝》第五十、《曾子立孝》第五十一、《曾子大孝》第五十二、《曾子事父母》第五十三。现录几句，看看曾子有关孝的言论之一斑：

《曾子本孝》：忠者，其孝之本与？孝子，不登高，不履危，敬父母之遗体，故跬步未敢忘其亲。士之孝也，以德从命；庶人之孝也，以力恶食，分地任力致甘美。

《曾子立孝》：君子立孝，其忠之用礼之贵，有忠与礼，孝道立。故与父言，言畜子；与子言，言孝父；与兄言，言顺弟；与弟言，言承兄；与君言，言使臣；与臣言，言事君。

《曾子大孝》：孝有三，大孝尊亲，其次不辱，其下能养。公明仪问于曾子，曰：夫子可谓孝乎？养，可能也，敬为难；敬，可能也；安为难。

《曾子事父母》：有爱而敬父母之行，若中道则从若，不中道则谏，谏而不用，行之如由己。孝子之谏达善，而不敢争辩，争辩者，作乱之所由兴也。

以上只不过是曾子言论的部分，从中至少可以看出两点：第一，曾子的言论，在许多方面类似于孔子，可以清楚地看出他们之间的师承关系；第二，曾子与孔子一样，其孝的概念很宽泛，涉及君臣、朋友等之间的关系，远远超出了我们今天所谓的孝的含义。

《孝经》不同于曾子一些分散在各处的零散的言论，它是一部系统的著作。《孝经》一千七百九十九字，共十八章，是十三经中最短的经文，但几乎涵盖了社会生活的各个方面，成为中国古代政治、经济生活的重要组成部分，影响中国达两千多年。

《孝经》分为"古文孝经""今文孝经"。有关《孝经》在先秦的传播情况，不甚清楚。到了秦始皇灭了六国，秦在治理国家中，主要还是重视法家，采用严酷的刑法，加之秦的短寿，只存在了十几年，还来不及宣传《孝经》就灭亡了。《孝经》传到了西汉时，有了今文、古文两种不同的版本。"今文孝经"在先，最初是由河间人颜芝所传，注释的有好几家。给今文孝经注释最著名的代表作，是东汉北海高密（今山东高密）人郑玄的注，我们一般将郑玄注释的叫作郑注。至于其他各家的注释，只能在一些类书中有零散的收录了。就在今文孝经传播的时候，在汉武帝末时，在孔子的故宅中发现了一批古书，有日后争论得最为激烈的古文《尚书》《礼记》《论语》及《孝经》。这些书都是用篆体字书写，习惯上称它们是古文孝经。给古文孝经作注最为著名的是孔安国。我们在说今文孝经、古文孝经，表面上好像是最初书写文字的不同，而只是这么一个称呼而已，但实质上是内容的不同。古文孝经比起今文孝经中多了一篇"闺门"，也就是给女人尽孝单列一门，其他今文孝经中的十八章，在古文孝经中则变成了二十二章。也就是说，古文孝经比起今文孝经实际上多了一篇"闺门"，其余内容相同，只是章数多少上的差异。但长期两种不同的《孝经》传播是不可能的，到了汉成帝时，刘向奉命整理古籍，其中就包括两个不同文本的《孝经》，刘向的做法就是以今文、古文孝经互校，最后定为十八章，这一《孝经》文本流传到了今天。刘向的《孝经》文本只不过代表了一家之言，今文、古文孝经的争论并没有最终解决，他们仍然是各说各的，都宣称自己是权威。之所以要争论，原因也很简单，因为朝廷设了经博士，拥有某个经文的解释权，这就意味着可以做官，影响皇帝的决策。古文孝经传到梁时就失传了。隋朝时，河间景城（今河北）人刘炫就伪造了孔安国注的《孝经》，但这只不过得到部分人的认同，怀疑的声音仍然占了多数。到了唐朝，人们开始重新整理古代的经典，尤其是称作"经"的，都有必要重新评估。这一工作主要由唐初的冀州

中华传世藏书

孝经诠解

《孝经》概述

三一

衡水（今河北衡水）人孔颖达来组织完成，孔颖达领导的整理工作涉及了所有的经书。这次整理工作最大的成功就是结束了在中国历史上自汉朝以来就一直争论不休的所有的今文、古文之争，其中当然也包括《孝经》。今天我们看阮元所编辑的最为权威的十三经注疏，所选最权威的注疏，若按照朝代来看，唐朝是最多的，共有十种，其中就有孔颖达注疏的《周易》《尚书》《毛诗》《礼记》《左传》，数量第一，其他参与注疏的唐朝人物有贾公彦、徐彦、杨士勋，这之中最为突出的便是《孝经》，其注释是由唐玄宗来完成的，这也是十三经中唯一的由皇帝注疏的一种，具有特别的意义。自唐朝之后，困扰中国历史多年的今文古文的争论基本上平息了，以后的人主要是对经文进行注释。《孝经》也一样，自唐玄宗的御注开始，就已经定型了。

《孝经》是曾子对孔子及自己对孝的思想学说的系统化，在孔子的言论及曾子的言论中，孝的论述多是只言片语的、零散的，这也是先秦诸子著作的一个共同的特征。我们知道孔子是一个述而不作的人，孔子平日讲学的言论到了曾子那里，最终经过曾子的努力，成了影响中国两千多年历史的伟大著作《孝经》。

从一开始，《孝经》就注定是一部神圣的著作。在孔子参与编写，或与孔子有关的几本书中，《诗经》是文学作品，《春秋》是历史书，它们一直是作为政治尤其是军事上的借鉴而得到广泛的传播与应用。《论语》主要是记载孔子的言论，但它是一部政治道德上的言论的书，它得到重视，是在南宋时朱熹的一再强调之后的事。也许只有《孝经》，它涉及我们每一个人，因为每一个人都有自己的父母，这也就注定了它是一部受到关注最多的书。宋邢昺在给《孝经》所做的《孝经注疏序》中称《孝经》是"百行之宗，五教之要"，"道德之渊源，治化之纲领"。

九、《孝经》与《忠经》

在没有《忠经》时，《孝经》实际上是执行着忠的功能。忠即是孝，孝即是忠，本质上是一样的，孝是根源于血缘关系，是天定的。忠是根源于上下级的关系，在古人看来，忠是孝的进一步延伸。

太守传经地，幨舆趁月行。

栗亭秋雨歇，鱼峡夜川明。

竹外双旌出，沙边一吏迎。

荒台迷绛帐，失学媿诸生。

此诗是明朝兰溪（今浙江兰溪）人唐龙所写，是歌咏东汉著名的经学家马融的。相传，《忠经》的作者是马融。实际上，《忠经》的作者如同《孝经》的作者一样，也是一个争论不休的问题。《忠经》原题作者是汉朝的马融。马融（79—166 年），字季长，东汉扶风茂陵（今陕西兴平）人。他历任校书郎、议郎、武都太守、南郡太守，是东汉著名的经学家、文学家。马融在经学上成就卓著，遍注群经与诸子，如《诗经》《尚书》《周易》《三礼》《论语》《孝经》《列女传》《老子》《淮南子》《离骚》等，故有"通儒"之称。《后汉书》有他的传记。在他所注释的著作中，就是不提《忠经》。但清朝以前的人，一般认为《忠经》的作者就是马融。马融在中国古代经学家中是一个少有的有个性的学者，他"居宇器，服多存侈饰，常坐高堂，施绛纱帐，前授生徒，后列女乐弟子，以次相传，鲜有入其室者。尝欲训《左氏》《春秋》，及见贾逵、郑众注，乃曰：贾君精而不博，郑君博而不精，既精既博，吾何加焉"。在中国历史上，像他这样身着华丽的衣服，一边讲经，一边欣赏音乐，且能将学问做到顶级的人，恐怕只有他一人。正因为如此，历史上一些典故与他有关，如马融奢、马融帐等，表现出马融独有的个性。上面所引的唐龙的诗，讲的是马融在绛帐中讲经的独特场面。马融在经学上成就很高，他的两个著名的弟子，涿郡卢植、北海郑玄，尤其是郑玄，影响了中国古代经学史的进程。马融在辞赋上成就也很高，在《汉魏六朝百三家集》卷16中，收录有《马融集》。在他的文集中，首篇就是为人所推崇的《长笛赋》，世称"马融笛"。后世无名氏有《胃马索》诗，诗中有"恨马融，一声羌笛起处，纷纷落如雪"句，指的就是马融笛有如羌笛一般的悲伤。《忠经序》及《忠经》都收录在马融集中，序言中提到撰写《忠经》的原因："忠经者，盖出于《孝经》也。仲尼说：'孝者，所以事君之义'，则知孝者，俟忠而成之，所以答君亲之恩，明臣子之分。忠，不可废于国；孝，不可弛于家。孝既有经，忠则犹阙，故述仲尼之说，作《忠经》焉。"显然，《忠经》是仿照《孝经》所作，目的是调整君臣关系的。《忠经》在体例上，整个是仿照《孝经》，将两者各章的标题列示出来，可清楚地看出其相似性。从内容来看，《忠经》与《孝经》有相似的地方，也有重叠的部分。在没有《忠经》时，《孝经》实际上是执行着忠的功能，忠即是孝，孝即是忠，本质上是一样的。孝是根源于血缘关系，是天定的，忠是根源于上下级的关系，在古代看来，忠是孝的进一步延伸。《孝经》中有"君子之事上也，进思尽忠"，"君子之事亲孝，故忠可移于君"，也就是说，在家里对父母孝的人，在外必定会对君忠，故古代皇帝有求忠臣必于孝子之门的说法。从内容来看，《忠经》比《孝经》所调整的范围要广一些，《忠经》的涉及面较广，大凡君臣关系、武备、风俗、百工等，都在它调整的范围内，如《武备章》中讲道："王者立武，以威四方……仁以怀之，义以厉之，礼以训之，信以行之，赏以劝之，刑以严之，行此六者，谓之有利。"当然，《孝经》主要是注重于家庭、家族，尤其是规范父母和子女之间的关系。

最早对《孝经》的作者产生怀疑是在南宋时期，唐仲友、朱熹等人不约而同地对《孝经》的作者是谁产生了兴趣，讨论去讨论来，最后多数人赞同：曾子是《孝经》的作者。不过，对《忠经》的作者产生怀疑要晚得多，到了清朝，开始有人对马融写作《忠经》表示怀疑。清朝丁晏认为《忠经》是唐朝人马雄所作，理由是书中讳"民"为"人"、讳"治"为"理"，这是唐朝太宗李世民的讳。《四库全书总目提要》认为《忠经》是宋朝人所作，理由是《忠经》最早著录就是在《宋史·艺文志》中，而此前不见著录是书：旧本题汉马融撰，郑元注。其文拟《孝经》为十八章，经与注如出一手。考融所述作，具载《后汉书》本传。玄所训释，载于《郑志》，目录尤详。《孝经注》依托于玄，刘知几尚设十二验以辨之，其文具载《唐会要》，乌有所谓《忠经注》哉？《隋志》《唐志》皆不著录，《崇文总目》始列其名，其为宋代伪书殆无疑义。《玉海》引宋两朝志，载有海鹏《忠经》，然则此书本有撰人，原非赝造，后人诈题马、郑，掩其本名，转使真本变伪耳。

通过以上一番分析，还真的弄不清《忠经》的作者是谁了。但作于宋朝的可能性最大，原因就在于宋朝尤其讲忠。中国历史上最为著名的忠臣岳飞，就是北南宋之交的人，有人甚至将岳飞视为愚忠之代表。宋朝自建立时起，就一直处在战争状态，与北方少数民族之间的战争，必然就强调手握军权的将领能忠于皇室。另一方面，唐末至五代十国时的割据局面，就是从唐朝末期的军事权力强大的藩镇开始的，强调忠君思想也是势在必行，对于朝廷来说，《忠经》是必需的，《忠经》在这时出现，合乎情理。

不过，要最终弄清《忠经》的作者问题，恐怕还得从文字、训诂、时代背景等多方面来考证，有必要进一步研究。

十、《女孝经》

如果说《孝经》是在社会大范围内调整父母与子女之间、长辈与幼辈之间的关系，那么，《女孝经》则主要用来调整夫妇之间的关系，也就要求女子出嫁后，要遵从为妇之道。

（一）《女孝经》的作者

时间大约经历了一千二百多年，在唐朝天宝年间，中国的另一部《孝经》出现，这就是《女孝经》。其实，我们在前面谈到古文孝经时，其中就有比今文孝经多出的一部分，那多的不是别的，正是"闺门章"，是用来单独规范女人尽孝的。这句话不长，录如下："子曰：闺门之内，具礼矣乎！严亲严兄，妻子臣妾由百姓徒役也。"意思是说，君子修孝于闺门之内，女人事君（指父亲）兄长，也要依照礼制。在家里，严父、兄为尊长，妻子、臣妾仿佛是徒役。自孔安国注的古文孝经失传之后，一般认为，隋朝出现的古文孝经是伪书，伪的部分，就是这"闺门章"中的二十四个字。元朝抚州崇仁（今江西崇仁）人吴澄在《孝经定本》中直接指出："此章浅陋，不惟不类圣言，亦不类汉儒语，是后儒伪作明甚。而朱子不致疑者，盖因温公（指司马光）信之，而未暇深考耳。"司马光、朱熹等人对"闺门章"深信不疑，但吴澄则彻底否定这二十四个字的真实性，认为是后人的伪作。其实，早在唐朝时，唐玄宗所注的《孝经》也是不含"闺门章"这二十四字的，说明在唐朝就对古文孝经产生了怀疑。

唐玄宗的年号是天宝，这个皇帝的后期生活虽然颇有争议，但他对《孝经》是大力提倡的，并亲注《孝经》。也正是因为他对孝的重视，故《女孝经》在他当政时出现了。《女孝经》的作者很明确，是唐朝郑氏，这一点不同于《孝经》和《忠经》。按照惯例，郑氏名什不详，只知道她是朝散郎侯莫陈邈之妻。"侯莫陈"是三字复姓，此人不见于新、旧唐书。据说他的侄女嫁给了唐玄宗的第十六子永王磷为妃。永王磷在安史之乱时，被封为山东南路及岭南、黔中、江南西路四道节度采访使，使江陵郡大都督余如故。郑氏作《女孝经》的目的是为了告诫侄女永王妃，《女孝经》最早载于《宋史·艺文志》。侯莫陈邈妻郑氏有《进女孝经表》：

> 妾闻天地之性，贵刚柔焉；夫妇之道，重礼义焉；仁义礼智信者，是谓五常。五常之教，其来远矣，总而为主，实在孝乎！夫孝者，感鬼神，动天地，精神至贯，无所不达。盖以夫妇之道，人伦之始，考其得失，非细务也。《易》着乾坤，则阴阳之制有别；礼标羔雁，则伉俪之事实，陈妾每览先圣垂言，观前贤行事，未尝不抚躬三复叹息，久之欲缅想余芳，遗踪可躅。妾侄女特蒙天恩，为永王妃，以少长闺闱，未闲诗礼，至于经诰触事，面墙夙夜，忧惶战惧交集。今戒以为妇之道，申以执巾之礼，并述经史正义，无复载乎！浮词总一十八章，各为篇目，名曰：《女孝经》，上至皇后，下及庶人，不行孝而成名者，未之闻也。妾不敢自专，因以曹大家为主，虽不足藏诸岩石，亦可以少补闺庭，辄不揆量，敢兹闻达，轻触屏康，伏待罪戾妾郑氏，诚惶诚恐死罪死罪谨言。

（二）《孝经》与《女孝经》的比较

从郑氏的这份表中，可以看出，她的目的是以《女孝经》来调整夫妇之间的关系，也就是女子出嫁之后，要在夫家遵从为妇之道。表中提到要以曹大家为榜样，这个曹大家，就是《汉书》的作者班固的妹妹班昭。我们知

道，班固死后，班昭（曹大家）替班固续了《汉书》。其实，班昭著有《女诫》，这才是中国历史上最早的女学类的书。正因为此，宋朝陈振孙误认为《女孝经》的作者就是班昭。《女孝经》如同《忠经》一样，也是仿照《孝经》所作，我们可从《女孝经》与《孝经》的标题对照中看出。《孝经》《女孝经》在规范社会规则时，是男女有别的。《孝经》的第一章开宗明义，首先是孔子曰，曾子在一旁听；《女孝经》则仿此，是曹大家（班昭）在讲，诸女在听。从《孝经》《女孝经》的第一章来看，都是申明大旨、总体的意义。《孝经》《女孝经》都有"三才章"，在《孝经》中，"三才"指的是天、地、人，但在《女孝经》中，虽然曹大家没有直接说三才指的是什么，但说了丈夫就是天的话，其原话说的是："夫者，天也，可不务乎！古者，女子出嫁，曰归移天事。"在"孝治章"中，《孝经》中的意思是，明王当以孝治天下。《女孝经》中则说："古者，淑女之以孝治九族也，不敢遗卑幼之妾，而况于娣侄乎！故得六亲之欢心，以事其舅姑，治家者，不敢侮于鸡犬，而况于小人乎！"这句的意思，说的是女子嫁人之后，要以孝治家。至于章名相同的"广要道章"，《孝经》中说，要孝子将孝心、孝行施于天下、家族；在《女孝经》中，则是孝女要将孝心、孝行施之于家族、舅姑。在《孝经》中，"广扬名"的意思是君子将孝于父亲的孝行推及至国君、兄弟那里，从家里推及至国家，然后"立名于后世"；《女孝经》中的"广扬名"，是说女子要将孝行从父母那里推及至舅姑、姊妹、娣姒，然后立名于后世。最后一个名称相同的是"谏诤章"，在《孝经》中，是"则子不可以不诤于父，臣不可以不诤于君。故当不义，则诤之。从父之令，又焉得为孝乎？"在《女孝经》中，诤谏变成了妻子对丈夫的进谏，"故夫非道，则谏之，从夫之令，又焉得为贤乎？诗云：猷之未远，是用大谏"。

《女孝经》在唐朝天宝年间出现之后，就有人依照《女孝经》画有《女孝经图》，此图收藏在清廷皇室，事见《石渠宝笈》。奇怪的是，唐人画的这幅《女孝经图》没有载于清朝以前的书中。真正说来，历史上最为著名的一幅女孝经图，是北宋画家李公麟（1049—

宋代·《女孝经》（局部）

1106年）画的。李公麟是庐州舒城（今安徽舒城）人，字伯时，熙宁进士，曾在中书门下省作删定官。晚年隐居在龙眠山，故自号龙眠居士。他被视为北宋最为伟大的画家之一，擅长人物、鞍马及历史故事画。李公麟画过许多人物故事画，如《列女图》《长带观音像》《天女》《女孝经图》等，其中的"女孝经图"常常为后人提起。元朝卫州汲县（今河南卫辉）人王恽，曾见过李公麟的《女孝经》图三次，第三次有幸为《女孝经图》题跋，但这次见到的《女孝经图》不是真品，而是张仁所临摹的，王恽对李公麟的《女孝经图》给予高度的评价："至于公麟画笔，当时圣贤言行，情深义奥，后世有未易窥测者，天机所到，千古之事，如堕目前。所谓出新意于法度之中，寄妙趣于言意之表，若三百篇，比兴宛从，弦而歌之，一唱三叹，有遗音者矣，激薄扬清，助世教多矣。"到了明朝中期，又有两个人为李公麟的《女孝经图》题跋，一是明藏书家、文学家武进（今属江苏武进）人吴宽（1435—1504年）。吴宽，字原博，号匏庵，有《匏翁家藏集》传世，在卷48的《跋李龙眠女孝经图》的跋文中写道："独其上有乔氏半印，可辨启南得之，定以为李龙眠（即李公麟）笔，及观元周公瑾《志雅堂杂钞》云：己丑六月二十一日，同伯机访乔仲山运判观画，而列其目，有伯时《女孝经》。"从吴宽的跋文可知，李公麟的此幅画，宋元之际的著名文学家周密见到过，并在其著作《志雅堂杂钞》中提到此事，周密见到此画是在己丑六月二十一日（即1289年6月21日）。吴宽对李公麟的《女孝经图》的教化作用，也同样给予高度的评价："图中为女妇辈，所以共职进戒者，皆闺门之法，家国之利，而其容气端庄详雅，览之使人竦然起敬，足以消其滛媟戏嫚之心，非特女子之有家者，当为监戒也，所谓关世教者，此类是已。"比吴宽稍晚出的明朝著名的文学家李东阳（1447—1516年），也有幸为李公麟的《女孝经图》题跋，李东阳比吴宽只小13岁，属于同时代的人，但从李东阳的跋文中看，他所见到的《女孝经图》与吴宽所见应当不同，李东阳所见的《女孝经图》，无名，上面有元末明初江西南昌人胡俨（1361—1443年）的一段文字记载，说明是图为李公麟所作。《女孝经》自出现之后，就得到世人的注意，皇帝也不例外。第一个书写《女孝经》的是宋高宗赵构，高宗是著名的书法家，他书写之后，再由当时著名的钱塘籍画家马和之配画，可惜书、画今不传。

十一、《二十四孝》

《二十四孝》最初在元朝形成，以后，经过历代不断丰富发展，对明清以来的中国社会产生了深刻的影响。

惟孝先百行，惟子乃克之。

问子何以克，帝舜吾其师。

父顽而母嚚，乃是舜之孝。

苟非处其变，奉养亦常道。

此是元朝人张宪的《题王克孝二十四孝图》诗的开始几句。以此为开始，下面看看《二十四孝》到底是怎么回事。

如果说《孝经》《女孝经》《忠经》是理论性的东西，那《二十四孝》，则是《孝经》形象的具体化，可以视为《孝经》的另一种读本。《二十四孝》最初在元朝形成，首辑《二十四孝》的是元朝孝子郭居敬。郭居敬，元朝尤溪（今福建尤溪）大田四十五都广平人，字义祖。据《尤溪县志》载，郭居敬，博学好吟咏，不尚富丽，性至孝。正是他，集虞舜以下公《二十四孝》行，序而诗之，用以训蒙。当时的欧阳玄推荐他做官，他坚辞不就。他著过《百香诗》百首，每个绝句的最后一字以"香"押韵。但郭居敬真正被后人记住的，是他的《二十四孝》。《二十四孝》的最终形成，经历了漫长的过程。《二十四孝》的编辑，并非只郭居敬一人所为，元朝还有一人在《二十四孝》的编辑中出过力，这就是常州人王达善。王达善，《元史》无载，关于他编辑《二十四孝》一事，载于谢应芳的《龟巢集》中，谢应芳为王达善的《二十四孝》曾做过一篇《二十四孝赞序》："今观郡人王达善所赞二十四孝，裒为一编，其间言孝感之事，十有八九。且以《孝经》一章，冠于编首，盖取孝通神明一语，推而广之，欲使人歆羡，而勉于企及，于名教岂小补哉？或谓重华圣孝，千古一人，岂宜与泛泛者类称，是固然矣。"王达善应当比郭居敬要晚一些，这就是说，王达善的《二十四孝》，要比郭居敬晚出。《二十四孝》出于元朝是无疑的，且有郭居敬和王达善两个版本。最初的《二十四孝》是作为训蒙教材的，到了元朝中后期，才由郭居敬、王达善等人整理成为系统的《二十四孝》读物。

元刻《二十四孝》的书，今已经不见，即使是明朝的刻本也少见，现在能大量见到的是清朝和民国的刊本。不过，好在地上没有的东西，我们可以在地下去找，考古发掘给我们提供了大量的有价值的资料。据江玉祥考证，宋辽金元时期，流行一种以孝子故事图装饰墓葬的风俗。从时间来看，最早在山西发现宋朝有纪年的孝子故事图，后来元朝有纪年的孝子故事图，也是在山西发现的。在墓中装饰孝子图的人，主要有汉族地主或契丹、女真贵族、官宦，再就是佛教徒和道士。装饰孝子图的目的，当然是提倡孝道，再就是标榜死者的孝道，正如《孝经》说的："生事爱敬，死事哀戚，生民之本尽矣，死生之义备矣，孝子之事亲终矣。"如在山西闻喜县发现的金明昌二年的壁画墓，墓门上就写着："建置砌坟墓主卫通，为供孝父母，勤敏慈孝，积费祀资，请到工匠，将父母迁葬，后传子祀。"将修墓的过程写得很清楚，在迁父母葬之时，不忘将孝道后传子祀。但从墓葬的壁画中出现的人物来看，有四十二个不同的孝子，远远超出了后来的二十四孝子，也就是说，大部分的孝子是较少见的。在全部的三十七座墓中，有七座墓葬中直接标明了二十四孝，并与元朝时的二十四孝基本上一致。不过，墓室中的二十四孝子，与郭居敬、王达善的二十四孝子不同，相同的人物只有十四人。这十四人是：虞舜、曾参、闵损、董永、郯子、陆绩、王祥、郭巨、杨香、老莱子、蔡顺、姜诗、丁兰、孟宗。后来坊间出现的二十四孝子中，有汉文帝、仲由、江革、朱寿昌、庾黔娄、黄香、王褒、吴猛、唐夫人、黄庭坚十人，但在宋元辽金时的民间不太盛行。不过，这十人已经在墓室出现了，只是不多见罢了。

《二十四孝》的形成，经历了一个漫长的过程。大约从有文献资料开始，就有了孝行的记载，这些就是日后《二十四孝》的直接素材。《二十四孝》的资料，主要源于以下这几个方面，一是正史、野史笔记等的记载。如在刘向的《说苑》中，就记载有韩伯俞的故事，在刘向的《孝子图》中，记载着另一个郭巨的故事。舜的故事则在《孟子》和《史记》中，丁兰的故事在《晋朝孙盛传》《逸人传》中。其他就不再一一列举了。二是来源于民间传说，像赵孝宗、刘明达、鲍出等，都是出自敦煌的变文中，显然是来自民间。最后一种情况是来自于域外的孝行故事，不过，这仅有一起，这就是郯子的故事。郯子是印度人，随着佛教传到了中国，印度这个孝子的故事也到了中国，并经过中国人改编，变成了中国式的孝子。

十二、《孝经》的功用

将一本经书作为治病之用，这可谓是中国医学史、文化史上的奇观。在古人看来，病是"恶"，而"孝"是"善"。善能胜恶，因而，《孝经》能治病，也就顺理成章了。

（一）《孝经》止讼

清朝周召，字公右，号拙庵，衢州人。康熙初年，他在陕西凤县做知县，当时，正值耿精忠叛乱，周召于此时作了一本书，叫作《双桥随笔》，在此书的卷2中，周召有这么一种说法："《孝经》可以止讼，兼可愈疾。"他举了一个例子，说："昔王渐作《孝经义》成五十卷，事亦该备，而渐性鄙朴，凡乡里有斗讼，渐即诣门诵义一卷反，为惭谢。后有病者，渐即请来诵书，寻亦得愈。有谓但诵《孝经》而贼自退者，虽迂腐可笑，然地义天经，变薄俗而起沉疴，未为不可。君子亦论，其理而已矣。"此王渐是清初人，所作《孝经义》一书不传。不过，王渐并非是最早拿《孝经》一书来止息斗讼或治病的人。

（二）《孝经》治病

历史上第一个用《孝经》为病人治病的是顾欢。顾欢（420—483年），盐官（今浙江海宁）人，《南齐书》卷54有其传，他与武康（今浙江德清）

的沈麟士，太末（今浙江龙游）的徐伯珍同列入高逸传中。前文提到过顾欢。顾欢早孤，每读《诗》至"哀哀父母"，辄执书恸泣，学者由是废《蓼莪篇》不复讲。按《齐史》顾欢传载，顾欢好黄老，通解阴阳数术，人有病邪者，问欢，欢曰：家有何书？答曰：唯有《孝经》而已。欢曰：可取仲尼居置病人枕边，恭敬之，自差也。而后病者果愈。人问其故，答曰：善禳恶正胜邪，此病者所以差也。我们一般了解顾欢这个人，不是因为他是第一个拿《孝经》治病的人，而是因为他是南朝时期一个重要学者。学术界在谈到顾欢时，往往要说他那篇引起中国历史上第一次大规模争议的文章——《夷夏论》。今人一看到这个题目，觉得很熟悉，以为文中说的是汉族和少数民族的关系。其实，顾欢在此文中主要谈的是佛教与道教、儒教之间的关系，这是当时谈论的一个普通的问题。中国人一般将顾欢视作道士，而顾欢在《夷夏论》中，也确实是偏袒道学的，对佛教则持保留的态度。顾欢的《夷夏论》一出，立即遭到佛教徒及支持佛教的各界人士的坚决反对，一时间，批驳顾欢此说的声音非常高涨。梁释僧佑的《弘明集》卷7中收录有几篇批驳顾欢观点的文章，可见当时论战的盛况，计有宋朱昭之《难顾道士夷夏论》、朱广之《谘顾道士夷夏论》、宋释慧通《驳顾道士夷夏论》、宋释僧愍《戎华论折顾道士夷夏论》等。

顾欢是教别人如何用《孝经》治病，之后，南朝时期的另一个杰出的文学家徐陵，则是被《孝经》救了一命。徐陵（507—583 年），字孝穆，东海郯（今山东郯城西南）人。少时好学，博涉经史。梁朝时官至东宫学士，曾两次出使北朝。入陈之后，历任尚书左仆射、中书监、左光禄大夫、太子少傅等职，朝廷重要文书都由他草拟。诗文为当代所宗，号为一代文宗，与庾信齐名，世号"徐庾体"。他们的诗以淫靡绮艳著称，是"宫体诗"的重要代表。著名的《玉台新咏》十卷，就是徐陵所主持编纂的，为中国古代现存较早的诗歌总集之一。虽然所选内容偏重闺情，但其中不乏后来为历代所称道的《古诗为焦仲卿妻作》《苦相篇》等优秀诗篇。就是这样一位杰出的文学家。据《三国典略》载，徐陵的儿子徐份，有孝行，徐陵曾病得很重，徐份就不断地烧香，又涕跪诵《孝经》，昼夜不息，如此反复，徐陵的病就忽然好了。为此，宋朝林同在《孝诗》中写诗赞扬徐份的孝行，曰：

父疾亦云笃，如伺豁尔平。

《孝经》惟泣诵，昼夜不停声。

明代金坛（今江苏金坛）人王肯堂著有《证治准绳》一书，在卷27中介绍有"追命散"处方，处方由川大黄、皂角刺各半两、川郁金五两组成，不过，服此药时有一个要求，那就是要在服药之前"口念《孝经》，善言服救苦救难观世音菩萨名号万千百声，最好心绝一切恶念。此病易疗，故发善言，戒劝伏幸听信"。

《孝经》也有治病失败的例子。清代就有一例以《孝经》治病而未治愈的例子。《陕西通志》卷62载，清代李天牖，泾阳人。性孝友，母病痢，尝粪，知不起。每夕跪诵《孝经》，祷天愿以身代。母殁，事父尤尽孝。兄年迈苦贫，仍迎养于家。业师文某，居三水，岁褫尝负米百里以赡之。至于还遗金，拒奔女焚宿券，尤多隐德，雍正八年旌表。

（三）《孝经》超度灵魂

古代，家里死了人，通常是请道士或者是和尚做法事，以便超度死者的灵魂，不过，也有拿《孝经》来超度灵魂的。据《宋史》记载，高宗驾崩之时，台臣乞定丧制。当时的大臣尤袤上奏称，释老之教，矫诬褒渎，非所以严宫禁崇几筵，宜一切禁止。陆游在家训中，则以一种较为折中的方式告诫家里的人说："吾见平时丧家百费方兴，而愚俗又侈于道场斋施之事，彼初不知佛为何人，佛法为何事，但欲夸邻里为美观耳。以佛经考之，一四句偈，功德不可称量，若必以侈为贵，乃是不以佛言为信。吾死之后，汝等必不能都不从俗，遇当斋日，但请一二有行业僧，诵金刚法华数卷，或华严一卷，不音足矣。"从这些资料中，可以看出，宋时死了人，家里一般是要请和尚做法事的，即使是皇帝，也不例外。陆游对此较为勉强，觉得不做法事，有违世俗，如果做法事，又浪费太大，不合做法事的本旨，故告诫家人，将法事的规模缩小，表示一下就行了。

宋代的穆修，就是一个敢作违背世俗的事的人。母亲死后，他就不请和尚做法事，而是自己将母亲的棺材运至墓地，诵《孝经》《丧记》，此事较为典型，常常被后人所提及。穆修，字伯长，郓州（今山东东平）人，他的传在《宋史》卷442中，负才而不世合，好论斥时病，诋诮权贵人，即使是宰相，他也不巴结。穆修死后，其好友苏子美撰《哀穆先生文》，以示纪念，对穆修地做人及文章都给予高度的评价："母丧，徒跣自负樑成葬。日诵《孝经》《丧记》，未尝观佛书，饭浮屠氏也。识者哀怜之，或厚遗，则必为盗取去，不然且病，或妻子卒后，得柳子厚文刻货之，售者甚少，踰年积得百缗，一子辄死。将还淮西，道遇病，气结塞胸中不下，遂卒。噫！天之厌文久矣，先生竟以黜废穷苦终其身，顾其道宜不容于世。"宋代还有一人，也是居丧只念《孝经》，此事记载在宋朝田况的《儒林公议》中："马元，儒学精深。名齐孙奭。居丧不为佛事，但诵《孝经》而已，时人称其颛笃。"

（四）《孝经》的启蒙之功

以《孝经》作为启蒙教育的手段，本是中国古人的常用方法。通常的做法是，只要家里条件具备，无论男女，从七八岁时，开始诵读《孝经》《论语》等书。这既是识字，又起到教化的作用。不过，古代曾有将诵读《孝经》作为日常必不可少的功课来做的。最为著名的一例，就是《南史》卷71中所载皇侃诵读《孝经》一事了。据《皇侃传》载，皇侃是吴郡（今江苏苏州）人，少好学，从经师事著名的学者贺玚，尤明《三礼》《孝经》《论语》，为兼国子助教，于学讲说听者，常数百人。入梁之后，梁武帝很赏识他，让皇侃做员外散骑侍郎。"侃性至孝，常日限诵《孝经》二十遍，以拟《观世音经》。丁母忧，还乡里，平西邵陵王钦其学，厚礼迎之，及至，因感心疾，卒。"故宋朝林同在《孝诗》中歌之："儒释本同途，遗经非尔殊。未应普门品，胜似仲尼居。"另据《内则衍义》卷 7 载，明朝有个叫徐莹的女人，她是东阳赵为潜的妻子，就在她年二十七时，赵为潜死了。徐莹只能自己抚遗孤，昼夜哭泣了多年。有人就说，礼制上有规定，妇人晚上不应当哭泣，于是，徐莹"自是夜惟饮泣，间诵《孝经》《论语》《小学》，以节哀痛，气且绝，犹诵。割不正不食席，不正不坐，目不视邪，色耳不听邪，声诸语缉缉不绝口"。

十三、《孝经》的研究

自《孝经》问世以来，人们对它的研究历代不绝。从皇帝到士大夫，热衷此道者甚众，注、疏、章句解诂，可谓洋洋大观矣。

（一）汉代对《孝经》的研究

建元五年，汉武帝接受了董仲舒"罢黜百家，独尊儒术"的建议，设五经博士，《孝经》《论语》《孟子》《尔雅》被罢。虽然《孝经》被置于五经之外，但《孝经》的地位并没有就此下降，《孝经》仍然是太子、诸王的必读书目，地方学校也必须得置《孝经》师一人。到东汉时，朝廷仍然提倡诗、书、礼、易、春秋五经的重要性，《论语》《孝经》也是必读之书。不过，东汉开始有了七经的说法，在《后汉书·张纯传》卷65中说道："纯以圣王之建辟雍，所以崇尊礼义，既富而教者也。乃案七经谶、明堂图、河闲古辟雍记、孝武太山明堂制度，及平帝时议，欲具奏之。未及上，会博士桓荣上言宜立辟雍、明堂，章下三公、太常，而纯议同荣，帝乃许之。"据张纯传来看，他的学问非同一般，以博学著称，"纯在朝历世，明习故事。建武初，旧章多阙，每有疑义，辄以访纯，自郊庙婚冠丧纪礼仪，多所正定。帝甚重之，以纯兼虎贲中郎将，数被引见，一日或至数四"。原来，朝廷中关于宗庙祭祀等活动，其仪式都是出自张纯之手。奇怪的是，在"七经"的注释中，所注是"七经谓诗、书、礼、乐、易、春秋及论语也"，没有《孝经》一书，显然这里是写错了，其中的《乐》本该是《孝经》因为《乐》早就失传了。

西汉时，《孝经》研究共有十一家，五十九篇，主要是今文孝经，其重要人物有长孙氏、博士江翁、少府后仓、谏大夫翼奉、安昌侯张禹等。汉武帝末，在鲁共王怀孔子宅，欲以广其宫。而得《古文尚书》及《礼记》《论语》《孝经》凡数十篇，皆古。古文孝经因此而出现，这样，就有了今文、古文孝经之间的争论。西汉时，《孝经》虽然有十一家，但其成果都没有传下来。到了东汉，在《孝经》的注释之中，最为引人注目的是翟酺的《孝经纬》一书，是书虽然也已经失传，但其中的篇目《孝经援神契》《孝经钩命诀》两部分内容，被后世广泛地引用，尤其是在类书中，我们见到了一些重要内容，为我们理解东汉时"孝经学"研究的特征提供了重要的依据。据《后汉书》卷48载："翟酺，字子超，广汉雒人也。四世传诗。酺好老子，尤善图纬、天文、历算。以报舅雠，当徙日南，亡于长安，为卜相工，后牧羊凉州。遇赦还。仕郡，征拜议郎，迁侍中。……着《援神》《钩命解诂》十二篇。"翟酺的《孝经纬》是东汉时产生的七纬之一，当时影响较大的七纬是《易纬》《书纬》《诗纬》《礼纬》《乐纬》《春秋纬》《孝经纬》。东汉时，对于几部著名的经书，都有经有纬的说法，纬就是对经文的解释，只是这种解释带有谶纬的迷信色彩。谶纬的解释，有着强烈的时代感，那就是汉代时所特有的解释经学著作的方式。汉代以后，鲜有用谶纬的方式来解释经学的了。虽然后世将谶纬之学视为迷信，但却常常引用这些谶纬著作来说明问题。从总体的情况来看，《孝经》在汉代的研究成果大都没能传下来。

（二）皇帝研究《孝经》

魏晋南北朝之时，《孝经》的研究，是中国历史上的第一个高潮，这一时期最重要的特征是皇帝参与研究《孝经》。皇帝积极参与《孝经》的研究，大都取得成果，如晋元帝有《孝经传》，晋孝武帝有《总明馆孝经讲义》，梁武帝有《孝经义疏》，梁简文帝有《孝经义疏》，北魏孝明帝有《孝经义记》等。梁武帝的《孝经义疏》撰写完后，于"纪中大通四年三月，侍中领国子博士萧子显上表，置制旨孝经助教一人、生十人，专通高祖所释孝经义"。可见，梁武帝的《孝经义疏》成为一门独立的学问。皇帝除了积极参与研究《孝经》外，有的皇帝亲自去讲《孝经》。《晋书》记载有两个皇帝曾讲《孝经》，如晋穆帝讲《孝经》，事见《晋书》卷8载，"永和十二年（356年）二月辛丑，帝讲《孝经》"，第二年，也就是"升平元年（357年）三月，帝讲《孝经》。壬申，亲释奠于中堂"。到了晋孝武帝时，孝武帝于宁康三年（375年）"九月，帝讲《孝经》"。其他如宋武帝、文帝、梁武帝、北魏宣武帝、孝明帝等都曾亲自讲《孝经》。

北魏孝文帝南迁，是中国历史上一个意义重大的事件，史学界通常将北魏南迁视为是少数民族汉化的典型。就是在这次南迁中，除了表面上将都城迁到了洛阳之外，一件更为重要、更深层意义的事件促使孝文帝命人将《孝经》翻译成鲜卑文："又云魏氏迁洛，未达华语，孝文帝命侯伏侯可悉陵，以夷言译《孝经》之旨，教于国人，谓之《国语孝经》。"

至于唐代《孝经》的研究，前面已经谈到了唐玄宗的御注《孝经》一事，此处就不再赘述。

（三）学者对《古文孝经》的研究

到了宋代，《孝经》研究进入了一个新高潮。中国学术在宋代进入疑古时代。此时的学术完全不同于唐代之前的学术，唐代之前就是我们通常所说的信古时代，对古典文献中的记载坚信不疑。自宋代始，学术界开始对文献古籍的记载产生了怀疑，这一学术风格，无疑也影响到了对《孝经》的研究。宋代研究《孝经》最重要的成就主要体现在《古文孝经》的研究上。在谈这个问题之前，有必要简单地回顾一下《古文孝经》的传播情况。自从汉武帝末出现了《古文孝经》以来，

唐玄宗御注《孝经》

提倡的人主要有刘向、刘歆父子，之后是东汉桓谭、班固、许冲等人。颜师古注曾引用桓谭《新论》的话："《古孝经》一千八百七十二字，今异者四百余字。"那么，今文、古文孝经到底区别在哪里呢？大致有三个方面的不同，第一是在章节的划分上，今文十八章，而古文二十二章，其中古文的《庶人章》一分为二，《曾子敢问章》（今《圣治章》）一分为三；再就是古

文较今文多出一章（即《闺门章》）。第二是在字数上的差别：今文一千七百九十九字，古文一千八百二十二字。第三在内容上有小差别，《汉志》说"父母生之续莫大焉""故亲生之膝下"两句"古文字读皆异"。正是由于《孝经》存在今古文之分，这就涉及使用哪个版本的问题。唐玄宗使用的是今文孝经，至今还保存在十三经注疏中。宋朝开始，学者则将重点放在古文孝经的研究上。

北宋司马光是第一个为古文孝经作注的人。据《四库全书总目提要》载："谨按《古文孝经指解》一卷，宋司马光撰，范祖禹又续为之说。宋中兴《艺文志》曰：自唐明皇时，排毁古文，以《闺门》一章为鄙俗，而古文遂废。至司马光，始取古文为指解，又范祖禹进孝经说札子曰：仁宗朝司马光在馆阁为《古文指解》表上之。"司马光作《古文孝经指解》后，又有范祖禹续写，范祖禹曾与司马光一同撰写过《资治通鉴》，两人在学术观点上较为一致。司马光在其《古文孝经指解序》中，交代了为何要撰写《古文孝经指解》的缘由，司马光有幸见到朝廷秘阁中所藏的郑玄注《孝经》、唐玄宗的御注《孝经》，独独古文孝经没有注文，故司马光就特为古文孝经作注。

宋人主要以研究古文孝经而著称，著名的著作，除了司马光的《古文孝经指解》外，其他还有多人对古文孝经作注，如洪兴祖的《古文孝经序赞》、季信州的《古文孝经指解详说》、袁甫的《孝经说》及冯椅的《古孝经辑注》等。

在宋朝众多的古文孝经著作中，朱熹的《孝经刊误》是有必要探讨的。朱熹的著作，是历史上《孝经》研究的一个里程碑。朱熹于孝宗淳熙十三年（1186年），年五十七时，主管华州云台观时所作，朱熹"取古文孝经，分为经一章，传十四章，又删削经文二百二十三字。自此以后，讲学家务黜郑，而尊朱，不得不黜今文孝经，而尊古文，酿为水火之争者，遂垂数百年"。这话应当怎样理解呢？原来，司马光虽然早就给古文孝经作了注文，但并没有说今古文孝经的谁是谁非，只是客观地注释而已。到了朱熹作注之时，朱熹就干脆指出，今文孝经是伪书，古文孝经才是真经。朱熹的做法是：将古文《孝经》前七章（今文为前六章）合并，作为经文。他对今文孝经提出了怀疑："疑所谓《孝经》者，其本文止如此……盖经之首统论孝之终始，中乃敷陈天子、诸侯、卿大夫、士、庶人之孝，而末结之曰：'故自天子以下至于庶人，孝无终始而患不及者，未之有也。'首尾呼应，次第相承，文势连属，脉络贯通，同为一时之言，无可疑者。……故今定此六、七章为一章。"至于剩下的十五章，朱熹将它们划分为十四传，以为这十五章"则或者杂引传记以释经文，乃《孝经》之传也"。最后的结果是，朱熹建议将整部《孝经》的经文删去 223 字，以圈记标明，但实际上并未删去。这就是朱熹所处理《孝经》的方式。朱熹的做法，得到了部分人的认同。这就难免引起了今文孝经与古文孝经之争。

元代朱申著《孝经句解》，他的目的就是调和今文孝经与古文孝经两派的矛盾，可惜做得不是很成功，其"首题晦庵先生所定古文孝经句解，而书中以今文章次标列其间，其字句又不从朱子刊误本，亦殊糅杂无绪。《通志》堂经解刻之，盖姑以备数而已"。而在元代学术上自成一家的，号称草庐学案的抚州崇仁人吴澄，则对朱熹的《孝经勘误》持否定态度，吴澄著有《孝经定本》，以为"本今文，以疑古为伪故也"。

朱熹之《孝经勘误》可视为南宋时期《孝经》史上的代表作，吴澄的著作《孝经定本》，可以视为是元朝的中国《孝经》史上的杰作。两人的著作之出名，还有一个因素，他们两人分别是宋、元不同时代学术上的巅峰人物。到了清初，浙江萧山出了一个好辩驳的学术名家，这就是毛奇龄，他以新论、怪论而著称，他著述有《孝经问》一书，对朱熹和吴澄两人的观点，毛奇龄都不能认同。据《四库全书总目提要》称：

> 是编皆驳诘朱子《孝经勘误》及吴澄《孝经定本》二书，设为门人张
> 燧问，而奇龄答。凡十条，一曰：《孝经》非伪书；二曰：今文古文无二本；
> 三曰：刘炫无伪造《孝经》事；四曰：《孝经》分章所始；五曰：朱氏分各
> 经传无据；六曰：经不宜删；七曰：《孝经》言孝不是效；八曰：朱氏、吴
> 氏删经无优劣；九曰：闲居侍坐；十曰：朱氏极论改文之敝。然其第十条，
> 乃论明人敢诘刘炫，不敢诘朱，吴附，及朱子之尊二程过于孔子，与所标之
> 目不相应，盖目为门人所加，非奇龄所自定，故或失其本旨也。

虽然毛奇龄以好辩驳著称，毛的观点也未必就是正确的，但不同的观点，总体上有助于将问题弄清，故《孝经》之是非，还有必要进一步探讨。

十四、《孝经》与诗文

为了将忠孝的观点推广到全民，历代政府都非常重视将《孝经》的内容通俗化、现实化，将《孝经》衍变成直观的、易懂的历史故事、诗文，历代政府都将此项工作作为重大的事件来做。

为了将忠孝的观点推广到全民，历代政府都非常重视将《孝经》的内容通俗化、现实化；将《孝经》衍变成直观的、易懂的历史故事、诗文。

历代推广孝行、表彰孝行的行为，首先表现在正史的传记中。如范晔的《后汉书》有《列女传》。《列女传》虽然不是专写孝行的，但其中也涉及一些著名的孝行故事，如二十四孝中东汉姜诗（涌泉跃鲤）的故事，我们在前面已经谈到，但《后汉书》将姜诗的妻子列在列女传中，以表彰姜诗妻的孝行。《后汉书·列女传》中还有一个著名的人物，也是前面谈到过的会稽曹

娥。《后汉书》虽然没有孝友传的名称，但其中的卷 39 中的"刘赵淳于江刘周赵"，实际上就是后来正史中的孝友传。在这一传的序言中，范晔引用了孔子与子路讨论孝的一句话："故言能大养，则周公之祀，致四海之祭；言以义养，则仲由之菽，甘于东邻之牲。夫患水菽之薄，干禄以求养者，是以耻禄亲也。"

正史中，首列孝友传的是《晋书》，其中收录了李密等十四位孝子的孝行。在以后的正史中，绝大部分都单列孝友传。正史中的孝子的孝行，是中国古代宣传孝行的主要材料，起着榜样的作用，影响了古代政治、社会生活达两千多年之久。

与此相对应的，是各种各样的劝孝诗、劝孝文、劝孝歌等，对《孝经》进行扩大解释、阐述历时两千多年。

朱熹的主要成就在学术研究上，但他也比较重视蒙学一类的读物。前面我们已经谈到他的《孝经勘误》一书，那是纯粹的学术著作。不过，朱熹与弟子刘子澄俩同辑录过蒙教书《小学》，主要是辑录历代典籍中关于伦理道德格言以及忠臣孝子的事迹。此书并非专门的只讲孝道，而是针对启蒙时期的广泛的道德教养，孝悌忠信是其重要的教育内容之一，故开始的第一句话便是："古者，初年入小学，只是教之以事如礼、乐、射、御、书、数，及孝弟忠信之事。自十六七入大学，然后教之以理，如致知格物，及所以为忠信孝弟者。"

（一）《三字经》与劝孝

《三字经》传为南宋王应麟撰，但作者到底是谁，尚存在争议。《三字经》虽然早在南宋末就已经出现，但在文献中，较多地提到《三字经》则是在明代之后。明万历的《宁海县志》载，薛国让曾注解有《启蒙三字经》，这条资料是目前能见到的最好的关于《三字经》的注释，从这条资料中，给我们一些相关的信息，那就是在明代，《三字经》是作为一般小孩的启蒙读物的。据明王世贞的《弇州四部稿续稿》卷 138 中的《徐文贞公行状下》载：今上为皇太子时，甫五龄，遇公等于御道西，召公渭曰："先生每辛苦。"公等顿首谢，困谓：殿下茂龄，宜读书进学。皇太子顾公而曰："我已读《三字经》矣。"又曰："先生每请回。"如是者再，睿音琅然，不摄不骤。公出，而以手加额曰："宗社万世庆也，老臣即归死瞑矣。"这里所谓的皇太子，就是小时候的穆宗，这里的徐公，就是徐阶。徐阶是世宗、穆宗时大学士，嘉靖三十一年至隆庆二年（1552—1568 年）任此职，字子升，松江华亭（今上海松江区）人。嘉靖四十一年，徐阶将一同共事的严嵩赶下台，自任首辅。但五年之后，高拱取代了徐阶而任首辅。此处，徐阶见到时年仅五岁的朱载垕（后来的穆宗）读《三字经》时朗朗上口，就感觉到明朝有了未来。《三字经》中有部分内容是有关孝道方面的教诲，除了说教之外的文字，其中有两个孝行方面的故事，其一是"香九龄，能温席，孝于亲，所当执"，此句说的是汉朝黄香温席的故事。另一是"融四岁，能让梨，弟于长，所当知"，说的就是东汉孔融让梨的故事。

《女诫》中，也有女子孝道训教方面的内容，它是中国第一部女诫方面的书，一般认为是《汉书》的作者班固的妹妹班昭所作，教女人如何做孝女孝媳。《女论语》的作者是唐朝才女宋若莘、宋若昭姊妹，其中有两章是宣讲女人如何做到孝道的，《事父母章》《事舅姑章》。《女训》是明蒋太后著，蒋氏是大兴人。弘治五年，被册封为兴王妃，生世宗朱厚熜而被尊为章圣皇后。是书共十二章，其中的《孝舅姑》一章是专讲媳妇孝敬公公婆婆的。较为引人注目的是《女二十四孝图说》，书成于清代，但作者无考，显然是仿照《二十四孝图》而来。女二十四孝分别是：汉代有三人，"上书赎罪"的淳于意之女缇、"纺织养姑"的陈孝妇、"投江抱父"的曹娥；唐代有"代父从军"的木兰、"乞丐养姑"的张李氏、"冒刃卫姑"的郑卢氏、"手刃父仇"的谢小娥；宋代有"孝比王祥"的崔志女、"斫虎救母"的聂瑞云、"雷赦夙孽"的顾张氏、"智释父兄"的詹氏女；元代有"为母长斋"的葛妙真；明代有"典衣疗姑"的王周氏、"童媳善谏"的刘兰姐、"剖肝救姑"的王陈氏、"糟糠自甘"的夏王氏、"劝父改业"的陆氏女、"为母解冤"的程瑞莲、"劝母留女"的杨秀贞、"孝妇却鬼"的赵王氏、"分家劝夫"的吴孙氏、"诚孝度亲"的张素贞；清代有"直言谏父"的王兰贞、"劝母止虐"的刘氏女。该书直到 1936 年尚有刻本，由自号"对凫老人"的学者捐资重刻，缘由是"近来亡媳关怀此事，临终时特嘱诸孙捐印此书，分送女界以销宿障而广孝思，故叙其缘起如此"。其他的像《弟子规》《幼学琼林》《小儿语》《老学究语》《女三字经》《女小儿语》《张氏母训》等书，内中都有训孝的内容，在此就不再一一详述了。

（二）名人孝行

历史上，名人的孝行对后世产生了很大的影响。著名的名人孝行诗文有唐王刚的《劝孝篇》、宋邵雍的《孝父母三十二章》及《孝悌歌十章》、真德秀的《泉州劝孝文》、明黄佐的《泰泉乡礼文》、清潘天成的《孝悌歌》、清姚廷桀的《教孝编》等。邵雍在前面谈到过，他是北宋著名的道学家，他在出生时，慈乌满庭，这种情况，通常会给出生的人带来运气。邵雍后来果然成了北宋时期著名道学家。慈乌的出现通常意味着孝，邵雍不独学问是一流的，他还是一个有孝行的人，邵雍积极参与著述劝孝诗文，他的《孝父母三十二章》中有：

谁说形容似去年，今年亲发白如棉。

却悉前面无多路，急早承欢在膝前。

亲老如何不健餐，多因心血已枯干。

劝君好顺爹娘意，天大恩情仔细看。

亲老龙钟甚不宜，要人陪伴要人依。

身边今有何人在，孝顺儿孙可得知。

父母而今病可怜，愿儿常在卧床边。

纵然暂出房门外，还要亲人在面前。

真德秀的《泉州劝孝文》。真德秀是南宋著名的学者，籍贯是建州浦城（今福建浦城），在地方做官时，就对有孝行的人大力表彰，积极劝导乡民重孝、从孝，著《泉州劝孝文》，文中既有孝者，也有不孝者。

真德秀在泉州做郡守时，治下发生了割肝刲股的几起孝行，但也有一起不孝之事，就是那个吴良聪，被父母诉到了真德秀那里。所以，真德秀作为地方官，对于自己的辖区内出了这种不孝之子，感到"日夕惭惧、无地自容"。真德秀对刲股疗母的行为大加表彰，并亲自置备酒席，以示宾礼之意，而对于吴良聪，则是打板子二十，髡发并拘役一年，以示惩戒。真德秀的劝孝文，就是在这种背景之下写的。他自当职以来的第一件事，就是劝孝，希望辖区之内，看到这篇劝孝文之后，能家家慕效，还淳朴之俗。

明代著名藏书家，广东香山（今中山）人黄佐，著有《劝孝文》。黄佐（1490—1566 年），字才伯，号希斋，晚号泰泉。正德五年（1510 年）乡试第一，十五年（1520 年）进士。"其学恪守程朱，尝与王守仁论知行合一之旨，数相辨难。守仁亦称其直谅，然不以聚徒讲学名，故翛然于门户外焉。"显然，黄佐是当时知名的学者，他著有《泰泉乡礼》，在卷 3 中有《劝孝文》一篇，是他在广西提学佥事之后，乞休家居时所著，前有序言曰：

是以世之不孝者，或毙于雷，或死于疫。后世衰弱，都受天刑，呜呼！

王法可幸免，天诛不可逃。为人子者，可不孝乎？为此，诚恐村峒俚民及猺獞等，未能知悉，理合先行劝谕，每朔望誓于里社，有不孝者，明神诛殛，今录《劝孝文》一道，开具于后。

这篇序言中说的似乎颇有一些迷信色彩，说不行孝的人，要么就遭雷劈，要么就遭瘟疫，也就是说，不孝之人，即使逃过了王法，也别想躲过天罚。其中有一条规定，很值得注意，就是每月的朔（初一）和望（每月的十五）这两天，要求社里的人聚集在一起宣誓。《劝孝文》中有些非常具体的规定，如：

每日早起，带子弟向父母前作一揖，送上新茶一盏，早饭、午饭、晚饭都请父母上坐，与妻子旁边看照饮食。父母夜睡，先去床前看一看。每出门，与父母说知，作一揖，归来，亦作一揖。如无父母，早起即去阴灵神座前作一揖，有茶有饭，都去供养，如在生前一般。如父母要作歹事，小心劝谏。

清代潘天成的《孝悌歌》。潘天成（1654—1727 年），字锡畴，江南溧阳（今属江苏）人。寄籍桐城，为安庆府学生。《溧阳志》载，其幼与父母避仇，结果走失，年十五，乞食行求，遇于江西界，百计迎归，佣贩以养，备极艰苦。以其间读书讲业，竟为绩学，年七十四，迄穷饿以死。潘天成著述有《铁庐集》一书，其中有《孝悌歌》四则：

圣贤为学学为人，要学为人要识仁。仁体弥纶无限量，只从孝弟见天真。为学无非复性初，性初浑浑是空虚。……漫言孝弟是常行，今古乾坤赖此成。贤圣帝王垂大业，俱从孝弟尽真情。孔颜乐处果如何，只在家中养太和。约礼博文为底事，爱吾爹妈敬吾哥。

潘天成本身就是著名的孝子，其传在《清史稿·孝义》卷 498 中，其学问出自高攀龙的高足、宜兴人氏汤之锜之门。潘天成在学术上无甚成就，其做人则是身体力行，可为万世师。《瞿源洣集》有《潘孝子传》，叙述颇详。盖潘天成天性真挚，笃志苦行，故文章亦如其人。当时操觚之士，未必重之。而身后之名昭如日月，洵足为圣朝扶植纲常，砥砺名节而尤难。其出自寒门，食贫终老，古之所为独行君子者，其天成之谓乎？

十五、《孝经》的外传

《孝经》在海外的传播，主要是在朝鲜和日本这两个国家。朝鲜长期受中国文化的影响，这种影响是从唐朝开始，这既表现在唐朝与朝鲜之间的战争，又表现在文化上的交往。朝鲜半岛的三国之中，高丽王朝受唐朝的影响最大，高丽也使用汉字，依照唐朝的制度，制定本国的治国之策。高丽曾从唐朝引进"三史"，即《史记》《汉书》《后汉书》，"五经"一度是高丽朝廷的教材，也是高丽国民教化的教材。

（一）《孝经》在高丽的传播

从新旧五代史的记载来看，高丽学者对《孝经》等书有一定的研究。五代时，常来朝贡。每次新的国君登基，必请命中国，中国常优答之。高丽地产铜、银。周世宗的时候，遣尚书水部员外郎韩彦卿，以帛数千匹市铜于高丽以铸钱。周世宗显德六年（959年），高丽王昭遣使者贡黄铜五万斤，高丽俗知文字，喜读书，"昭进《别叙孝经》一卷、《越王新义》八卷、《皇灵孝经》一卷、《孝经雌图》一卷。别叙介绍孔子生平及弟子事迹。《越王新义》以越王为问，目若今正义，皇灵述延年、辟谷，雌图载日食星变，皆不经之说"。这些都是高丽学者对中国古籍在注释上的贡献。

　　到了宋朝，徽宗宣和六年（1124 年），高丽入贡，朝廷遣给事中路允迪报聘，徐兢以奉议郎为国信使提辖人船礼物官，因撰《高丽图经》四十卷，还朝后，诏给札上之。诏对便殿，赐同进士出身，擢知太宗正事，兼掌书学，后迁尚书刑部员外郎。这个徐兢是瓯宁人，从他所撰写的内容看，有两处资料值得注意，一是卷 3 中称，在高丽的都城的坊市命名中，有个坊门叫作"孝义"的。一处是卷 17 中，提到高丽有个靖国安和寺中的一些匾额，是由徽宗御书的，其中的西门叫"孝思院"，即是徽宗亲书。

　　朝鲜半岛三国之一的百济，也是接受唐朝文化影响较多的。据《朝鲜史略》卷 2 载："百济王璋薨谥曰武。太子义慈立，义慈幼有孝友之行，时号东海曾子。"这个义慈王，事亲以孝，兄弟以友，故获得"东海曾子"之称号。

　　明朝弘治年间，宁都人董越以右春坊右庶子兼翰林院侍讲，同刑科给事中王敞出使朝鲜，董越等人在朝鲜待了一个多月，回国之后，著述有《朝鲜赋》，据《朝鲜赋原序》载："弘治元年春，先生圭峰董公以右庶子兼翰林侍讲，奉诏使朝鲜国，秋八月归。复使命首尾留国中者不旬日，于是宣布王命，延见其君臣之暇，询事察言，将无遗善。余若往来在道，有得于周爱谘访者尤多。于是，遂罄其所得，参诸平日所闻，据实敷陈，为使《朝鲜赋》一通，万有千言。其所以献纳于上，前者率皆此意，而士大夫传诵其成编，莫不嘉叹以为凿凿乎可信，而郁郁乎有文也。""其最可道者，国有八十之老，则男女皆锡燕以覃其恩（董越自注：每岁季秋，王燕八十之老人于殿，妃燕八十妇人于宫），子有三年之丧，虽奴仆亦许行以成其孝（董越自注：国俗丧必三年，且尚庐墓，奴仆例许行百日之丧，有愿行三年者亦听）。"从董越的所见来看，朝鲜的养老政策，尤其是三年丧期的做法，完全是效法中国的，可见朝鲜受中国文化的影响之大。

《孝经》何时传入日本，尚不能确定，推测应当是在唐代，原因在于唐代在日本与中国的交流较多，日本的使节频繁地到中国，在中国的留学生也较多。不过，单就《孝经》来说，日本的文献资料中没有直接提及。据《续日本纪》载，日本女皇孝谦天皇特别推崇孝道，重视《孝经》，提出了以孝治国，并于太平宝字符年（757 年，相当于唐肃宗至德二年）下诏书曰："古者治国安民，必以孝理。百行之本，莫先于兹。宣令天下，家藏《孝经》一本，精勤诵习。"显然，这是受了十四年前唐玄宗的"诏天下家藏《孝经》，精勤教习"影响，仿照了唐朝的做法。

日本皇族也将《孝经》作为必读书目。到了淳和天皇长十年（833 年），日本皇太子的必读书《孝经》成了定制，此后的日本，历朝皆如是。

（二）山井鼎注《孝经》

唐玄宗的御注《孝经》在日本清和天皇贞观二年（860 年，即唐僖宗咸通元年）传入日本。高丽人对《孝经》的研究没有流传下来。不过，在《四库全书》中，收录有日本人山井鼎注的《七经孟子考文补遗》共计 206 卷："原本题西条掌书记，山井鼎撰，东都讲官物观校勘。详其序文，山井鼎先为考文，而观补其遗也，皆不知何许人。验其版式、纸色，盖日本国所刊，凡为《易》十卷、《书》十八卷、《诗》二十卷、《礼记》六十三卷、《论语》二十卷、《孝经》一卷、《孟子》十四卷，别《孟子》于七经之外者。考日本自唐始通中国，殆犹用唐制欤？前有凡例，称其国足利学有宋版《五经正义》一通，又有古本《周易》三通、《略例》一通、《毛诗》二通、《皇侃义疏》一通、《古文孝经》一通、《孟子》一通。又有足利本《礼记》一通、《周易》《论语》《孟子》各一通。又有正德嘉靖万历崇祯《十三经注疏》本、崇祯本，即汲古阁本也。其例首经，次注，次疏，次释文，专以汲古阁本为主，而以诸本考其异同。凡有四目曰：考异；曰：补阙；曰：补脱；曰：谨案。所称古本为唐以前博士所传。足利本乃足利学印行活字板，今皆无可考"。

对于这个日本山井鼎所注的《七经孟子考文补遗》，四库馆臣在写提要时有许多疑惑，因为有许多的问题无法弄清。一般的看法是，《易》《书》《诗》《礼记》《论语》《孝经》《孟子》，在日本流传的这七经，应当是宋代以前的古本。有关此事，《宋史》中本身就有记载，日本奈良东大寺高僧奝在宋太宗雍熙元年（984 年）到中国，带来了《孝经》及《越王（孝经）新义》，宋太宗当时命将之藏到秘阁。这两本书，"皆金缕红罗缥水晶为轴。《孝经》即郑氏注者"。显然，日本高僧带来的是今文孝经，日僧奝带到中国来的郑氏注的《孝经》，意义重大，原因是自唐玄宗御注《孝经》之后，虽然他主要是依据今文经，但随着御注一出，郑注和孔注都不太受重视，所以，到了宋代，由日本传过来这么一个注本，当然是了不起的事。

至于日本传到中国的古文孝经，则有两种。一是这个山井鼎所注的《孝经》，据山井鼎之《孝经》前面的《古文孝经序》称："独于古文孔安国传阙而不载。今其可见者，才有朱熹较定古文及刊误耳，不足证也。由是观之，则古文孔传，唐宋以来中华所不传，而吾邦独存焉。今以世所梓行本校之，足利古本是为其元本也。但展转书写，致有少异耳，乃此本所得于隋，而唐以前所传者，亦明矣。至于其真伪不可辨，则臣之末学微贱，所不敢辄议也。"但是，这个山井鼎注本，仍与中国所藏的孔氏本有差异，与朱熹所刊之古文《孝经》也不相同，无法判明谁是谁非，只能互存。还有一本从日本传到中国的古文孝经，至于此本，据《四库全书总目》卷32 载："旧本题汉孔安国传，日本信阳太宰纯音。据卷末乾隆丙申，歙县鲍廷博新刊跋称，其友汪翼沧附市舶至日本，得于彼国之长嵜澳。核其纪岁干支，乃康熙十一年所刊。前有太宰纯序，称：古书亡于中夏，存于日本者颇多。昔僧奝然适宋，献郑注《孝经》一本，今去其世七百余年，古书之散逸者，亦不少。而孔传古文孝经，全然尚存，惟是经国人相传之久，不知历几人书写，是以文字讹谬，鱼鲁不辨。纯既以数本校雠，且旁采他书，所引苟有足征者，莫不参考，十更裘葛，乃成定本。其经文与宋人所谓古文者，亦不全同，今不敢从彼改此。"这本由汪翼沧从日本带回中国的古文孝经，与宋人所谓的古文孝经之间，也是不同，故只能并存，以待研究。

从以上的事例中，不难看出，日本不独藏有许多中国古籍，且日本人对中国经学，包括《孝经》等，多有他们自己的见解，反过来，亦可作为中国经学研究的参考。

第二章 《孝经》原典详解

开宗明义章第一①

【题解】

本章题为"开宗明义";开,是开张、揭示的意思;宗,是宗旨;明,即显示,使之明晰;义,即义理;即一开始就阐述了孝的宗旨和根本,以明确其义理。本章为全部《孝经》的纲领,主要阐述了孝道的内容及对社会治理的意义,并指出孝道为一切道德的根本。

【原文】

仲尼居②,曾子侍③。子曰:"先王有至德要道④,以顺天下⑤,民用和睦,上下无怨。汝知之乎?"曾子避席曰:"参不敏⑥,何足以知之?"子曰:"夫孝,德之本也,教之所由生也。复坐,吾语汝。身体发肤,受之父母,不敢毁伤,孝之始也。立身行道,扬名于后世,以显父母,孝之终也。夫孝,始于事亲,中于事君,终于立身。《大雅》云:'无念尔祖,聿修厥德⑦。'"

①开宗明义：揭示全书的宗旨。邢昺疏："开，张也。宗，本也。明，显也。义，理也。言此章开张一经之宗本，显明五孝之义理，故曰开宗明义章也。"所谓"五孝"，乃指天子、诸侯、卿大夫、士、庶人之孝。

②仲尼：孔子的字。孔子（公元前551~前479年），名丘，字仲尼，春秋时鲁国陬邑（今山东曲阜东南）人。我国古代伟大的思想家和教育家，儒家学派的创始人。他对我国思想文化的发展有巨大贡献，影响极其深远。《论语》是研究孔子的最主要的资料。

③曾子：即曾参（公元前505~公元前434年），字子舆。孔子的弟子。

④先王：先代盛德之王。

⑤顺：通"训"。引申为治理。

⑥参：即曾参。按照礼节，卑者在尊者面前，如果需要自称，不可使用"我""吾"一类人称代词，而应自呼其名。王引之《春秋名字解诂》说：曾参，字子舆。参，"骖"的假借字。骖是驾车的三匹马，舆是车。按照名字相应的规律，名骖字子舆，就是驾马用来拉车的意思。方以智《通雅·姓名》、王夫之《礼记章句》卷三、卢文弨《经典释文考证》、朱骏声《说文通训定声》等，持说皆与王引之同。

⑦《大雅》云二句：见《诗经·大雅·文王》。无：语首助词，无义。聿：述，遵循。

【译文】

孔子在家闲坐，曾子在旁边陪坐。孔子说："先王有一种至高无上的德和非常重要的道，用它来治理天下，以至于百姓和睦，上下无怨。你知道它是什么吗？"曾子连忙离席起立回答说："参资质驽钝，怎么能知道呢？"孔子说："孝这个东西，它是一切道德的根本，各种教化都是由它而生。你坐下，我来慢慢地给你讲。一个人的身躯、四肢、毛发、皮肤等等，都是从父母那里得到的，不敢使它们受到毁伤，这可以说是孝的开始。如果能够建功立业，实现圣人的主张，不但使自己扬名于后世，而且也为父母脸上增光，这可以说是孝的最终目标。孝，开始于事奉双亲，中间经过事奉国君，最后达到建功立业。《大雅》上说：'牢记你的先祖，继承并发扬他们的美德。'"

【解析】

"仲尼居，曾子侍"表示《孝经》既不是孔子的著作，也不是曾子的记录；应该是儒家弟子集体整理出来的作品。

"居"和"侍"相对，表示师长和学生之间的伦理关系。既然要讲经说道，那么基本的礼节必须展现。

"先王有至德要道"是孔子对先王的敬重，这也是以身作则，把孝道融入教学。倘若一开口就告诉曾参"你仔细听好，我今日要教你人间至高的品德和重要的实践途径"，那就有失师道，顶多是经师而够不上人师了。

果然，曾子赶紧从座位中站起来，表现出十分的敬意，表示要洗耳恭听，对师长的教诲丝毫不敢怠慢，并且谦恭地说自己不够聪敏，还不知道有这么好的治世良方，敬恳老师赐教。如果换一种方式，他仍旧坐在椅子上，懒洋洋地问老师："这个题目要不要考？"或者说："我已经听说了，当然知道。"甚至于笑嘻嘻地说："老师已经说过好多次了，说一些新的吧！"岂不是学生胡闹，而老师啼笑皆非？

"夫孝，德之本也，教之所由生也。"孔子直接说出结论，用意在醍醐灌顶。在曾参注意力集中时，先把重要的结论说出来。这不是一般人所说的"灌输知识"，而是使人醒悟或者获得启发的"灌输智慧"。假定曾参一连串提问：这是为什么？有没有实证？能不能举例说明？恐怕有效的教学活动，也将受到严重的破坏。

孔子

于是，孔子要曾参回坐，再细加分析。先把重点记住，然后细嚼慢咽。否则把次序颠倒过来，一开始就挑明"身体发肤，受之父母，不敢毁伤，孝之始也"，那就违反了《大学》所说的"知所先后"的道理。影响所及，大概曾子后来也写不出"物有本末，事有终始"的经文，以传诸后世。

孝从"事亲"开始。事的意思是侍奉，但是含有实事求是、不马虎、不徒具形式的用意。人一生下来，最先接触的便是父母。伦理开始于家庭，而孝是基础，所以说孝为"德之本"。教育由家庭着手，把孝道实践出来，并且代代相传，成为最基本的教学准则。因此，教化由"孝"开展，成为中华文化的特色。不但举世闻名，而且长久以来产生着重要影响。

长大进入社会，不论从事什么工作，始终抱持为人民服务的热诚。不为非作歹而使父母受辱，最终建立功业，使自己的名声铭刻在人们心中。倘能因此为父母争得荣耀，那就是"以显父母"，才是孝的最终目标。

《孝经》全文，都以曾参求教而孔子讲道、解惑的教学活动，来诠释孝的内涵、类别、功能以及价值。"事亲"指心中有父母，时刻不忘孝敬和关心。"事君"是服务社会人群时，不要忘记扬名显亲。至少不使父母受辱，也就是自己不能被人责骂"没有家教",甚至于遭受"这是哪家的子弟？如此不三不四、不懂得规矩"的辱骂，使父母颜面无光、羞于见人。"立身"则是由于"事亲"和"事君"两方面的实践和体悟，明白安身立命的道理即在于"以孝事亲及事君"，这是中华民族独特的道德责任，荣耀无比。先王通过这样的至德要道，获得良好的印证。想想为什么春秋、战国以后，一直没有办法达成这样的效果，才是我们现代重新学习《孝经》的最大意义。

【生活智慧】

1. 孝从哪里来？孝从祭祀来。祭祀当然不是迷信，更不是拜偶像。炎黄子孙只拜天地、祖先和圣贤，这些都不是偶像。自古以来，拜祖先便是孝道的重要活动。

2. 祭祀从哪里来？从殡葬自然孕育而成。人有天赋的人性，人人都具有恻隐之心。上古时代，父母亡故就随便把大体（那时候还没有人死为大的观念，并不知道要这样称呼）丢在沟里。隔了一段时间，偶然经过弃尸的地点，看见动物在啃食、虫子在吮吸，心中非常难过而于心不忍。于是赶紧回家拿锄头和铲子，跑到弃尸的地点，把残缺不全的大体用泥土掩盖起来。后来为了不忍让大体直接和泥土碰触，才制作棺椁，自然演变出殡葬的礼仪。接下来有祭祀，更是心中思念双亲的恭敬纪念。

3. 恻隐之心与生俱来，但是发展为孝，则是后天的教化。使子女对父母应有的情，成为不忘本的感恩之情、永久怀念的传承之情，更进而成为家风、国风的塑造与发扬。使得孝道在中华民族的历史上，有了"慎终追远，民德归厚"的美好理想与实际效果。对现代人来说，尤其值得深切反思，找出一条与时俱进的有效途径。

4. 把对父母的情，推展到对祖先的情，再向外扩大，以情来治国。这正是现代最为需要的"和平发展""和谐社会""和睦家庭""和顺邻里""和合风气""和气生财"的良好基石。"孝为德之本，教之所由生"果然经得起时间的考验，值得我们深入研讨，努力实践。

5. 孝的起点是"保身"。因为如果没有父母，我们根本就无法出世，也没有办法成为活生生的一个人。父母给我们父精母血，然后在母亲的子宫里孕育成我们的身体，可见"身体发肤，受之父母"。为了不忘根本，也为了保持这个赖以生存发展的身体，我们当然要用心维护，不可毁伤。

6. 保护身体如果用来胡作非为，做出危害社会、破坏社会秩序、败坏社会风气的不良行为，最伤心的应该是父母。想想看，父母给我们身体，我们却用来伤父母的心，岂不是恩将仇报？因此，我们必须采取正当的途径，秉持服务人群社会、为公益做出贡献的心态，好好做人，也好好做事。一方面提高自己的道德修养，使自己的名声愈来愈好，愈来愈受到大众的好评；另一方面则显出父母的教导有方、家风良好，使大家赞赏之余，乐于仿效。"孝"可以修身、齐家、治国、平天下，力道大得惊人。

7. 《论语·学而篇》指出："君子务本，本立而道生，孝弟也者，其为仁之本与!"务本所说的本，便是孝；务的意思是必须全力去做。务本即必须全力做好根本事情。务和学不同：学只是把不知的变知、不会的学会；务却必须由自己做起，并且向外推广。君子必须把孝当作根本来躬亲实践。把孝这根本道德确立起来，人道自然看得明显，而原本隐而不现的仁心，也显著地产生出来。对父母孝、对兄弟悌，可以说是为人处事的根本。具有这样品德的人不好犯上，也就不好作乱，当然有资格称为君子。

8. 孝和悌分不开，孝敬父母必然友爱兄弟姊妹。对兄弟姊妹不好，也就是对父母不孝。我们把父母视同天地，因此把四海之内共同为天地所生的人，都当作兄弟姊妹看待，成为世界上最为和平、最喜欢朋友的民族。"老吾老以及人之老"是孝的推展；"你是我的兄弟"便是悌的发扬。桃园三结义，实际上也是孝道的延伸。

【建议】

孝敬父母，是子女以实际行为表现出来的。不是做给别人看，也不是做给父母看，应该从内心发出来，做给自己看。看什么？看看是不是尽心尽力，有没有需要改善的地方……随着年龄增长，要愈明白孝道的本质，在于自己仁心仁性的显露，这也就是人与禽兽不同的地方。珍惜自己、爱护自己、激励自己，全都以孝为根本，要用心体悟。

【名篇仿作】

《女孝经》开宗明义章第一

【原文】

曹大家闲居，诸女侍坐。大家曰："昔者圣帝二女有孝道，降于妫汭。卑让恭俭，思尽妇道。贤明多智，免人之难。汝闻之乎？"诸女退位而辞曰："女子愚昧，未尝接大人余论，曷得以闻之？"大家曰："夫学以聚之，问以辨之。多闻阙疑，可以为人之宗矣。汝能听其言，行其事，吾为汝陈之。夫孝者，广天地，厚人伦，动鬼神，感禽兽。恭近于礼，三思后行；无施其劳，不伐其善；和柔贞顺，仁明孝慈；德行有成，可以无咎。《书》云：'孝乎唯孝，友于兄弟。'此之谓也。"

【译文】

　　曹大姑（即班昭，班固的妹妹）坐在一边，其他女子坐在曹大姑的身边。曹大姑教导大家说："远古的时候，尧帝的两个女儿娥皇与女英都有孝道。一同嫁给了舜帝。娥皇、女英两人，谦卑而节俭，尽到了妇人之道。两人都很聪慧，为舜帝分担了许多困难。你们都听说过吗？"诸女起身行礼说："我们都很愚昧，连一般的道理都没有听说过，哪里听说过这些呢？"曹大姑就接着说道："学问的目的就是要积累和辨别问题的是非。只有多方听不同的见解，才能变得谦虚，这也是做人的宗旨。你们认真地听着，我来为你们讲解。孝道充满了天地间，能够和睦人伦关系，能够让鬼怪和禽兽感动。对人恭敬就是合乎礼节，做事情要三思而后行；要是自己没有功劳，就不要夸耀自己；作为一个女子，在家里要做到温柔贞顺，充满慈爱；只有自己的德行修成了，才能做到没有过失。《尚书·君陈篇》中'只有孝道，才能够做到对兄弟的友爱'，说的就是这个意思。"

《忠经》天地神明章第一

【原文】

　　昔在至理，上下一德，以征天休，忠之道也。天之所覆，地之所载，人之所覆，人之所履，莫大乎忠。忠者，中也，至公无私。天无私，四时行；地无私，万物生；人无私，大亨贞。忠也者，一其心之谓也。为国之本，何莫由衷？忠能固君臣，安社稷，感天地，动神明，而况于人乎？夫忠兴于身，着于家，成于国，其行一焉。是故一于其身，忠之始也；一于其家，忠之中也；一于其国，忠之终也。身一则百禄至，家一则六亲和，国一则万人理。《书》云："惟精惟一，允执厥中。"

【译文】

天下的真理，就在于君臣上下一心，以求得上天的恩赐，这就是作为忠臣的为臣之道。在天地之间，没有什么比忠更为重要的了。所谓的"忠"，就是"中"的意思，至公无私。作为上天，要是能够做到公正无私的话，那么一年四季就会风调雨顺；大地要是能够做到公正无私的话，那么万物生长就会茂盛；作为人，要是能够做到公正无私的话，那么他的人格就会亨通中正。忠，说的也是忠心。为国家效命，哪能不出于忠心？忠能够巩固君臣之间的关系，稳定国家，感动天地和神明，更何况是对于人呢？具有忠诚之心的人，平时会想着自己的家庭，在国家就会忠于君王，对个人、家庭和国家之间的言行是一致的。忠从一个人身上开始，首先落实于自己的家庭，最终体现在对国家的忠诚上。一个人的人格高尚，就会有福气，家庭和睦，就会带来家族和顺，国家上下一心的话，就便于治理。《尚书·大禹谟》中是这样说的："精诚专一，言行要合于不偏不倚的中正之道。"

【故事】

韩伯瑜泣笞伤老

汉朝时，有个叫韩伯瑜的人，他自小与母亲相依为命，母亲对他的管教一直很严厉。韩伯瑜生性孝顺，很小就知道帮母亲拾柴做饭，破了的衣服也知道自己缝补，尽量减少母亲的负担。

可是小伯俞毕竟还是个孩子，难免会有做错事的时候，但就算只是小过失，韩母也会严厉责罚他。母亲打他，他就跪在地上，虽然受了打，但却一点怨言也没有。等到母亲打完了，他再低声向母亲谢罪，哄母亲高兴。

多年来，韩母对韩伯瑜的教育一直没有松懈，尽管孩子已经长大了，已经很优秀很懂事了，但母亲还是一如既往地对他严格要求。

有一天，韩母又因故生气，责打儿子，不料一向甘愿受罚的韩伯瑜忽然大哭了起来。

韩母很惊讶，问："从前打你的时候，你总是心悦诚服地接受，没有怨言，也没有流过眼泪。可是，为什么今天打你，你就哭起来了呢？"

韩伯瑜擦了擦眼泪说："以前儿子犯了错，有了过失，母亲杖责我的时候是很痛的，所以儿子知道母亲的身体还很康健。今日母亲打我时，儿子感觉不痛了。可见，母亲的身体不如从前了，精力已衰，日渐老迈，所以我就不自觉地悲泣起来了。"

韩母听了这番话，便放下拐杖，伸手抚摸着韩伯瑜的脸，也感动得哭了。

孙思邈孝亲从医

孙思邈是唐朝著名的医药学家，他擅长治疗各种疑难杂症，救治过许多垂危的病人。他曾经用针灸救活了一个已被装进棺材的孕妇，并使这位妇女顺利地产下了一个胖娃娃，一针救活了两条性命。在长期行医的过程中，孙思邈还总结出治疗甲状腺肿大和脚气等疑难杂症的良方。在医学实践上，他收集整理了很多药方，写成了《千金要方》《千金翼方》两部著作，共记载了六千多个药方。为纪念他在医药学上的成就，后人尊称他为"药王"。其实，这位药王学医的最初动机是为了给自己的父母治病。

隋朝末年，孙思邈出生于京兆华原（今陕西耀州区）一个贫苦人家，他的父亲是一名木匠。孙思邈很小的时候就开始跟着父亲走家串户做木工活儿，帮父亲打打下手。耳濡目染之下，小思邈也会点木工，时常雕一些小动物哄爹娘开心。邻里们都说，小思邈长大后肯定比他爹的手艺还好。长此以往，小思邈也一直认为自己将来会是个出色的木匠。

在孙思邈七岁的时候，父亲得了雀目病（即夜盲症），而母亲患了粗脖子病。有一次，父亲在锯木时，看到他在一旁看着自己发呆，便问他："孩子，你长大了也要做木匠？"孙思邈回答说："不，我要做一名大夫，那样就可以给你们治病了。"父亲见他小小年纪便有一片孝心，心里十分感动，第二天就带着孙思邈去城外上学。孙思邈在那里知道了扁鹊，也懂得了圣贤之道以及"行医者，兼济天下"的道理。这些先人之道也让他确立了以后行医的操守：不论富贵贫贱，不论男女老幼，皆一视同仁且尽心尽力！

当孙思邈十二岁时，父亲送他到了附近的药农张七伯家去当学徒。孙思邈走进张七伯家，只见院子里里外外都堆满了草药，十分高兴，心想：这些草药里也许有能治父母亲病的药，太好了，我一定要认真学习！在张七伯家当学徒的三年里，孙思邈经常向张七伯询问药理知识，常常令张七伯难以回答。后来，他才知道原来张七伯只会用一些土方治病，根本不懂药理。张七伯也懂得孙思邈的心思，就对他说："你很聪明，又很好学，我不能耽误你的前程，从我这里出发北去四十里的铜官县，那里有位名医，是我的舅舅，你到他那里去学医吧！"临走前，他还送给孙思邈一本《黄帝内经》，希望他学有所成，有朝一日成为名医。孙思邈到了铜官县，四方打听找到了这位名医，在他那里潜心学习了一年，又钻心研究《黄帝内经》，医学知识长进了很多。但这位名医也不知道如何治雀目病和粗脖子病，这使孙思邈十分失望。

第二年，孙思邈便回到了家乡开始给乡亲们治病。在行医时，他不贪图财物，对病人一视同仁，爱护有加，渐渐的在家乡有了点名气。有一次，他治好了一位病人的病，病人到他家来答谢，得知孙思邈父母身患瘤疾，就对孙思邈说："我听说太白山麓有一位叫陈元的老大夫能治你母亲的病，你可以去那儿看看。"孙思邈听了非常高兴，第二天就出发赶往太白山。从家乡陕西耀州区到秦岭太白山有四百里的路程，孙思邈走了半个月才到，并沿路打听陈元大夫。寻到陈元后，孙思邈表明了来意并想拜他为师，陈元被他的孝心打动了，便收他为徒。在陈元那里，孙思邈终于学到了治粗脖子病的祖传秘法，可是如何治雀目病却仍然毫无头绪。一天，孙思邈问师父："为什么患雀目病的大多是贫苦人家的人，而有钱人是很少有人患这种病呢？"陈元听后思索片刻，说："说不定是贫穷人家很少吃肉的原因，你可以给病人多吃点肉试试。"孙思邈遵照师父的话，他让一位病人每天吃几两肉，但试了一个月仍毫不见效。不过他并不气馁，再次翻遍大量医书，偶然间在一本书上看到"肝开窍于目"的解释。于是，他就试着给那位病人改吃牛羊肝，不到半个月，果然见到了期望的疗效。欣喜若狂的孙思邈立刻赶回家，用在太白山学到的方法给父母亲治病。不久，父母的雀目病和粗脖子病都痊愈了。

孙思邈不仅重视对医术的研究，还注重对诊病方法的总结，他说："胆欲大而心欲小，智欲圆而行欲方。""胆大"是要自信而有气质；"心小"是要小心谨慎；"智圆"是指遇事圆活机变，不得拘泥，须有制敌机先的能力；"行方"是指不贪名、不夺利，心中自有坦荡天地。这就是孙思邈对于良医的要求。何止于医者，做人也当如此！

狄仁杰望云思亲

狄仁杰，字怀英，唐朝太原人，武则天执政时期的宰相。他为官刚正廉明，执法严正，兢兢业业。他曾在一年中判明了大量的积压案件，涉及一万七千人，无冤诉者，一时名声大振，成为朝野推崇备至的断案如神、除恶如疾的大法官。武则天非常赏识他的才能与人品，两次任命他为宰相，成为辅佐武则天掌握国家大权的助手。他的形象不仅是在政治舞台上被树为楷模，在家庭生活中，他更是一位孝子。他的一个同僚，奉诏出使边疆之际，母亲得了重病，如果这时候离开，就无法再侍候母亲，因此心中非常痛苦。狄仁杰知道他的痛苦心情之后，专门奏请皇上改派别人。有一天他出外巡视，途中经过太行山。望着天上的白云，不由得思念起家乡的父母来。他对随从说："我的亲人就住在那白云之下。"说着，他伤感的眼泪流了出来。直到天上的白云散去，他才离去。

父忠子孝

王纲，字性常，明朝余姚（今浙江余姚）人。他文武全才，擅长鉴别和占卜。和宰相刘伯温关系很好，刘伯温把他举荐给朱元璋。他七十岁的时候，牙齿还没掉，面色如少年，于是被朱元璋任命为兵部郎中。有一次，广东潮州少数民族造反起义，朝廷任命王纲为广东参议，去平乱安民，他带着儿子彦达一同前往。平定潮州之乱后的归程途中，遇到海寇曹真。曹真先请王纲当他的统帅，王纲拒绝，并劝曹真归顺朝廷，曹真不听，王纲就狂骂不休。多次劝说无效，曹真就把王纲杀了。王纲死后，只有十六岁的彦达，也大骂海盗并求死。当海盗的刀正要砍向他时，曹真慨叹道："父忠子孝，杀

了不祥。"于是，彦达用羊皮包着王纲的尸体回了家。

抱痛染衣

陶季直，南北朝时期丹阳秣陵（今江苏省）人，祖父是广州刺史陶愍祖，父亲是中散大夫陶景仁。陶季直小时候很聪明，祖父非常喜欢他。有一天，祖父把一些银子放在桌子上，让孙子们各拿一份。大家都拿了，唯独陶季直一直没有动。祖父问他为什么不拿，他说："祖父赏赐东西，应该先给父亲和伯伯，轮不到我们做孙子的，所以，我不能拿。"祖父听后，简直不敢相信一个小孩子能说出这么深刻的话。一年后，他的母亲去世了，小季直十分的伤心。母亲生前，曾在外面染有衣物，母亲去世后，家人想办法把这些衣物拿了回来。小季直成天抱着这些衣物痛哭流涕，让周围的人听了都跟着伤感。长大后，他勤奋攻读，先后做过县令、太守和太中大夫，他两袖清风、一心为百姓谋福利，去世时家里什么财物都没有，空空如也。

赵五娘

东汉末年，河南陈留人赵五娘，嫁与寒儒蔡邕（字伯喈）为妻。五娘本意甘贫守份，只求夫妻相敬如宾，白头偕老，侍奉年迈公婆。婚后不久，适逢科期，蔡父不愿伯喈老死林泉，迫其上京赴试。五娘本欲阻拦，恐被公婆误为迷恋丈夫，责之不贤。

伯喈赴试之后，名标金榜。当朝牛丞相慕其才华，强招为婿，迫与女儿成婚。伯喈无力抗拒强权，以致被拘三载无法归家。

三年间，五娘以一弱女子独自负担合家生计及照顾公婆责任，任劳任怨，辛苦操持。其间又逢饥荒岁月，哀鸿遍野。五娘尽典家中衣物，落得四壁萧然，依旧三餐难度。时幸族中太公张广才仗义扶危，经常送些稻谷救济蔡家，但也杯水车薪，难解燃眉之急。因为人多谷少，五娘常将稻谷磨成白米之后，煮成稀粥分与公婆果腹，而自己却暗自咬紧牙关，强忍悲泪，痛苦地吞下糟糠充饥。真是呕得肚肠痛，苦泪垂，咽喉兀自牢梗住。悄似奴家身狼狈，千辛万苦皆经历。苦人吃苦味，两苦相连，可知道欲吞不下。糠和米，本是两相依，谁人簸扬你作两处飞？一贵与一贱，好似奴家共夫婿，终无见期。夫啊！你便是米吗？米在他方没寻处。奴便是糠吗？怎的把糠救得人饿饥？好似儿夫出去，怎的教奴，供给得公婆甘旨。

一次，公婆嫌粥稀少，怀疑五娘暗中偷吃米饭，便稍然跟踪，乘五娘不备，抢过饭碗，见是糟糠，恍然大悟，对孝媳怜惜有加，对自身愧疚无比。蔡公一时性起，强行抢过糟糠咽下，结果卡在喉咙，痛苦倒地。

不久，公婆相继饿死。五娘带泪挖掘墓穴，裙裾包土，筑坟营葬公婆。弄得十指磨破，血迹斑斑。

后来，伯喈终得脱身回乡，夫妻团聚。但五娘也只好接受与牛小姐共事一夫的现实，未有半句怨言。

乐正子春闭门思过

乐正子春是春秋时期鲁国人，他是贤人曾子的学生。

乐正子春为人好学，耽于思考。有一天，他正从高高的台阶上往下走，这时候正有一群大雁飞过头顶。望着翱翔而去的大雁，乐正子春心下一动，陷入了对生命的思索。这一下就忘记自己正在台阶上了，顿时踩空，跌了下来，把脚崴了，十分疼痛。

家人听见乐正子春喊痛，赶忙跑来，把他扶到屋里，让他在床上躺着，便赶紧去请大夫了。母亲见到乐正子春痛苦的表情，十分心疼，眼泪都流了下来，她一边照顾儿子一边抱怨："这么大的人了，还是不知道爱惜自己。为人做事粗枝大叶，总是把自己弄伤。不仅自己疼痛，还让父母伤心操心。"乐正子春看到母亲这样心疼，十分后悔，也不停地埋怨自己这么不小心。

过了一会儿，大夫来了。大夫认真地诊断病情，对乐正子春的脚部进行推拿，又开了两服药，叮嘱他最近不可随便乱动。在大夫的治疗和家人悉心的照顾下，乐正子春的脚伤很快就痊愈了。在屋子里待了这么些天，乐正子春该出来透透气了吧？谁知，乐正子春却总是不出门。就算见了别人或者家人，他脸上也总表现出惭愧的样子。大家十分奇怪，都来询问，方才明白原来乐正子春是在闭门思过。他诚恳地说："我原先听老师说过，身为子女应当爱惜自己的身躯，因为身体是父母赐予的，他们给予我们完完整整的身体，子女就应该完好无损地照顾好才是。尤其是不该无缘无故地毁伤身体，只有这样才能说得上孝敬父母。珍惜自己，这是孝敬父母的最基本的条件啊，也是做人最基本的要求。我认为，一个孝顺父母的人，更加不会让自己的身体受到损伤。可是我呢，不仅没有做到处处恭敬、事事谨慎，连走路都三心二意，把自己弄伤了，辜负了老师的教诲，也没有做到孝敬父母啊！"

乐正子春崴了脚之后的几个月，一直都没有出门，他在家闭门反思错误，对自己的作为十分后悔，对自己忘了孝敬父母十分惭愧。人们听说这件事都很感动。曾子知道学生这件事后，也十分欣慰。

一生孝顺母亲的"文化战士"

鲁迅的母亲姓鲁，出生于绍兴乡下一个封建家庭。鲁迅去南京求学的时候，母亲就给他定了亲。女方叫朱安，是个没读过书的缠足姑娘。鲁迅一再要求退了这门婚事，但他母亲坚决不同意，说退聘有损两家名声，会给女方造成嫁不出去的痛苦。鲁迅要求朱安放足读书，但对方一样都没有做到。

1906 年，鲁迅在日本留学接到母亲的信，说她患病要鲁迅回绍兴探亲。其实母亲健康如常，只是听到谣言，说鲁迅在日本有了妻子，所以赶忙让他回家娶亲。当年 7 月初，当鲁迅赶回家中，只见客厅张灯结彩，中间贴了张大红纸喜字，一切都明白了，为了不伤母亲的心，鲁迅默默接受了母亲的安排，奉命完婚，行礼如仪。入洞房那天晚上，鲁迅对着新娘一言不语。第二天清早，他就独自搬进了自己的书房，过了三天，他就离开家乡踏上了去往日本的征途。

青春时期的鲁迅就被"母命难违"的封建礼教剥夺了男女情爱的权利。他曾对许寿裳说朱安"是母亲给我的一件礼物，我只能好好的供养她，爱情是我所不知道的。"其实，鲁迅何尝不知道爱情，但是他不愿让母亲为难，他那尚处于萌芽阶段的爱情种子就被礼教的"恶魔"吞噬了整整 20 年，直到后来他同许广平同居为止。

鲁迅出于对母亲的爱，宁肯牺牲自己，吞下了"无爱婚姻"的苦果。他毫无怨言，一如既往地孝敬母亲。

1919 年，鲁迅任职于北京教育部，他买下了八道弯的房子。先同二弟周作人夫妇迁入。然后回绍兴接母亲和朱安来京安居。三年后，因常与周作人夫妇发生摩擦，他不得不离开母亲，带着朱安另住砖塔胡同小屋。

过了没多长时间，鲁迅看到 65 岁的老母亲在周作人家得不到一丝温暖和照顾，时常受到二儿媳妇的闲气。他再向各方借贷，买下阜成门内西二胡同一座四合院，将母亲接了过去，让老人得以安度晚年，直到 85 寿寝。

鲁迅把母亲接到阜成门家中后。他竭尽所能地孝顺母亲，将最好的大房子让母亲住，自己则独居屋后一间简陋的小房充当书房兼卧室。他那时已经四十余岁。但还是像小时候一样，外出上班，必去母亲处说声："阿娘，我出去哉！"回家时必要向母亲说声："阿娘，我回来哉！"每当晚餐以后，他总伴着母亲聊一会儿天，然后回到书房工作。每当他领到薪水的时候，照例要给母亲买她爱吃的糕点，让老母挑选后，才将剩下的一下部分留下自用。除了交出一个月的家用，还给母亲一月 26 元零花钱。如此种种，在鲁迅生活中已成为一种做儿子的规矩。

鲁迅的母亲非常爱看旧小说，她经常让鲁迅提供。鲁迅或是自己去买或是让别人代买。将一本本小说如张恨水的章回小说，鸳鸯蝴蝶派作品，源源不断地送到母亲手中，即使他后来到了上海，仍从未间断过给母亲寄书。除了书籍，还寄羊皮袍料、金华火腿等衣物食品，每月的家书也从不间断。

有一次，他母亲为修绍兴祖坟之事写信给鲁迅。信中说这笔钱应该三个兄弟共同分担。鲁迅马上回信说，这笔费用他早有准备现已汇到了绍兴，要她不必向二弟周作人提起，"免得因为一点小事，或至于淘气也。"鲁迅情愿自己节省，也不愿使母亲淘气。他母亲看到此信后，十分感动，对人说："他处处想得周到，处处体谅我这老人。"

鲁迅很小的时候父亲就去世了，也因此家道中衰，几十年来他把供养母亲和整个家庭生活的重担压在自己肩上。他时常对人说："我娘是受过苦的，自己应当担负起一切做儿子的责任。"另一方面，他母亲也逢人便夸说鲁迅孝顺："他最能体谅我的难处，特别是进当铺典当东西，要遭到多少势利人的白眼，甚至奚落；可他为了减少我的忧愁和痛苦，从来不在我面前吐露他难堪的遭遇，从来不吐半句怨言。"

受人尊敬的伟大的文化战士鲁迅，他一生对母亲至爱至孝，体现了他伟大的人格和崇高的品德。

深厚的师生之谊

徐特立是毛泽东青年时期最为尊重的老师之一。俗话说：一日为师，终身为父。即使在几十年之后，当上国家主席的毛泽东仍旧对师恩念念不忘。他曾经说过："徐老是我在第一师范读书时最敬佩的老师。"他们之间发生的感人故事广为流传，用"土寿桃"给徐老祝寿就是一个典倒的例子。

1937 年初，适逢徐老 60 大寿，这时正是毛泽东工作最繁忙的一个阶段。因为党中央由保安（今志丹县）迁来延安，所以毛泽东常常工作到深夜才能休息。1 月 31 日晚，毛泽东又工作了整整一个通宵。到第二天黎明，警卫员看他一夜一直不停地工作，于是又一次请他休息。他说："我顾不上休息哟，你知道今天是什么日子吗？今天是我老师徐特立的寿辰啊，他也是大家的老师，我还要写贺词呢！"说着，他提笔为徐老写了一封含有浓浓情谊的长信，在信中热情颂扬徐老"革命第一、工作第一、他人第一"的革命精神和道德情操。而作为徐老的学生，毛泽东这样写道："您是我二十年前的先生，您现在仍然是我的先生，您将来必定还是我的先生……"这一番话不仅深深地感动了徐老，而且感染着后世的每一个人。

当写完这封长信的结尾之后，毛泽东仍然顾不上休息，他连饭也没来得及吃，就赶去寿堂亲自将祝寿活动的准备情况事无巨细地检查了一番，直到每个环节都落实了他才放心。

寿堂设在延安城东的天主教堂里，瓜子、花生、红枣伴着 60 个热气腾腾的"寿桃"——大馒头。摆满了铺着红布的桌子。参加祝寿的人将教堂挤得满满的，等待着徐老的到来。在大家的热切盼望中，徐老头戴一顶鲜艳夺目的大寿帽，在毛泽东等人的陪伴下走进来，人们按捺不住兴奋和喜悦，纷纷起身祝贺。大家热情地将徐老团团围住，每个人都上前恭恭敬敬地向徐老敬献寿酒。在喜气洋洋的气氛中，中国文艺协会的同志们朗诵了一首由丁玲、周小舟、徐梦秋等一起为徐老凑成的祝寿诗：

苏区有一怪，其名曰徐老。

衣服自己缝，马儿跟着跑。

故事满肚皮，见人说不了。

万里记长征，目录已编好。

沙盘教学生，AIUEO。

文艺讲大众，现身说明了。

教育求普及，到处开学校。

绿水与青山，徐老永不老。

毛泽东听了之后十分高兴，他说："前两句写的是长征时的神态，很好。'衣服自己缝，马儿跟着跑'，真是这样，很真实。末尾两句也好，'绿水与青山，徐老永不老'。"就在这个时候，一个可爱的小女孩跑上来为徐老系上了一条红领巾。徐老笑容可掬，沉浸在欣慰与感动之中。毛泽东也亲自起身祝贺，真切地献上对老师的现场祝词："老师，俗话说'返老还童'，我们都祝您长命百岁！"

尽管真的能够长命百岁的人屈指可数，但这是一个学生对老师的真诚祝愿，也是一个学生对老师的尊敬爱戴，它跨越了身份的差异，更跨越了时间的流逝。正是这一份诚挚、厚重的情谊，成就了毛泽东与徐特立之间师生情的百年佳话。

割发以代首

一千多年前曹操"割发代首"的故事，作为领导人严格执法的典故流传至今，在今天依然有很重要的影响。因为我们知道，古代人们把头发看得很重要，认为身体发肤，受之父母，如果不小心损伤了，那就是对不起父母了。

曹操是东汉末年杰出的军事家、政治家、诗人。曹操带兵军纪十分严明，并且自己也以身作则，带头遵守，因此，他的军队很快就消灭了多股强大的军阀割据势力，统一了中国北方。曹操看到中原一带，由于多年战乱，人民流散，田地荒芜，就采纳部将的建议，下令让军队的士兵和老百姓实行屯田。很快，荒芜的土地种上了庄稼，收获了大批的粮食。有了粮食，老百姓安居乐业了，军队也有了充足的军粮，为进一步统一全国打下了物质基础。看到这一切，大家都很高兴。可是，有些士兵不懂得爱护庄稼，常有人在庄稼地里放任马匹乱跑，踩坏庄稼。

曹操知道后很生气，下了一道极其严厉的命令：全军将士，一律不得践踏庄稼，违令者斩！

将士们都知道曹操一向军令如山，令出必行，令禁必止，决不姑息宽容。所以此令一下，将士们小心谨慎，唯恐犯了军纪。将士们操练、行军经过庄稼地旁边的时候，总是小心翼翼地通过。有时，将士们看到路旁有倒伏的庄稼，还会过去把它扶起来。

有一次，曹操率领士兵们去打仗。那时候正好是小麦快成熟的季节。曹操骑在马上，望着一望无际的金黄色的麦浪，心里十分高兴。正当曹操骑在马上边走边想问题的时候，突然"扑棱棱"的一声，从路旁的草丛里窜出几只野鸡，从曹操的马头上飞过。曹操的马没有防备，被这突如其来的情况吓惊了，嘶鸣着狂奔起来，跑进了附近的麦田里。等到曹操使劲勒住了惊马，田地里的麦子已被踩倒了一大片。看到眼前的情景，曹操把执法官叫了来，十分认真地对他说："今天，我的马踩坏了麦田，违犯了军纪，请你按照军法给我治罪吧！"

听了曹操的话，执法官犯了难。按照曹操制定的军纪，踩坏了庄稼，是要治死罪的。可是，曹操是主帅，军纪也是他制定的，怎么能治他的罪呢？想到这，执法官对曹操说："丞相，按照古制'刑不上大夫'，您是不必领罪的。"又说，"丞相，您的马是受到惊吓才冲入麦田的，并不是您有意违犯军纪，踩坏庄稼的，我看还是免于处罚吧！"

"不！你的理不通。军令就是军令，不能分什么有意无意，如果大家违犯了军纪，都去找一些理由来免于处罚，那军令不就成了一纸空文了吗？军纪人人都得遵守，我也不能例外呢？"

执法官头上冒出了汗，想了想又说："丞相，您是全军的主帅，如果按军令从事，那谁来指挥打仗呢？再说，朝廷不能没有丞相，老百姓也不能没有您呐！"众将官见执法官这样说，也纷纷上前哀求，请曹操不要处罚自己。曹操见大家求情，沉思了一会说："我是主帅，治死罪是不适宜。不过，不治死罪，也要治罪，那就用我的头发来代替我的首级（即脑袋）吧！"说完他拔出了宝剑，割下了自己的一把头发。

尽善尽美的孝

鲁恭，字仲康，东汉扶风平陵人（今陕西省咸阳西北），历史上一个德高望重的人，为了等待弟弟成名，他不出仕的故事影响了很多后来的人。

鲁恭的父亲曾任光武帝时的武郡太守多年，后来因病逝世。鲁恭当时12岁，弟弟鲁丕只有7岁。他们俩非常孝顺，从早哭到晚，拒绝接受官府的救济。回到老家把父亲安葬，然全心全意地为父亲守丧，所有礼节都准备得很充足，做得很到位，甚至有很多事情比大人们想得还要周全。乡亲们都非常佩服这两个孩子。等到服丧三年期满，鲁恭已经15岁了，他和母亲、弟弟三人相依为命，住在太学，闭门读书。兄弟俩学习认真、勤奋，因此，进步都很快，受到了人们的普遍称赞。官府得知了鲁恭的才学，就屡次请他做官，但鲁恭认为，弟弟年纪尚小，如果自己先奔赴功名，那就不能每天鞭策弟弟进取，会影响弟弟的进步。所以他想等到弟弟成名立业那一天，再施展自己的抱负。所以，每次都借口自己身体不好，不能胜任官府工作。

母亲知道其中缘由，要求他必须去当官做事。无奈之下，鲁恭只好去外地教书。终于等到弟弟鲁丕被举为孝廉的那一天，鲁恭才改变以往的态度，去官府作了一名郡吏。

一个人对功名利禄的追求，可以说是与生俱来的。但鲁恭为了督促弟弟成名、激励弟弟成长，就一直等待，他的隐忍之心是很难得的。他并不是淡泊名利之人，但他是以另一种方式去追求他的名利。母亲让他做官，他则去当了教师，这并不是他不孝顺，也不是他不想当官，而是他以自己的行为来鞭策弟弟。他知道只有他和弟弟两个人都功成名就了，才算是真正尽到了完美的孝道，才会真正地光宗耀祖，才能让唯一活着的高堂老母没有遗憾。父母的心思都集中在子女身上，只要有一个子女不成材，父母总会觉得有块心病。让父母放心子女，并以每个子女为荣耀，这才是是对父母真正的"孝"。"孝"能够让父母心态平和，快乐开心，从而能让一个家庭变得幸福，让社会变得和谐。

父亲是儿子的榜样

从前有个人叫孙元觉，他是陈留人，从小就很懂得孝道。元觉的父亲很不孝顺，元觉的祖父年纪大了，常常生病，身体又瘦又弱。他的父亲渐生嫌恶之心，要把祖父装在盛土的筐子里用车子载着丢弃到深山里去，由他自生自灭。

元觉流着眼泪苦苦劝阻父亲不要这样做。

父亲说："你爷爷虽然看上去还有人样，但已经年老昏乱，心智糊涂了。老而不死，会化成狐狸精的。"

他终究不听儿子的劝告，把祖父扔到深山里去了。元觉哭哭啼啼，跟着祖父到了深山，又一次苦苦哀求父亲。但父亲哪里肯听他的话呢。元觉于是仰天大哭，哭了一会儿，带着载过祖父的车子回家了。父亲看见车子，变了脸色，对他说："这是凶物，你带回来干什么？"

元觉说："这是现成做好了的东西，扔掉了多可惜。以后我如果要把您送到深山去，用这个就行了，省得费心再去做。"

父亲听了这话，惊骇失色，颤声道："你是我的儿子，怎么会丢弃我呢？"

元觉说："父亲教化儿子，就像水往下流一样。既然是父亲的教诲，父亲还有示范在先，做儿子的岂敢违背呢？"

父亲听了儿子的话，沉思了一会，终于醒悟过来。于是他跑到深山里去把祖父接回来，全心全意地侍奉赡养他，祖父得以安享天年。那一年，元觉才 15 岁。

笑着走完最后的旅程

冬天的一个下午，山东省滕州市第二中学学生袁鑫正跪在母亲床前，被确诊为癌症晚期的母亲，已经第六天拒绝进食。袁鑫闻讯后匆匆从学校赶回来，他在母亲床前跪求道："妈，你会好的，你还要等儿子的大学录取通知书呢！"

就在这时候，妹妹突然举着一张报纸跑进来："哥，快看这则消息！"

报纸上有则新闻：辽宁省阜新市中医药研究所治癌症……

袁鑫拿着报纸的手颤抖了！这则消息给救母心切的袁鑫带来了一丝希望。"我要到辽宁为母亲买药！"

可是，从山东滕州到辽宁阜新，跨州过省，有两千多里路。年仅 16 岁的小袁鑫从未出过远门，连省城也未去过，何况是孤身一人上路？而且，买药的钱呢？这几个月来，家里的钱已为母亲治病花光了。

"钱我们可以借。我还年轻呢，不怕债还不清。只要借到钱，我就不信赶不到阜新市。只要有一丝希望，就是到天边，我也要把药买回来。"袁鑫安慰着妈妈。

时间，对于垂危的病人来说，是何其珍贵！袁鑫和父亲骑着自行车往返近百里的路程，总算在亲人、朋友那里凑了 2000 元。

天阴沉沉地下着小雨，袁鑫拿着母亲的病历带着那张报纸和一张地图上路了。从未出过远门、年仅 16 岁的袁鑫心里紧张极了。一路上，他用胳膊紧紧地掖着那 2000 元钱，那是母亲的救命钱！

小小的滕州火车站挤满了南来北往的人。终于，通知进站的铃声响了，人们疯狂地向检票口拥去。本来袁鑫是排在前面的，可个子矮矮的他很快就被别人挤到了后面。好不容易进了站，列车门却已被旅客堵得水泄不通。

眼见着开车的时间就快到了。急得像头困兽的袁鑫从月台的南头跑到北头，旅客却仿佛已结成一堵密不透风的人墙，把一个个车门口堵得严严实实。

人小力弱的袁鑫根本无法接近列车门！

忽然，他发现一群人正攀着列车上一个开着的小窗口，疯狂地往里爬。袁鑫像发现了救星，喜出望外地也挤了过去。可他刚抓着小窗框，就不知被谁一脚端了下来，重重地摔倒在站台上——左脚就伸在铁轨上，多险！

这一班车挤不上去，就得等几个小时后的下一班车。母亲正在死亡线上挣扎，一分时间就是母亲一分生的希望！顾不上疼痛，他竭尽全力，又一次抓住了窗框，拼命地从小窗口钻进列车内。原来这是列车上一个厕所的窗口，里面早已站了四个小伙子。他们五个人肩并肩紧紧地挤挨着，只能一只脚立地。他不敢随便动一下，更不敢闭一下眼睛，唯恐紧贴胸口的钱会被人摸走。有几次，他想搔一下痒，都没敢。就这样，一只脚站累了就换另一只脚。

清晨四点多，车到阜新站。从滕州到阜新整整 18 个小时。袁鑫滴水未进。他又困又饿地一头倒在了候车室的长椅上，掏出从家里带来的馒头。馒头早已变冷变硬，一口咬下去，像是咬在石头上，望着卖热汤的小贩，袁鑫把手伸进了夹袄里层，终究没把钱掏出来，他艰难地咽了口唾沫，把一只馒头塞进了嘴里。

拿着地图和报纸，他披着晨星扑进了外面的寒冷与黑暗中。出站后，他迷了方向。借着幽暗的雪光，从凌晨一直走到天亮，不知在积雪中跌倒了多少次。

直到下午，他终于找到那个研究所。

研究所里等着看病的人排着长长的队，这样排下去，下班也轮不上，可袁鑫还得赶回程的火车呢！情急之下，袁鑫挤到医生面前，双腿"扑通"跪下了："医生，救救我的妈妈吧！"

袁鑫说完这句话就哭了——他实在憋不住了，他感到自己的胸腔因长久的压抑而几欲裂开。途中所有的悲怆和辛酸都化作一声低沉的哀嚎……

袁鑫的经历，袁鑫的孝心，感动了在场所有候诊的病人。人们都忍不住掉下了眼泪，纷纷对医生说："您先给这孩子开药吧，让他早点带上回山东去！"

主治大夫罗占友的眼睛也湿了。他知道袁鑫千里迢迢来一趟不易，于是，破例一次就开了几个疗程的药。

两编织袋中草药共八十多斤，终于沉重地扛到了袁鑫瘦弱的肩上。

来时只拎一只小包上车都那么难，现在扛着两编织袋药材挤车，那难度可想而知。好几次，他挤到车门口，又被挤了下来……上车后他吸取了来时的教训，不再站着，而是连药材加整个身子全躺在座位下面……

就这样历尽艰辛，药材终于扛到了家。

"我把药买回来啦！"刚进门，袁鑫眼前一黑晕倒在母亲的床前。病危的母亲搂着儿子哭啊，那份疼痛已不是任何病痛所能比拟！

吃了袁鑫买回来的药，母亲的病好了一些。但毕竟是癌症晚期，到了春末，母亲不幸去世。她微笑着走完这最后的春天，很安详，很欣慰。因为，她有一个孝顺的儿子，孝顺儿子为母亲千里求药的故事，已经传遍了滕州的村村镇镇……

天子章第二①

【题解】

本章主要讲明天子应尽的孝道，即博爱广敬，推此及彼，更要对百姓进行道德教化。天子，为统治天下的帝王；天子之孝为五孝之冠，故列为第二章。

【原文】

子曰："爱亲者，不敢恶于人，敬亲者，不敢慢于人②。爱敬尽于事亲，而德教加于百姓③，刑于四海④。盖天子之孝也⑤。《甫刑》云⑥：'一人有庆，兆民赖之⑦'。"

【注释】

①天子：指帝王、君主。《礼记·表记》云："惟天子受命于天，故曰天子。"《白虎通》："王者父母天地，亦曰天子。虞夏以上，未有此名，殷周以来，始谓王者也天子也。"

②爱亲者，不敢恶于人；敬亲者，不敢慢于人：恶，厌恶，憎恨。慢，轻侮，怠慢。《孟子·梁惠王》："老吾老以及人之老，幼吾幼以及人之幼；天下可运于掌。"《孟子·离娄》："君子所以异于人者，以其存心也。君子以仁存心，以礼存心；仁者爱人，有礼者敬人。爱人者，人恒爱之；敬人者，人恒敬之。"孟子曰："君之视臣如手足，则臣视君如腹心；君之视臣如犬马，则臣视君如国人；君之视臣如土芥，则臣视君如寇雠。"全句的意思是：亲爱自己父母的人就不会讨厌别人的父母；尊敬自己父母的人，就不会怠慢别人的父母。

③德教加于百姓：德教施于万民的意思。《吕氏春秋·孝行》云："光耀加于百姓。"高诱注："加，施也。"德教：以道德教化。

④刑于四海：刑，法则。四海，四夷。《尔雅》："九夷、八狄、七戎、六蛮谓之四海。"《孟子·滕文公》："上有好者，下必有甚焉者矣。君子之德，风也；小人之德，草也；草尚之风必偃。"《礼记·乐记》："君好之，则臣为之；上行之，则民从之。诗云：'诱民孔易'，此之谓也。"《吕氏春秋·孝行览》："故爱其亲，不敢恶人；敬其亲，不敢慢人，爱敬尽于事亲，光耀加于百姓，究于四海，此天子之孝也。"

⑤盖：《公羊传·宣公元年正义》："盖，犹是也。"《广雅·释诂》："是，此也。"

⑥《甫刑》：一名《吕刑》，《尚书》篇名。

⑦一人有庆，兆民赖之：一人，天子。庆，善也。有庆，指天子有了爱亲敬亲孝行可庆善的事实。兆民，万民，指天下之百姓。兆有两种说法，一说一百万为一兆，一说古代以万亿为兆，这里指数目极多。赖，依靠、凭藉的意思。全句意思是说天子行孝，天下百姓都赖其善。

【译文】

孔子说："（天子）能够爱护自己的父母，也就不会对别人的父母产生厌恶之心；能够尊敬自己父母的人，也就不会对别人的父母怠慢。天子能够用爱敬之心尽力去侍奉父母，也就会用至高无上的道德去教化人民，他的行为将成为典范受到天下人民的敬仰。这就是天子的孝道啊！《尚书·甫刑》里说：'如果天子有孝行，那么一定会得到他的百姓的信赖和教养。'"

【解析】

自天子以至平民百姓，都应该克尽孝敬父母的责任。我们常说"天尊地卑"，并不含有天贵地贱的意思，而是一种"定位"，不牵涉到价值的估量。天地同等重要，缺一不可；只是位置不同，各有其不一样的功能。天子与百姓同样是人，所以我们说："尧何，人也；舜何，人也。"大家都是人，在人格上是平等的。然而天地生人，是要我们做不一样的人，才能够分工合作，使人群社会产生最大的功能，在生生不息的代代相传中，提升人类的伦理道德。让我们从"人禽之辨"当中，认识各自的责任。然后在尽心尽力完成责任的过程中，不断修正自己的品德。这才是完美的人生，也是做人的真正价值。

既然天子和百姓同样是人，人格平等，为什么天子排在前面，而百姓排在后面呢？这是由于人类的聚集，呈现一种直立的喇叭形态。上面的口很大，所占的人口数量却很少；下面的嘴很小，但是所占的人口数量却非常多。真正居于高位的人并不多，而挤在低层的广大百姓为数最多。天子高高在上，表示所担负的责任非常重大。百姓群聚在一起，实际上眼睛都向上仰望，万人的目光，都集中在天子的身上。天下人民，都以天子的言行作为典范，同时也将自己的幸福，寄托在天子身上。这并不是"他主"，一切由天子定夺，而是合理的"自主"，由人民自己来决定要不要拥戴这样的天子，所以才有"民贵君轻"的说法。自古以来，得人心者昌，便是最好的明证。

"一人有庆，兆民赖之"，这一人即为天子。由于明君也和一般平民百姓一样，是父母所生，所以孔子说："为天子的，敬爱自己的父母，就不敢不敬爱别人的父母；对自己的父母恭敬尽孝，对他人的父母也就不敢怠慢。天子高居上位，若能以身作则，以敬爱的心来侍奉自己的父母，他的品德就能够教化天下，作为四海之内的万民百姓共同仿效的楷模和典范。这样的天子，能够克尽孝道的责任，自然获得万民的衷心拥戴。有了值得庆贺的善行，所有平民百姓都可以放心地依赖他了。"

天子高居万民之上，主要是责任重大。要负起教民、养民、安民的责任，必须获得万民的支持，有足够的向心力，才能够完成这样重大的任务。《论语·颜渊篇》说："君子之德风，小人之德草，草上之风，必偃。"这正是天子以孝道教化天下百姓的最佳写照。天子好像是风，老百姓好比是草，风来吹草，草一定顺风而倒。

为什么亲爱自己父母的人，不至于厌恶一般的人？因为能够孝敬父母，就表示品德修养相当良好，具有这样的爱敬之心，自然容易由亲及疏，从自己的父母推展到其他的人。这样推展下去，便可以教化天下万民了。

"刑"字和"型"字相通。不需要说服，也不必训诫，更别说什么三申五令或者威胁利诱，自然产生强大而持久的"参考力"，使老百姓自动自发、心悦诚服地像草那样顺风而倒。这样的教化，才是仁道的天子。

满清最后一位天子退位之后，中华民族不可能再恢复帝制，因此天子已经不复存在。但是，所有的炎黄子孙，血液当中都流着"独当一面""我说了算"的高度自主性。我们的文化基因当中，皇帝心态仍然十分浓厚。我们的各行各业，都出现很多"关起门来当皇帝"的主持人，甚至于各个角落，也都充满了"莫名的皇帝"，譬如"路霸""巷霸""行车霸""占地霸""勒人霸"等没有经过严格教养，却自认为是"皇帝"的人，实际上比往昔的天子更加可怕，而且防不胜防。

因此，《孝经》的天子章第二，迄今仍然可以适用。

【生活智慧】

1. 任何一件事情，当我们不需要再向上请示，便可以拍板定夺、做出最后的决定，这时候"我说了算"已经直接与天相通，等于是天子了。我们对天子之孝的修养，所能产生的影响以及感化的力量，自然应当格外小心。以免行天子的权力，却未能善尽天子的责任，造成反效果，终究要由自己来承受，不如谨慎小心较为妥当。

2. 同样是孝道，却由于各人的身份、地位、品德修养、判断力和胆识并不相同，所负的责任、抱持的心态、采取的方式以及实践的方法也有所不同。《孝经》第二至第六章，分别说明天子、诸侯、卿大夫、士和庶民百姓所行的孝道。通常我们把它称为"五孝"，也就是五种等第不一样的孝，但是孝敬父母，则是共同一致的目标。我们现代人，不受这种固定的身份地位所局限，反而具有更大的弹性，可以随时依据自己的意志和能力，做出不一样的表现。

3. 孝行感动世界，让世人觉得自己也愿意仿效。透过网络的争相传播，仿效的人也愈来愈多，大家的反应不但良好，还具有持久的参考力。这样，我们就已经是现代的天子了。可见"平天下"对古代的人来说，难度很高；对现代人来说，简直人人都有机会。关键在于我们是否真诚孝敬父母、反求诸己，而不是博取新闻版面，企求一夕爆红。唯有可长可久，也就是持续性的孝行，才真正是君子之德风，世界万民都是草，能够产生"风行草偃"的巨大影响。

4. 现代信息传播快速，几乎瞬息即能传布全球。上网的人愈来愈多，各式各样的迷哥迷姊，简直是朝夕勤劳，从不松懈怠惰。倘若发挥这样夙夜匪懈的精神，自动自发地发掘、传扬、仿效、学习孝道的行为，岂不就是人人都可以平天下的美好境界？只要愿意，马上可以心想事成。

5. 有能力的天子，远不及有福德的天子。有能力办事，不如能够知人善任。聚集贤能高士、群策群力，效果更胜于单打独斗。有福德可以泽及万民，发挥无比的教化作用，才是万民最大的福气。"一人有庆，兆民赖之"，实在是求之不得的好风光，人人翘足引领、期待殷切。历史印证：有孝德的帝王，大多创造盛世；不能作为人民表率、对父母的孝敬不足以教化万民的君主，大多政绩平平。

6. 相传尧帝到了晚年，要大家推荐合适的接班人。当时以孝敬父母闻名的舜，受到大家热诚的推荐。尧帝经过三年的考察，认为舜的品德和能力足以担当国家大事，便请他来摄政，代理共主的职务。舜的母亲早死，父亲娶了后妻，又生一个儿子叫作象，性情十分凶暴。他们三人常想把舜害死，好让象独得财产，但是舜对父母的孝敬及对兄弟的友爱，却始终如一。当了天子以后，也没有改变。

7. 父母生我，使我有机会可以"无中生有"，从"没有我"生出"我"来。虽然我们一直到现代，仍然有很多关于生死的问题，但是"父母不生我，我就生不出来"是活生生的现象。父母是我们的根本，这是无可置疑的事实。人不能忘本，所以孝敬父母是天经地义的事情。

8. 即使天子高高在上，拥有很大的威势和权力，毕竟也是父母所生，同样不能忘本。何况天子应当成为万民的典范，所以在孝敬父母方面，必须经得起"十目所视、十手所指"的严格考验，才能获得万民的爱戴。不但站得安稳、坐得安宁，并且能够福泽广被，为万民造福。

尧

【建议】

我们不是天子，也不能以天子自居。我们所能够做的，是从自身做起，好好孝敬父母、友爱兄弟姊妹。有机会为人群社会服务时，更应该在孝悌方面做得更好，发挥强大的参考力。有朝一日有缘获得大家的认同，那就修齐治平，逐渐有所提升。有治国、平天下的表现，即使不是天子，也享有天子的福分了。

【名篇仿作】

《女孝经》后妃章第二

【原文】

大家曰："《关雎》《麟趾》，后妃之德。忧在进贤，不淫其色；朝夕思念，至于忧勤；而德教加于百姓，刑于四海，盖后妃之孝也；诗云：'鼓钟于宫，声闻于外。'"

【译文】

曹大姑说："《诗经》中的名篇《关雎》和《麟趾》，描述的是后妃的高尚品德。作为后妃应当做到的孝道是，要向君王积极推荐贤能的人，不要让君王终日迷恋于美色，要朝夕帮助君王考虑问题，勤于家事，辅助君王以德来教化天下的百姓。《诗经·小雅·白华》：'在宫内敲钟，声音会传到外面。'"

《忠经》圣君章第二

【原文】

惟君以圣德，监于万邦。自下至上，各有尊也。故王者，上事于天，下事于地，中事于宗庙，以临于人。则人化之，天下尽忠，以奉上也。是以兢兢戒慎，日增其明，禄贤官能，式敷大化，惠泽长久，万民咸怀。故得皇猷丕丕，行于四方，扬于后代，以保社稷，以光祖考，尽圣君之忠也。《诗》云："昭事上帝，聿怀多福。"

【译文】

君王只有以高尚的道德，才能够治理国家。自下到上，各自遵循自己的规范。作为君王，对上要侍奉于上天，对下则要侍奉于地，平时还得祭祀自己的祖先，治理人民。人民被教化了，就会对君王尽忠，侍奉自己的君王。所以，君王要谨慎小心地告诫自己，每日都有进步，任用贤能，教化百姓，将恩泽布施于天下，百姓就会对君王怀有感激之情。帝王的道德教化施行于天下，扬名于后世，保护国家，光宗耀祖，这样就尽到了作为君王的孝道。《诗经·大雅·大明》说："一心一意地遵从天帝，以自己的诚信来求得天地的恩赐。"

【故事】

忠孝两全的赵一德

至元十二年（1275 年），也就是元朝初年的时候，赵一德被蒙古人俘获并送到了燕京，之后，他就做了郑留守家里的奴仆。他在郑留守家里一待就是好多年，中间经历了世祖忽必烈、成宗铁穆耳和武宗海山三个皇帝。等到武宗即位做皇帝的时候，赵一德才突然想到时间真是快，掐指一算，竟然已经过去了 34 个年头，掩埋心中多年的思乡之情，突然涌上来。眼看着皇帝都换了四个，主人郑家也有了两代主人，赵一德就向主人郑阿思耳兰请求回家省亲，说道："一德自去父母，得全身依门下者，三十余年矣，故乡万里，未获归省，虽思慕刻骨，未尝敢言。今父母已老，脱有不幸，则永为天地间罪人矣。"主人郑阿思耳兰母子二人听了赵一德的话后，非常感动，就给了他一年的假期，叫赵一德在一年之内返回北京。

赵一德从北京出发，向南到南昌。等到赵一德到了在南昌附近的建昌家里时，得知父亲和兄长都已经去世，家里只有八十岁的老母亲还在世。于是，赵一德就为父亲和兄长挑选了一个风水较好的地方，将他们重新安葬。

赵一德在家里待了些时日，本想多留些日子侍候母亲，但因为担心超过了一年的期限，就只有急匆匆地如期返回了北京。郑阿思耳兰母子见赵一德按时回来了，又听说了他家里的情况后，深受感动，就废除了赵一德的奴隶身份，叫他回原籍侍候自己的母亲。

赵一德非常高兴。但就在他正准备回老家的时候，出了一件意外的事，当时的尚书省内有人告发郑阿思耳兰和他的兄长等共十七人企图谋反。当时的朝廷内外虽然都觉得郑阿思耳兰是冤枉的，就是没有人敢于出来替他们申冤。郑阿思耳兰家里的财产全被没收，仆人各自逃走了，只有赵一德等少数人留了下来，替主人申冤。经过赵一德的努力，朝廷终于为郑阿思耳兰家昭雪平反了。等到郑家平反之后，太夫人对赵一德非常感激，对赵一德说："当吏籍吾家时，亲戚不相顾，汝独冒险以白吾枉，疾风劲草，于汝见之。令吾家业既丧而复存者，皆汝力也，吾何以报汝？"郑家准备送给赵一德田产和房屋，作为对他的报答，但是，赵一德婉言谢绝了。等到这一切都结束之后，赵一德就回原籍去侍候自己八十多岁的老母亲了。等到又一个新皇帝仁宗爱育黎拔力八达即位，即皇庆元年（1312 年）的时候，朝廷特下诏书，旌表赵一德的家门。

顾子通跪读父书

三国时期吴国人顾悌，字子通。顾氏是三国时期江南的名门望族，素来门风醇厚，重视德义。作为汉晋间江东大族的代表，顾氏家族的人多数都有良好的修养。

顾悌正是在这样的家学背景下接受了良好的教育。加上其从小聪明机灵，又肯发奋学习，所以，十五岁的时候就因为孝廉闻名，当上了吴国的郡吏，后又晋升为偏将军。因为他性情刚毅，做事耿直无私，所以总会招致同僚的妒忌，他不屑与这些人为伍，便辞官回乡了。

他的父亲在别的地方任县令。顾悌非常挂念父亲，所以经常去信问候。

顾悌每次接到父亲的回信，都先沐浴并整理衣帽，摆放好桌子，放置好家信，然后才跪下来恭敬地阅读，而且还逐句地应诺，回答父亲在信中的问话；若是父亲生病了，顾悌就会对着父亲的信哭泣，伤心得话都说不出来！读完后再对着书信叩拜一次。

后来，父亲去世了，顾悌哀恸欲绝。丧事结束后，顾悌还在墙壁上悬挂起父亲的遗像，下设神座，供奉果品，从未间断，并且早晚跪拜追思。

在这种门风的熏陶下，顾氏子弟多践守道德，颇有厚道的君子风格，以至于从三国时期一直到唐代，顾氏家族一直是江东四大望族之一。

上书赎父

缇萦（女），西汉山东人，上面有四个姐姐。父亲淳于意弃官从医，由于他精通医术，因此几乎没有他治不好的病。有一次，面对一位病入膏肓的贵妇却自知无力回天，为了满足贵妇家人的希望，他只好象征性地给她开了几付草药。不久，贵妇逝世。这时，贵妇的家人却一口咬定是淳于意开错了药方所致，因此他被判罪，即将施行肉刑。那时的肉刑有三种：脸上刺字，割去鼻子，砍去左足或右足。当过官的淳于意按规定要被押到都城长安去受刑。淳于意离家那天，感慨自己没有儿子，所以遇到了困难，女儿们帮不上忙。缇萦听了，暗下决心一定要救出父亲，于是决定陪父亲上都城长安，替父申冤。

历尽艰辛，缇萦终于到了长安。她听说汉文帝曾下旨准许百姓直接向他申诉冤情，因此请人写了奏章，向文帝陈述了父亲的冤情："我叫缇萦，是太仓令淳于意的小女儿。我父亲做官的时候，齐地的人都说他是个清官，现在他受冤枉要被处以肉刑。肉刑太残酷了，我不但为父亲难过，也为所有受肉刑的人忧虑。刑罚的目的是为了让犯人能够改过自新，一个人受了肉刑以后，失去的肢体不能复生，即使悔过自新也无济于事。所以我情愿被官府收为奴婢，替父亲赎罪，好让他有个改过自新的机会。"

汉文帝读完奏章后，对缇萦深表同情，又召集了一些近臣，针对肉刑的弊端提出了新的处罚方案。就这样，文帝废除了不合理的肉刑，改为打板子了。

子孝妻烈

徐允让，元末浙江山阴（今浙江绍兴）人。妻子潘氏，名妙圆，也是山阴人。至正年间，战乱四起，他带着父亲和妻子到山谷中避难。途中遇到了乱兵，其中一个头目抽出刀要杀徐允让的父亲。徐允让大声吼道："宁愿你们杀了我，也不要杀害我的父亲！"于是徐允让惨遭杀害。惨无人性的乱兵还要侮辱徐允让的妻子潘氏。潘氏是一个刚烈的女子，但是由于丈夫刚死，尸体还没有火化，所以强颜欢笑地说："我丈夫既然已经死了，那我一定会顺从你们的。如果能让我先把丈夫的尸体焚烧掉。那我就没有任何遗憾了。"乱兵相信了她的话，并找来许多柴禾，焚烧她丈夫的尸体。火越烧越旺，潘氏边哭边说着什么，义无反顾地跳入了熊熊烈火中，与丈夫一同死去了。她的这一举动吓坏了乱兵，于是，乱兵也就没有再去为难徐允让的父亲。明太祖时期，朝廷为徐允让夫妇立了孝烈碑，宣扬他们的孝道。

代父受刑

周琬，明朝江宁（今江苏南京）人。他的父亲做滁州牧的时候，因为犯了罪而被判死罪。十六岁的周琬，来到官府门前，跪下叩头，请求代父受刑。明太祖知道后，怀疑是别人教他这么做的，就想试一试他。他下令立即将周琬斩首，周琬知道后，面不改色。神态从容不迫。太祖很是惊讶，认为他小小年纪竟能有如此孝心，实属难得，就免除了他父亲的死罪，改判戍边。周琬继续请求用自己的死来免除他父亲戍边。太祖大怒，又命令将其处死，但最后还是被他的孝心所感动，赦免了他们父子俩。太祖还亲题"孝子周琬"四个字嘉奖他。一时被传为佳话。

劝女孝公婆

李晟是唐德宗时期著名的大将，他当过太尉，掌管着全国的军队，还当过中书令，协助皇帝处理国家大事，可谓是位高权重。李晟虽是武将出身，却从未忽视对子女的教育。

李晟的一个女儿，许配给吏部尚书崔枢为妻。一次李晟做寿，女儿也从婆家赶来为父亲庆贺。酒宴中，一个侍女来到女儿身旁耳语了几句，女儿听后似乎极不耐烦，依旧与客人们推杯换盏，谈笑自若。后来在侍女的再三催促下，女儿才被迫退席。可是，女儿很快就又回到了宴席上。这一幕被李晟看到了，他觉得其中必有缘故，便叫来女儿问个明白。

女儿答道："刚才侍女来报，昨晚我婆婆得了一场小病，我看也没有什么大不了的，便派人回婆家代我去看望婆婆了。"

李晟一听，忙说："既然如此，何不早说，快回去服侍左右。"

女儿分辩说："今日是爹爹六十大寿，非寻常事，女儿若是来而复去，有失孝道。"

李晟听后不禁大怒，对女儿说道："你丈夫不在家中，怎能让老人家独卧病榻？女孩出嫁以后，要像对待自己父母一样孝敬公婆，不孝公婆，终为不孝，我曾与你讲过多次，却为什么总是忘得一干二净，还不赶快回去！"

于是，女儿听从了父亲的训教，羞愧难当，便急忙赶回婆家照料婆婆去了。李晟也在宴会结束后，亲自来到崔家看望亲家，同时对自己疏于管教女儿表达了深深的歉意。

李晟教女的故事在当时被传为美谈，由于李晟曾被封为西平郡王，因此李家的家法也被时人称为"西平礼法"，成为一时的表率。

康熙对祖母尽孝

一个人，能孝顺自己的父母，已经不容易了，如果能够孝敬自己的祖父母，就更难能可贵了。康熙皇帝是清朝最有作为的皇帝，不仅在治理国家中展示出雄才大略，而且在治理宫廷中彰显孝顺之心。作为一国之主，他对祖母显示出特别的孝敬之心，在历史上留下了非常好的名声。

康熙与祖母孝庄太后感情十分亲密，凡事都替她周密考虑。孝庄太后自幼笃信喇嘛教，一直想去五台山菩萨顶礼佛。为了让祖母能够早日成行，1683年二月，他先率领皇太子胤礽前往五台山住了4天，进行实地考察。他派人将五台山庙宇修缮一新，为寺院亲笔撰写碑文。返京后，让工部修整京城至五台山道路、桥梁。九月，准备工作结束，康熙带上哥哥和弟弟（和硕恭亲王常宁），以便在途中更好照顾祖母。途中康熙因长城岭一路山径险峻，率侍卫及祖母身边的太监赵守宝先行前往，察看道路是否平坦，为祖母把途中的各项工作安排得井井有条。康熙察看了菩萨顶，感觉地势险峻，祖母年事已高，怕出意外，就恳请祖母放弃这项活动。但孝庄不愿放弃多年的愿望就此止步，康熙为了满足祖母的愿望，谕令抬轿校尉及随侍内监等勤加演习，小心护行。九月二十四日一早，起驾出发，当行至长城岭，孝庄见抬轿之人步履维艰，于心不忍，执意易车。康熙听从了祖母的要求，同时又让轿近随车行。走了不远，一直跟在车旁的康熙见车身不稳，还是请祖母改乘轿子。孝庄十分感动，连声称赞康熙安排得很周密。

生老病死，人之常情。祖母随着年事增高，健康状况每况愈下，康熙忧心忡忡。1685年九月初一，他接到孝庄突然发病的奏报，心急如焚，昼夜兼程，迅即回京，直奔慈宁宫病榻前。当看到祖母服药后病情平稳，才稍稍松了口气。1687年十一月二十一日，75岁高龄的孝庄旧症复发，病势凶猛，不同以往。从这一天起，康熙守候在祖母的床边，衣不解带，寝食俱废，为祖母遍检方书，亲调药饵。孝庄入睡时，他隔幔静候，席地危坐，一闻太皇太后声息，即趋至榻前，凡有所需，手奉以进。孝庄心疼孙儿，多次让他回宫休息，但他都坚决不走。他对祖母的生活习惯十分了解，凡祖母坐卧所须以及饮食肴馔，他都安排得十分周到，就连米粥也准备了30多种。为挽救祖母的生命，十二月初一凌晨，寒风刺骨，康熙亲率王公大臣从乾清宫出发，步行前往天坛致祭。事前他亲自撰写祭文，乞求上苍能让祖母增寿，宁肯让自己少活几年。康熙跪在坛前，滴泪成冰，在场王公大臣无不感泣。

1687年十二月二十五日孝庄与世长辞，康熙一连十余日昼夜号痛不止，水浆不入口，以至吐血昏迷。他本打算为祖母持服守丧27个月，后经百官士民再三劝奏，才勉强同意依照祖母的遗嘱，"以日易月，27日而除"。在侍疾、守丧的60天中，康熙"不宽衣解带，犹未盥洗"，始终沉浸在巨大的悲痛之中。

康熙对祖母的至孝，在朝廷内外都产生了很大的影响。在他当政时期，国力昌盛，政治清明，民风淳朴。康熙之后的雍正、乾隆两位皇帝，励精图治，为中国历史创造了辉煌的康乾盛世。

拓跋宏为父吸痈

拓跋宏就是北魏孝文帝，他是北魏一个很有作为的政治家、军事家和改革家。在他三岁的时候，就被父亲魏献文帝他立为太子。

由于子贵母死的制度，拓跋宏被立为太子的时候，母亲被赐死，所以他小时候没有得到母爱。他是由他的祖母冯太后他抚养成人的。冯太后也很能谢谢干，但是为人做事极为霸道，在处理朝政过程中，常与拓跋宏的父亲魏献文帝起冲突。

由于皇帝和冯太后的关系经常紧张，作为皇太子的拓跋宏经常处于夹缝之中，左右为难。但他自幼早熟，聪明多智，擅长处理宫廷中的复杂关系。拓跋宏从小是由冯太后抚养长大，所以对祖母十分尊敬，乐意听从她的教诲。冯太后认为拓跋宏年纪小，比魏献文帝好控制，因此她很想让小孙子早点继位。甚至为了这个图谋，她想谋害自己的儿子。

虽然拓跋宏年纪幼小，但是十分懂事。缺少母爱的他，对父亲倾注了极为深厚的爱，所以他对父亲非常孝顺。他从来没有依靠着祖母对他的心思，对父亲增加压力。

也许是宫廷斗争太过复杂，魏献文帝劳心劳力，心神焦躁，一怒之下，后背竟然长了一个毒痈。太医们竭尽心力进行诊治，也不见好转。冯太后一见很是欢喜，她想，要是皇上因此而死，那把皇孙宏儿扶上金銮殿当皇上就是顺理成章的事情了。

可拓跋宏却不这么想，他一天三次跑到父亲的寝宫探视病情。

不久，魏献文帝背上的毒痈越长越大，疼得他经常冷汗淋漓，翻来覆去地大喊大叫。拓跋宏看到这种情形，心里十分难过，他没日没夜守候在床。宫女送来的汤药，他总是先尝一尝，放心之后，再让父亲服下。

可是，不管怎样吃御医开的药，毒痈并不见好转。夜间，哪怕拓跋宏睡在自己的寝宫中也可以听到父亲的呻吟声，他心里悲伤极了，恨不能代替父亲疼痛。

到了第二天，宫中流言四起，大家都开始悄悄议论："病情越来越厉害，这样下去，怕是活不了几天了！"拓跋宏听了这些话，感到害怕，他不想失去父亲！他三步两步就来到父亲宫里，只见父亲背上的毒痈更大更高了，那毒痈的尖儿颜色鲜亮，很明显里面都是脓血，甚至有的地方已经破了。拓跋宏着急地问太医："把痈里的脓血吸出来，是不是父皇的病就会好了呢？""或者……"太医不知所措地回答说，"太子三思，微臣不敢担保。"

谁也没料到，皇太子拓跋宏二话不说就扑上去，用嘴用力地去吸父亲身上的毒痈，竟然吸出了一大口脓血！四周的宫女太监都吓坏了，大家赶紧送来清水让太子漱口。吸出脓血之后，魏献文帝马上轻松了很多，这之后又过了几天，毒痈消失了，他的病竟然痊愈了。

一年之后，为了缓解自己与冯太后的矛盾，魏献文帝同意把皇位让给了拓跋宏。而此时的拓跋宏也仅仅只有 5 岁而已。把皇位传给一个 5 岁的孩子，这种举动在现代人看来也许荒唐，但拓跋宏孝敬父亲的品德一直传为美谈。

因孝规定新礼制的帝王

提到朱元璋，大家都知道，他是中国历史上少有的最狠毒的皇帝之一，虽然史学界普遍认为政治上的屠杀有其特殊性。还有一种可能就是朱元璋老年心理上有了问题，从而造成他大规模地杀害有功之臣。

不过要是都这样看待朱元璋，无疑是不全面的。朱元璋作为至高无上的皇帝，动辄斩杀、廷杖大臣，但同时，他又是一个颇有孝心的人。在中国历史上，自称为孝子皇帝的第一人。朱元璋还在登基的第二年，就下诏书，规定皇帝只能够称为孝子。至于皇太子要称为孝元孙皇帝或孝曾孙嗣皇帝。朱元璋每年都要参加主持太庙的祭祀活动。有一次朱元璋不能自持，在大臣面前流下了眼泪，参与祭祀活动的其他大臣因为受到感染，也情不自禁地流下了眼泪。朱元璋为了教育子孙，叫人绘制了《孝行图》，让子孙朝夕观览，牢记前辈的孝思孝行。

朱元璋讲孝，竟至于把两千多年来的丧礼给修改了，洪武七年（1374年），朱元璋的妃子成穆贵妃孙氏去世了，死时年仅 32 岁，无子。按照《礼仪》的规定，孝子的父亲若是还活着，只能为母亲服丧不能为庶母服丧。依照这个规定，穆贵妃就没有孝子为她服丧了。朱元璋认为这个规定不合理，就叫来太子师傅宋濂在历史上去找依据。宋濂不愧知识渊博，他很快就在历史资料中找到了二十四个孝子自愿为庶母服丧的实际，其中自愿服丧三年的有二十八人，愿意服丧一年的有十四人。朱元璋见历史上有先例可以遵循，就说既然历史上自愿服丧三年的比一年的多出一倍，那么这些孝子都是出自天性，为庶母守孝三年应该立为定制。于是，他当即叫朝臣们做《孝慈录》一书，做了一些新的规定，规定亲生父母都得服丧三年；嫡子、众子都得为庶母服丧一年。于是朱元璋就把周王朱肃过继为成穆贵妃孙氏的儿子，为她服丧三年，其他诸王，都得为成穆贵妃服丧一年。

敬老不分职位高低

在中国共产党内，林伯渠、董必武、吴玉章、徐特立、谢觉哉被尊称为"五老"。他们是早期入党的一批党员，为党和人民的事业奋斗终生，功勋卓著。党和国家领导人周恩来对他们尊敬有加。

1959 年 8 月 24 日，林伯渠在中南海紫光阁参加最高国务会议。会后，周恩来考虑到林伯渠年迈多病，身体不好，于是亲自陪送林老回家。正逢林伯渠两天后要率代表团赴蒙古人民共和国访问，于是他们就在林老家里商谈关于访问的一些事情。周恩来向来对党内老同志的意见都很尊重，当林伯渠询问总理有什么指示时，周恩来亲切地说："哪里，哪里！林老啊，您是党的老同志，我还有什么指示呢？您按照党的外交政策办就是了。"周恩来从没在别人面前摆过官架子，林伯渠每次出访或归来，无论工作多么繁忙，他总是亲自到机场去迎送。

周恩来不仅尊敬和关怀党内的老同志，而且对党外的老人也一样关心。1961年11月26日，是一个特别的日子，一百位年过七旬的老人欢聚一堂，在全国政协礼堂参加专为他们举办的"百老庆寿大会"。这些老人家有的是在京政协委员和人大代表，有的是各民主党派中央委员，还有其他社会知名人士。那天的庆祝大会之所以特别喜庆，不仅因为到会的老人家身份特殊，也不仅仅是因为这次庆祝活动达百人规模，更因为大会的主持人是大家敬爱的周恩来总理。

大家很早就在礼堂等候，期待庆寿大会开始，更期待总理的到来。周恩来准时到会为百老祝寿，受到大家的热烈欢迎。总理一来就立即向在场的老寿星何香凝走去。那时何香凝是民革中央主席，已经83岁高龄了，她见总理向自己疾步走来，连忙起身迎了上去。然而老人行动不麻利，不小心将手杖失落在地。周总理看到这一幕，急忙加快脚步赶过去，一面弯腰为她拿起拐杖，一面热忱地与何香凝握手祝寿。紧接着，总理向到会的老人一一问候祝贺。在场的每一个人都被总理真诚的关怀所感染。一个普通人的热情体贴尚能温暖人心，更何况是一个国家领导人的悉心关怀。

庆祝大会正式开始之后，周总理首先起立举杯为与会的老人们祝寿："今天到会的百位老人，平均八十岁高龄，加起来就是'八千岁'呀！人生望百，二十年后，我们百位老人再一起庆寿，那时大家真的要高呼'万岁'了！"

总理一番幽默风趣的言谈，引得在座的寿星个个笑逐颜开。总理的亲切关怀，为老人们的心田盖了一床暖被，更为大家的精彩人生增添了一次难忘的回忆。

不仅是对社会知名人士，就是对普通人，周恩来也尽可能地给予力所能及的关怀。1943年，有个进步学生要从重庆到西安去，临行前给远在千里之外的父亲写了一封家信。父亲非常想念儿子，于是千里迢迢赶赴重庆去看望儿子。然而通信不便，路途又很遥远，当父亲赶到重庆时，儿子已经去往别的地方了。年迈的父亲没有看到心爱的儿子，旅途的劳顿和心底的失落涌上心头，不能自已。而当这位老人听说周恩来此时正在重庆时，不禁感叹道："如果能见到大名鼎鼎的周副主席，我也就不枉此行了……"周恩来听说这件事情以后，二话不说就前往招待所看望这位从未谋面的老人。老人的第一个心愿未能达成，却在周恩来的努力下达成了第二个心愿，本来随口讲出的一种奢望，转眼成为了事实，老人激动得说不出话来。周恩来对他说："您和我父亲的年岁差不多大呀！您应该是我的父辈了，前来看望您是应该的。"一句话说得老人心里无限温暖。他握着周恩来的手，就像见到了亲人一样，却更胜似亲人。周恩来和老人热情地聊了一个多小时，终于使老人如愿以偿，高兴地返回了家乡。

永远记着母恩

"回家叫一声妈妈，是一件很幸福的事。"这就是身为国家一级导演的翟俊杰先生，对孝道的诠释。现如今他已六十多岁，所以他分外珍惜与八十多岁老妈妈相聚的时光。

导演的工作，使他不能常守候在母亲的身边，恪尽孝道。为了能更多和母亲团聚，他想了一个两全其美的办法，把母亲接到拍戏的片场。母亲，成了他的第一观众。多少次深夜拍戏回来，看到已经像孩子般熟睡的母亲，翟导演感到无限温馨和甜蜜。小时候，多少个夜晚，母亲也是这样默默地守望着睡梦中的儿子。转眼间，儿子已经有了儿子，母亲却渐渐老去。这更提醒他人生苦短，行孝要及时。

最让人难以忘怀的是拍摄《冰糖葫芦》的那个炎热夏天，老妈妈担心儿子中暑，亲手熬了绿豆汤，晾凉了，装瓶后往肩上一挎，倒几趟公交车给儿子送去。妈妈给儿子扇着扇子，看儿子美美地喝着绿豆汤，此时母子间的浓浓亲情，用语言是无法表达的。翟导演说，再高级的饮料，也比不上妈妈熬的绿豆汤，它使人忘记了炎热，感受到母爱的清润和甘美。

长时间奔波在他乡，钢铁般的汉子也会思念妈妈。18岁参军那年妈妈给纳的布鞋，穿旧了，翟导演珍藏在身边，40年都舍不得丢下。他说：每当想妈妈的时候，就拿出来看一看，看过之后却更想家……这里面有母亲的气息，有慈母缝进去的秘密牵挂。

妈妈也想儿子，又担心影响儿子的工作，就把对儿子思念写在日记里，儿子回来了，不用多讲话，看看日记，就知道了妈妈的心里话。几年下来，文化程度不高的妈妈，写下了厚厚的五大本20万字的日记。我们仿佛看到，灯光下，带着老花镜的妈妈，认认真真，一笔一画，写下的都是老母亲对儿子的嘱咐和时时地惦念。

有一幅照片，情景是这样的：儿子正带着老花镜，给幸福的妈妈剪脚趾甲。作为弟妹心目中最好的大哥，翟导演做出了最好的榜样。照顾妈妈，不能有丝毫的含糊。洗脚的水温既不能太冷也不能太热，而且还要边洗边加水，洗完以后记着给老妈妈修剪脚指甲，因为母亲为儿女操劳了一辈子，现在年纪大了，关节硬了，弯不下腰。当看到有的弟弟妹妹觉得这很脏的时候，大哥就不客气地批评他们："父母什么时候嫌过我们脏？你小时候，难道不是父母一把屎一把尿地拉扯大？能够把父母给我们的十分，回报给父母一分，就是个孝子！"

回忆孩童时期，翟导演印象最深的是母亲在刺骨的冰水里，给一家人洗衣服。爷爷、奶奶、爸爸，还有六个没长大的孩子，妈妈整年整月地捶啊、洗啊，衣服、床单，晾满了整整一个院子。年复一年，妈妈洗过的衣服大概能装一火车皮了。母爱的伟大，就这样地被细化，每顿饭、每件衣、每杯水里，都看得见它。

每当看到妈妈那布满老茧的双手，儿子的眼泪都会忍不住夺眶而出。这双手，为了养活儿女，洗了多少件衣服，剁了多少菜，和了多少面，蒸了多少个馒头？做人，要懂得知恩报恩啊。孝，何必要做给别人看呢？孝本来是天经地义，是为人子应尽的本分啊。

翟导演的夫人也是一位军人，因为工作的需要，忍痛离开才哺乳三个月的女儿。而他们的儿子出生后仅仅两个月，就要离开妈妈的怀抱。看到痛苦而无奈的妻子，翟导演把最后的乳汁封存在三个小瓶子里，准备留作纪念。没想到，20年后，儿女长大成人了，原本洁白的乳汁，变成了血一般的红色。

女儿的婚期马上就要到的时候，翟导演对女儿说：你结婚，爸爸要送你一件礼物。女儿说，我什么都不缺。翟导演说：这件东西你一定要收下。说着，他就拿出了那个密封的小瓶。看着瓶子里血红色的液体，女儿刚开始不知道是什么，可是当爸爸告诉她，这是妈妈20年前的奶水时，女儿一下愣住了，她没有接过小瓶子，而是冲着这一小瓶奶水跪下，痛哭流涕。

这是妈妈的乳汁，妈妈用它把我们养大，原来，我们是喝着母亲的血长大的。世界上最珍贵的是什么？不是金银财宝，而是母亲的乳汁！这最最珍贵的纪念告诉我们：是父母的心血，养育我们长大。

最让翟导演感到欣慰的是，在上行下效的孝道中，儿女都身心健康地成长。当父亲给奶奶洗脚时，儿子小兴被奶奶那难以言表的幸福表情感动，决心把孝接过来，传下去。

翟导演曾说："亲情要发自内心，永远不要忘记母亲的养育之恩。我觉得所有人都应当永远记住父母的养育之恩，都永远在心里保存着这一种真诚的爱，这是多么好的事情。对我们影视创作人员来说，如果一个人是虚伪的，是不孝的，又怎么能够在银幕、屏幕上创作出来感人至深的艺术形象来？不可能！"是啊，人如果不孝，不仅演不出感人至深的艺术形象，也根本做不好自己本有的人的角色。

诸侯章第三

【题解】

本章主要阐述作为一国之君的诸侯应尽的孝道，其孝的关键在于谦虚谨慎，不骄不奢，这样才能安保社稷。诸侯地位次于天子，故于五孝中列为第二加以论说。

【原文】

"在上不骄①，高而不危②；制节谨度③，满而不溢。高而不危，所以长守贵也④；满而不溢，所以长守富也。富贵不离其身，然后能保其社稷⑤，而和其民人⑥。盖诸侯之孝也。《诗》云⑦：'战战兢兢⑧，如临深渊⑨，如履薄冰⑩。'"

【注释】

①在上不骄：在上，诸侯贵为一国之君，故曰"在上"。骄，自满，倨傲。唐玄宗注："无礼为骄。"

②危：危殆，危险。

③制节谨度：制节，指费用开支节约俭省。郑玄注："费用约俭，谓之制节。"谨度，举止符合礼仪法度，不僭越。

④长守贵：长久地保住诸侯的位子。

⑤社稷：社，土神。稷，谷神。社稷合在一起，常用作国家代称。

⑥和其民人：和，使动用法，使和睦。民人，即人民，百姓。

⑦"《诗》云"句，见《诗经·小雅·小旻》。

⑧战战兢兢：战战，恐惧貌。兢兢，谨慎貌。

⑨如临深渊：如同靠近深渊，唯恐掉下去。临，靠近。

⑩如履薄冰：如同在很薄的冰上行走，意在谨慎戒惧。

【译文】

孔子说："诸侯身居高位而不骄傲，其位置尽管高高在上也不会有倾覆的危险；节约俭省、慎行礼法制度，财富尽管充裕丰盈也不会奢侈腐化。身居高位而没有倾覆的危险，这样就能长久地保住自己的尊贵地位；财富充裕而不奢靡腐化，这样就能长久地守住自己的财富。能够保持富有和尊贵，然后才能保住家国的安稳，使自己的人民和睦相处。这就是诸侯的孝道。《诗

中华传世藏书

孝经诠解

《孝经》原典详解

一一三

经·小雅·小旻》篇中说：'战战兢兢，就像靠近深水潭边恐怕坠落，就像行走在薄冰之上，害怕陷进去那样，小心谨慎地处事。'"

【解析】

从西周到春秋约六七百年间，尊称国君为天子。国君代表王室，可以分封诸侯，相当于现代各省的省长，或者各州的州长，代表天子在各自的领地为人民服务。

可惜到了春秋时期，诸侯不守分，借口天子无道而各自订定制度、互相争伐。终于进入战国时代，天子名实俱亡。孟子于是放弃孔子原先倡导的"尊王"主张，周游列国而极力推展王道，希望有一位诸侯能够代替东周以统一华夏。他认为实践仁政是统一的最佳途径，指出"人皆有不忍人之心。先王有不忍人之心，斯有不忍人之政矣。以不忍人之心，行不忍人之政，治天下可运之掌上"。然而列国依然"争地以战，杀人盈野；争城以战，杀人盈城"，就算凶年饥岁、民不聊生，也不能暂时停息。

儒家的理想是"君仁莫不仁，君义莫不义，君正莫不正"。所以，仁者应该居于高位，而且要以孝道作为人民的典范。天子有天子以孝道教化的责任，诸侯也必须在这一方面，做出良好的示范。

诸侯的地位仅次于天子，可以说是"一人之下，万民之上"，居于直立喇叭的上位，已经高高在上了。依据"物极必反"的自然规律，在上位的人往往得意忘形而骄傲，以致居高而危，容易遭受来自四方八面的攻击；甚至于功高震主，引起天子的猜疑，产生不信任的疑虑。诸侯的爵位固然得来不易，要想长期保持，实在也十分困难。诸侯章一开始就提出"在上不骄"，才能"高而不危"的道理，希望诸侯能够节俭费用、遵守法度，务求"满而不溢，高而不危"。因为只有"满而不溢"，才能长期保持富裕；也唯有

"高而不危"，才得以长期维持显贵。诸侯"富贵不离其身"，社稷的保有才能够长久。这样，与民众和睦相处，获得人民的拥戴，又可以安天子的心，应该是最合理的表现。

大自然的规律原本就是"满招损"，水太满了必然向外溢出；同时居上而骄也是人之常情，除非品德修养良好，否则很难避免。而"骄必败"，又是不易的规律。诸侯想要做到"在上不骄、制节有度"，必须心目中有天子，随时抱持"战战兢兢，如临深渊，如履薄冰"的心情，凡事谨慎，处处小心。而心中有天子，就要以心中有父母为基础，否则必然虚而不实、伪而失真，很容易为天子所识破。至于天子左右的人，说三道四而加以攻讦和破坏，更是难以避免。因为不孝敬父母而心目中有天子的诸侯，是经不起时间的考验，很快就会原形毕露，被人揭穿虚假面具的。

何况"保有社稷，和其民人"是诸侯应尽的责任，可以看成诸侯对祖先的孝道。倘若骄奢淫侈丢了城邦，辱及祖先使百姓受苦，那就是大不孝了。

孟子用"德"与"力"来区分"王"和"霸"，认为仁政必须以德服人。既然如此，就必须反对动用武力、反对战争。一直到宋代李觏，才明白指出，"王""霸"不过是名位的不同，并不是施政的本质有所差异。"王"是天子的称号，以安天下为其神圣任务；"霸"即诸侯的代号，以尊重天子、配合政策为宜。以动不动用武力、有没有发动战争来区分"王""霸"，并不符合实际的情况。因为我们不想战，而敌人未必厌战。尤其是现代，强国藉地球村的美名，订定很多看起来十分动人，实际上却在以强凌弱、以大欺小的条约；加以资源日愈短缺，分配愈来愈不均匀，各种区域性的大小战争恐怕很难避免。治国"以道不以力、尚德不尚武"固然是至理名言，有时基于"定于一"的需要，非动用兵力不可，也以合理为宜。

【生活智慧】

1. 仁政所以能够"王天下、得人心",必须具有先决条件,那就是:同一民族。倘若民族不同,侵略者怎么可能实施仁政?即使如此,被侵略者也不一定以仁政为恩惠。战争十分残酷,当然应该极力避免,但是以战止战,用武力来制止外来的武力,仍然很重要。

2. 仁是一种动机,仁政即秉持仁爱的心态来为人民服务。然而,实施仁政并不能完全排除武力。《史记·孔子世家》记载:"鲁定公任命孔子做中都地方的宰官,才到职一年就很有绩效,四方的官吏都尽力仿效他。于是升任为司空,再升迁为大司寇。齐国看到这种情况,就派使者邀约鲁定公前来会盟。定公毫无武装便要出发,孔子说:'我听说有文事的必须要有武备,有武事的必须要有文备。从前凡是诸侯出了自己的国境,一定带全了必要的官员随行,请您也带左司马、右司马一道去。'定公采纳此一进言,率领军队到夹谷与齐王会合,结果使占尽优势的齐景公,不得不归还夺自鲁国的土地。"所以,文武并重才有可能实施仁政。

3. 政治是维持人类生存的组织关系,包括政与治两个层次。政是管理众人事务的统治权,必须带有某种程度的强制性,是统治的根本核心所在;治则是实施统治权的步骤和方法,也就是维持国家事务的正常运作。中华民族自古以来,便相信"大位天定",认为上天与天子之间,存有某种神秘关系。国君称为天子,表示他是人间与天上联络的合法代表。西方人认为这是"君权神授",我们却把它称为"道政合一",象征天道与人道的密切结合,而以道德来指导政治。人间政权的转移,在于上天对原有君王道德修养的失望,因此把天命收回,另立新君。

4. 既然天子是"命随德定",诸侯为天子所任命,当然要全心全力辅助天子，使其明德敬德、自强不息，以永保天命。但是，中华民族的融合，并非依赖武力，而是文化的成就。舜为东夷人士，文王出自西夷，殷人、满人也都可以入主华夏。我们所说的王道，应该是变化气质的文明力量。周文王时代，周公表现得十分贤孝。文王死后，周武王即位，他是周公的兄长。周公建议对于殷商故地，仍旧交由商纣的儿子武庚治理，使商人依然拥有自己的土地，形成灭宗庙而不灭人民的良好方式。武王灭商后患了重病，不久便抛下尚未安定的国家亡故了。他病

周公

重时，有意传位给周公，但是周公坚决不接受，后来担起辅佐周成王的重任，在治理朝政方面，完成了很多了不起的事功。周公虽然不是诸侯，却充分表现了诸侯的孝道，令人十分钦敬。

5. 历来改朝换代的原因非常复杂，不能把责任完全推给某一个人。《易经》第四十九卦为革卦，明白指出革命必有战争，将致生灵涂炭、文物遭灾，非不得已万不可妄行。天地变革因而四季顺序而行，历史上商汤、周武王的革命，既顺应天道也应合人心。革命必先革心，去暴为仁，去戾为祥。天子与诸侯倘若都能以孝道感化人心，彼此重仁义且依循伦理而行，全心全力配合来共同为人民服务，自然没有革命的必要。国泰民安，各人谨修其德。

【建议】

《易经》第三十六卦为明夷卦，告诉我们道德往往由逆境产生。环境愈

恶劣，愈容易看出道德修养的正邪。因为道德的功能即在拨乱反正，所以"逆来顺受"并不是通常所说的"以忍耐的态度来面对困难的环境"，而是抱持大忍、大容的心态，逆流而上以冲破难关。把至孝的精神充分发挥出来，必能死而无憾！

【名篇仿作】

《女孝经》夫人章第三

【原文】

居尊能约，守位无私。审其勤劳，明其视听。诗书之府，可以习之；礼乐之道，可以行之。故无贤而名昌，是谓积殃；德小而位大，是谓婴害，岂不诚软？静专动直，不失其仪，然后能和其子孙，保其宗庙，盖夫人之孝也。《易》曰："闲邪存其诚，德博而化。"

【译文】

所谓女人，即使身处尊位也应当节俭，大公无私；在家里要辛勤劳作，明辨是非；要熟读诗书，懂得礼貌。不贤惠的女人要是名气很大的话，那就是积累灾害；无德却身处高位的话，就是祸害，这样的事情难道不该引起人们的警戒吗？在待人接物上要是能够做到动静结合，不失仪表，在家里能够和睦家人，保护好自家的祖庙，这就是所谓的夫人之孝道。《周易》说："保有自己的真诚，美好的德行能够让天下感化。"

《忠经》冢臣章第三

【原文】

为臣事君，忠之本也，本立而化成。冢臣于君，可谓一体，下行而上信，故能成其忠。夫忠者，岂惟奉君忘身，殉国忘家，正色直辞，临难死节而已矣！在乎沉谋潜运，正己安人，任贤以为理，端委而白化。尊其君，有天地之大，日月之明，阴阳之和，四时之信，圣德洋溢，颂声作焉。《书》云："元首明哉，股肱良哉，庶事康哉。"

【译文】

做臣子的侍奉君王，这是忠的本质，只有忠于君王，一切才会迎刃有余。臣子与君王之间，实际上是一个整体，上下一心，才能称得上忠诚。臣下对君王的忠诚，难道只是为君赴难、殉国忘家、直谏君王、临难殉节这些吗？臣子对君王的忠诚，更在于辅助君王周密计划，端正自己，安抚别人，任用贤能，能够自始至终都这样。只要忠臣对自己的君王充满诚信，那么就能够做到天地广大、日月光明、阴阳调和、四时顺畅、圣德洋溢，歌颂君王之声就会充满人间。《尚书·虞书·益稷》说："做君王的能够做到明察秋毫，做臣子能够忠于职守，这样就会万事如意啊！"

【故事】

救君还是救父

曹操本是个雄才大略的人，无论是军事、政治还是文学，都有着突出的才华，他通常是不将别人放在眼中的，但是，曹操在生前对他即将继位的儿子曹丕却这样说，要是有什么事情的话，一定得问一下这两个人——张范和邴原。既然连曹操都看得上的人，那一定不是一般的人。那邴原到底是什么样的一个人呢？邴原在年仅十二岁的时候，就死了父亲，这就使得他没有机会读书。偏偏有书塾就在他的邻里，邴原想读书，但却交不起学费。有一次，邴原在经过这个书塾的时候，哭了起来。一旁的老师见到了，就问邴原为什么要哭，邴原回答说："没有父亲的人，一定会悲伤；贫穷的人，一定会伤感。那些读书的人，必定都是有父亲和兄长的，我既羡慕他们有父亲送他们读书，又羡慕他们有机会学习，想到这些，想到我自己没有父亲，我就哭了起来。"老师听说了之后，就对邴原说，可以免去他的学费，教他读书。于是，邴原就开始了他的读书生涯，仅仅一个冬天，他就将《孝经》《论语》给读完了，在几个学生之中，他表现得最为突出。

虽然曹操非常看重邴原，但是，邴原始终与曹操保持着一定的距离，这里有两件事情可以说明这一点。一件事情是，由于邴原的女儿已经夭折，而曹操的儿子仓舒也死了，曹操就请求邴原将这两个死去的孩子合葬在一起，也就是给他们举行阴婚，但遭到了邴原的婉拒。邴原认为，这种合葬的做法，是不符合礼制的。他堂而皇之地对曹操说，自己这样拒绝是遵守训典的。还有一件事情是，曹丕做上了五官中郎将，别人都纷纷巴结他，只有邴原不为所动，始终与曹丕保持着一定的距离。曹操得知此事之后，实在是沉不住气了，觉得有必要在自己还活着的时候就建立起儿子曹丕的威信，否则的话，自己死了，谁还会服从曹丕，于是就派人来问邴原这样做是为什么。邴原的回答又是拿那个所谓的典制来对付曹操，他说："吾闻国危不事冢宰，君老不奉世子，此典制也。"但是，这次曹操也觉得邴原过分了一些，就当面责怪了他，并将他贬了官。

有一次，太子曹丕宴请了一百多个客人。在筵席上，曹丕突然提出了一个忠孝冲突的命题。曹丕的意思是说，国君和父亲都得了重病，但是，这时只有一颗药丸，只能够救一个人，这颗药丸是救君王呢，还是救父亲。在座的客人议论纷纷，有的说救父亲，有的说救君王。邴原坐在一旁，不发表任何言论。由于邴原的地位和声望，曹丕希望他能做一个令自己满意的回答，就是将这颗仅有的药丸拿来救君王。当曹丕问邴原的时候，邴原虽然也知道曹丕的意思，但他就是不买曹丕的账，勃然回答说："父也。"曹丕也就不再勉强邴原了。

辞官敬老

东汉末年，天下大乱，群雄争霸，形成了魏蜀吴三国鼎立的局面，天下总算稍稍安定下来。后来，魏国经过几十年的稳定发展，实力强大起来，而蜀国因为内外交困而日渐衰弱，后来被魏国所灭。灭掉蜀国之后，魏国内部也出现了权力纷争，最后，司马家族取代了曹氏皇族，建立了新的王朝，这就是西晋。

西晋的第一个皇帝是晋武帝司马炎，他听说有一个叫李密的人，很有才学，又很孝顺，曾经得到诸葛亮的器重，在蜀国担任过官职，现在闲居家中，不愿意出来做官。为了笼络蜀国旧臣，晋武帝特别下了诏书，让李密出来做官，可是却被李密拒绝了。诏书接连下了几道，都被李密拒绝，这下惹怒了晋武帝。

于是，李密恭恭敬敬地给晋武帝写了一篇《陈情表》，诉说他不能到任就职的原因。

原来，李密从小是个孤儿，在他刚生下六个月时，父亲病死。在他四岁时，母亲何氏被逼改嫁。于是，抚养他的责任就落到年老多病的祖母身上。祖母刘氏是个有志气、十分刚强的女人，拖着孱弱的身体，独自将李密抚养成人。

李密小时体弱多病，九岁时还不会走路，但他非常聪明，读书过目不忘，并且从小就知道孝顺祖母。他和祖母形影不离，从不惹祖母生气。自己长大，能干活了，就帮祖母做家务。祖母病了，他就衣不解带地在祖母身边伺候。李密与祖母两个人相依为命，从不分离。如今，祖母已经九十六岁了，正如日落西山，气息微弱，生命垂危，朝不保夕，祖母正是需要人照顾的时候，李密怎么可能离开她去做官呢？

李密恳求晋武帝能够成全他的孝心，陪伴祖母安度晚年。《陈情表》言语恳切，委婉动人。晋武帝看了，为李密的一片孝心所感动。他不仅同意李密暂不赴任，还嘉奖他的孝心，赏赐给他奴婢和赡养祖母的费用。

直到祖母去世，服丧期满后李密才出仕。他为官一方，造福百姓，政绩显著，以刚正见称。

和协二母

陈武，字子烈，三国时庐江松滋（今湖北松滋市）人。他在担任偏将军的时候，与儿子陈修奋勇杀敌，一同战死沙场，朝廷因此追封他为乡亭侯。他的另一个儿子陈表，是他小妾生的孩子，也做了督尉。父亲和哥哥死后，陈表的母亲不愿与陈修的母亲和睦相处。于是，陈表劝说母亲说："哥哥本来想成就一番事业，但英年早逝，无奈只能由我来当家。我心里其实是很难受的。这一大家子，事务繁多，担子沉重，家庭的和睦是很重要的。因此，敬奉哥哥的母亲也是我必须做的，而且要做好，否则，别人就会说闲话。如果您希望儿子能成大事的话，就和嫡母好好相处吧。如果您做不到，那我只好搬出去住了，请原谅儿子不孝！"母亲听后，深受启发，于是主动与陈修的生母示好。后来，陈表为国家立功，被任命为偏将军，死后也被追封为乡亭侯。

谏母护兄

王览，字符通，是前面《二十四孝》故事中王祥的异母弟弟。他的生母朱氏对王览的哥哥王祥非常刻薄，总是寻衅迫害。王览生性善良，同情哥哥，每当母亲毒打哥哥时，他都要拦着母亲。如果母亲让哥哥做那些为难的事情，他总是帮着哥哥去做，为哥哥分担忧虑。哥哥王祥成家之后，王览的母亲对王祥的妻子也是百般刁难。后来王览也娶妻成家，他向妻子说明了情况，于是王览的妻子也像王览帮哥哥一样，主动帮助嫂嫂干活。后来王祥努力攻读，声名远扬。王览的母亲心生嫉妒，就让人偷偷地给王祥的酒中下毒。王览得知后，毅然端起酒杯要先喝下去。母亲怕自己的儿子被毒死，赶紧夺下酒杯。从此，只要王览的母亲让王祥吃什么，王览就先尝一口，这样，就消除了母亲毒死哥哥的念头。王览对哥哥有情有义，名声仅次于王祥。后来。继哥哥做官之后，王览也做了清河太守。

为佣悟兄

郑均，字仲虞，东汉河北任县人，少年时喜欢黄、老学说，仗义而诚实。他的哥哥是县衙里的官吏，经常接受他人的贿赂。郑均多次劝阻兄长，丝毫不起作用，于是他就到外地去给别人做佣工。

一年之后，他把挣来的钱带回家全部交给哥哥，并对哥哥说："财物用完了，可以再挣回来；名声失去了，是永远也找不回来的。你做官吏却贪赃枉法，是被人一辈子都瞧不起的行为，更为后世人所唾骂。哥哥你好好想想我的话有没有道理？"

哥哥听了，很受感动，终于醒悟，放弃了以前的不齿行为，重新做人，后来竟然以廉洁著称于世。哥哥去世后，郑均又悉心照顾嫂子和侄子，没有一点怠慢。人们对他的品行都称赞不已，官府知道后也特召其为官。到建初年间，他担任了尚书一职。汉章帝非常敬重他，他因病告归后，章帝东巡专门到他家，赐他终身享受尚书俸禄，当时人称他为"白衣尚书"。

孝亲感火

元朝的时候，有一位姓赵的孝顺媳妇。她为人忠厚老实，又很勤劳朴实，侍奉长辈尽心周到，是一位难得的好媳妇。

赵氏的丈夫很早过世，只留下她一个人，上要奉养婆婆，下要抚育孩子，生活很是拮据。为了能更好地奉养婆婆，赵氏便去别人家做工，用帮工赚来的钱，来养活婆婆和孩子们。

为了让婆婆能够吃饱穿暖，赵氏做工时很是卖力，因此深得主人家的喜欢。大家看到她做事踏实肯干，有什么需要帮忙的，也很愿意雇她来做。虽然帮工很辛苦，而且赚来的钱也不多，但赵氏还是尽力让婆婆吃得好一点。

因此，赵氏出去做工，主人家给她一点好吃的东西时，或是遇上什么节日，有人送给她一些食物，哪怕只是一小块糕点、几个包子、喜饼，赵氏都不舍得吃上一点，她总是恭敬地将食物接过来，小心翼翼地包好，带回家给婆婆吃。

赵氏将这些食物送到婆婆面前，给婆婆吃时，婆婆也总要说："你也吃一点吧。"赵氏便跟婆婆说自己做工时吃过了，或者说自己不爱吃。婆婆若要分一点给孩子吃，赵氏又说孩子已经吃了，或是预先将孩子们支开，总是不忍心从那一点食物中再分出来些，为的是婆婆能安心享用。

后来，婆婆的年纪大了，身体越来越衰弱，看着年老多病的婆婆，赵氏心想，婆婆百年后，家里根本没有钱去给她置办棺木。这可怎么办呢？面对这样窘困的境地，赵妇根本想不出什么办法，最后，只得忍痛将次子卖给富人家，用这钱来为婆婆购置棺木。哪个孩子不是娘的心头肉呢？赵妇卖掉了孩子，内心万般不舍。为了不让婆婆担心，她并没有表现出不舍的样子来，等为婆婆购置好棺木后，便将棺木摆放在家中。

有一天，邻居家失火，火借风势越烧越旺，越烧越猛，很快就扑向了赵家，赵氏见火势猛烈，连忙搀扶着婆婆逃了出来。

将婆婆安顿好，赵妇又赶快冲进屋里，想要乘着大火烧来前，把棺木移出去。可是，棺木实在是太重了，赵妇使尽了全身的力气，也没有办法移动它。眼看火势越来越猛，马上就要烧到赵家了，此时，赵妇心急如焚，却又无可奈何，不由得放声大哭起来，抽泣着说："可怜我卖去了儿子，才买来这口棺木啊，哪一位好心的人来帮我抬出去啊……"

赵妇这话还没说完，天上的风忽然转了向，火也随之转向其他地方了，赵家竟然因此避免了灾难，不仅棺木得以保存，赵家也安然无恙。看到赵家转危为安，村人不禁啧啧称奇！

蔡襄替母完愿

蔡襄是宋朝一位著名的书法家，他不仅艺术修养精深，而且为人忠厚正直，品德高尚，讲究信义。这与他的母亲从小的教育有很密切的关系。

蔡襄的母亲还在怀着蔡襄的时候，一次，她要经过一个叫洛阳江的渡头，坐船过到对岸去。船只行到中途的时候，忽然狂风大作，水面上波浪翻滚，水花四溅，船身晃动得非常厉害。船上的乡亲们脸色大变，大家由于过分的惊慌使得船只更加摇晃了。蔡襄的母亲怀有身孕，内心虽然害怕，但是非常镇定，鼓励同船的乡亲们，不要紧张，齐心协力，共渡难关。突然，阴霾密布的天空中划过一道闪电，船上的人都听到空中有人高叫："不要伤害蔡学士，不要伤害蔡学士。"大家正觉得不可思议时，风浪立刻就止住了。大家面面相觑，不知道是怎么回事。船家就一个挨一个地问，大家都不姓蔡。问到了蔡襄的母亲，大家才知道事情的真相，啧啧称奇。于是蔡母就当着乡亲们的面，发愿说道："我的儿子以后果真金榜题名做了学士，一定让他在此地筑一座桥，帮助过渡的人。"

后来，蔡母顺利生下蔡襄。蔡襄天资聪颖，又勤奋上进，长大了去参加考试，果然考中了状元，被朝廷派到家乡泉州，当地方的长官。蔡母嘱咐儿子，帮她早日完成她当年对着众人许下的愿。

说来容易做起来难。洛阳江濒临大海，水深莫测，而且一月之中，几乎天天涨潮。潮来时，水雾遮天，波涛滚滚，如万马奔腾之势，很难施工。有时刚刚修好了一部分基座，却被突如其来的大潮给击垮了，而同时被大水淹死的工人也不少。蔡襄请来远近闻名的水利专家，带着自己的随从们来到江边勘察地形。他们一同查看地形，分析风向与潮汐间的关系。那些专家们都摇着头，劝蔡襄取消了这项工程，因为海边潮汐的到来是一天也不停止的。有时候情况稍微好一点，也只能维持一天的歇潮期，到了第三天，大潮就如期而至；而要想修桥，先要夯基，但就算集中了最优秀的建筑师，招募了最能干的工人，也需要七天的时间才能将基座夯扎实。蔡襄也知道这个道理，整日愁眉不展。

蔡襄实在找不到更好的办法了，就按照母亲的建议，拟好一份疏文，择上一个好的时日，去海边进香焚疏，虔诚地把事情的原委告诉海神，请求海神停止潮汐一段时间，让他有足够的时间启动工程。海神被他至诚的真心和淳厚的孝心打动了，便停止涨潮达八日之久。蔡襄命令工人，抓住这八天时间施工。他们先把基梁打好了，然后，修建余下的工程就快多了。不出一月，桥就落成了。蔡襄既为母亲完了愿，又为老百姓做了一件大好事。

岳飞孝母的故事

岳飞字鹏举，相州汤阴县人，是北宋著名的战略家、军事家和抗金领袖，南宋中兴四将之首。

岳飞小时候，家里贫穷，母亲无力送他上学堂读书，但是为了不耽误岳飞的学习，便用树枝在沙地上教岳飞写字，提高他的文化水平，还鼓励他强身健体。在岳母的教育之下，岳飞不仅刻苦学习，知识丰富，还练就一身的武艺，成为文武双全的人才。

金兵南侵中原之时，母亲鼓励岳飞投身报国，抵御金兵，并在岳飞的背上刺下了"精忠报国"四个字。岳飞对母亲十分孝顺，谨记母亲的教诲，在战场上勇猛作战，取得了很大的胜利。

岳飞为了接出母亲，通过金国与伪齐的天罗地网，历经 18 次反复，才将岳母从金兵占领的汤阴县接了出来。母亲受到战争的惊吓，神色憔悴，精神难安，岳飞十分惭愧，常常自责说："娘，是儿子不孝，害的娘受惊了，儿子对不起娘！"岳飞曾对他的好朋友说过："若内不克尽事亲之道，外岂复有爱主之忠？"就是说，若是一个人连自己的亲生父母都不能孝顺，又如何谈到尽忠报国呢？由此可知，岳飞为人，"忠、孝"牵系一生。

军旅之间，岳飞也不忘晨昏侍候母亲。若是母亲病了，岳飞必亲自煎药、送水，照顾母亲无微不至；如果军队不出，岳飞早晚一定到母亲面前问安，为了不打扰到母亲的休息和调养，平日就连走路和咳嗽都是小心翼翼，不敢出声；若是有战事，必然会提前把照顾母亲的事情安排妥当，再三嘱咐妻子李娃，一定要好好侍奉母亲；在军营时，只要岳飞处理好军务回到家里，他必每天晚上去母亲房内看望，并要家人常给岳母换被褥，要使岳母感到温暖和舒适。这种照顾母亲孝敬母亲的好习惯，一直保持下去。即使后来岳飞高升为军事统帅时，也始终未变。在克复襄汉六郡后，岳飞母亲姚氏一时病重，岳飞非常担心，为此"别无兼侍，以奉汤药"，甚至在上奏皇上恳请暂解军务。

母亲去世之后，岳飞内心悲痛难于言表，甚至三天不喝一口汤水，双目因流泪而红肿，旧病因体弱而复发。因为故乡尚处沦陷之中，归葬汤阴是不可能的。高宗帝特支银1000两和绢1000匹，赐葬江州庐山之株岭。不顾自己的身份、地位、职位，岳飞和长子岳云跣脚徒步送丧，从鄂州一直到江州的庐山下葬为止，悲痛不减。安葬母亲过后，岳飞在墓旁建造庐舍，想坚持礼法，执意要在九江东林寺为母守孝三年。岳飞此举，遭到满朝文武的一致反对，宋高宗特命邓琮赶到东林寺请岳飞复职，岳飞"欲以衰服谢恩"，此种请求不被准许。最后，宋高宗十分不满，对岳飞及其属下发出严厉的警告，批评岳飞"至今尚未祗受起复恩命，显是属官等并不体国敦请"。岳飞的好朋友李纲给岳飞写信催促说，"宣抚少保以天性过人，孝思罔极，衔哀抱恤"，希望岳飞"幡然而起，总戎就道，建不世之勋，助成中兴之业"。逼不得已，岳飞只好带病返回鄂州，同时刻木为像，对母亲的木像"行温清定省之礼如生时"来表达自己对母亲的孝心。

岳飞其生，将孝心和忠心紧密联系，牵系一生，是古人之楷模，今人之表率。

穷人的孩子早当家

刘伯承小时候家境贫寒，父亲由于过度劳累和贫困生活的折磨，身患肺病，过早地离开了人世。为了给父亲买口棺材，借了四十吊钱的高利贷，这样，使本来就十分贫困的家境无异于雪上加霜。父亲去世以后，年仅15岁的刘伯承就和母亲一起承担全家七口人的生活重担，并且成了全家的主事人。他主动替母亲分忧，能自己做的事情从不让母亲去做，家里的大事小情、里里外外全靠他去张罗。

虽然一家人勉强度日，但生活上的安排还是井井有条，刘伯承每天天刚放亮起床，日落之后才回家，精心地侍弄家里的那几亩薄田。虽然每天起五更睡半夜地出力流汗，付出了常人难以想象的劳动，但终因土地贫瘠，一年下来也就只收四五担毛谷，除了还债基本上就没有多少剩余了。全家人只能靠吃糠咽菜勉强度日。母亲为此长吁短叹，刘伯承就经常安慰母亲说："我们家里现在虽然很困难，但只要勤奋，就有希望。"母亲说："这谈何容易啊，我是心疼你呀孩子。你这么小，家里的担子都压在你的身上，母亲心里难受啊！"伯承笑呵呵地说："母亲您放心吧，您别看我年纪小，可我身子骨结实，有使不完的劲。"母亲知道这是儿子在为自己树立生活信心，但是她也不想把儿子拖累在家里。于是，她对伯承说："你父亲经常讲，好男儿志在四方，你不能一辈子总这样在这里忙活着，应当到外边的世界去闯一闯。要想干出点名堂来，千万不能把读书放下，没有文化到什么地方也吃不开。"伯承听了母亲的话，心里非常受用，家里的生活如此困难，母亲不是让他长久地留在家里，减轻她的负担，而是督促他学习，到外边发展，这是多么伟大的母爱，多么高尚的品德，只有母亲才有这么宽广的胸怀。

打这以后，他更加忘我地劳动了，还锻炼了灵活的经济头脑。每天除了种好家里的几亩田外，他还利用闲暇时间到有钱的人家里打短工，挣几个铜板或换几升米回来，这样就能改善一下家里的伙食。可一到农闲时，他就特别着急，因为这个时候，没有人家需要短工，他就把眼光投到别的地方，寻找挣钱的门路。当他听说御河沟煤厂用人挑煤时，他心里很高兴，回家就与母亲说了，可母亲说什么也不想让他去，对他说："孩子呀，你不能去干那个活，御河煤厂离咱家 20 多里路，这一去一回就得 50 里路，再挑一天煤，你受不了呀，压伤了身体可是一辈子的事。"伯承一听母亲不同意，知道是为自己好，可好不容易有这么个挣钱的机会，怎么也不能把机会放过。于是，他向母亲表态自己会多加注意的，母亲无奈，只好答应了他。

伯承为了每天多挑几趟，天不亮就起床，可晚上一回到家里，肩膀磨破了一层皮，钻心的疼，两条腿就像灌了铅，每走一步都很费劲，腰酸背疼简直难以忍受，可他怕母亲看了难过，总是装着一身轻松的样子。

一代名将孝子心

在许世友的一生当中，占有绝对重要位置的一个是毛泽东，一个是他的母亲。"活着尽忠，忠于毛主席；死了尽孝，替老母守坟。"这便是他常挂在嘴边的一句话。

许世友的母亲许李氏，是一位老实、善良的山区劳动妇女。1905 年 2 月 28 日，许李氏生下了她的三伢仔许仕友（红军长征后，毛泽东为他改名为许世友）。就是这个三伢仔，由于吃不饱，穿不暖，更别提营养了，那小胳膊小腿瘦得简直如同柴火秆。直到两岁多了，连站都站不稳。时逢连年灾荒，一家九口，缺衣少食。许世友的父亲许存仁在万般无奈的情况下，准备以两斗稻谷把三伢仔卖给人贩子，许李氏不顾一切地扑了过去死活不放手，三伢仔最终没被卖掉。

许世友的父亲在他很小的时候就去世了，使得支撑门户和抚育子女的重担全部落在了他母亲的肩上。在童年许世友的心目中，母亲是世界上最伟大、最了不起的人。许世友以后那倔强、果断、勤俭、自立的个性，大都得益于母亲以身示范的启蒙。

许世友

许世友 8 岁那年，为了吃上一口饭，活上一条命，母亲把他交给了一个慈眉善目的少林高手，让他到嵩山少林寺打杂学艺。就要分手了，母亲从手上脱下那堪称家中唯一财产的她当年的陪嫁品——一副银镯子，交给她的三伢仔，叮嘱道："今后有娘的这副镯子在你身边，你就不会想娘了。记着，好好用功学艺。"

到了少林寺之后，老方丈告诫他："家有家法，寺有寺规。入寺要受戒，受戒就要削发为僧，灭七情，绝六欲，不认爹娘……"许世友一听就急了，忙道："师父，俺来学艺练武就是为了俺娘，往后养娘。你要是不让俺认娘那俺就不学了，俺这就回家去。"老方丈道："念你对母一片孝心，又是远道而来，就在这里做个杂役吧！"

自此以后，许世友开始了少林寺的杂役生活。8 年后，16 岁的许世友艺成返家。母亲见昔日的三伢仔长高了，也壮实了许多，她那飘着缕缕白发的脸庞上，流露出幸福的微笑。

许世友从少林寺归家后没多长时间，恶霸少爷李满仓无故寻衅闹事，殴打大哥，污辱母亲，许世友非常愤怒，仅两拳就打得那小子去阎王爷那报到了。许世友知道自己闯下了大祸，决定离家出走。临走前，他从内衣口袋中掘出 8 年辛苦换来的 20 块大洋，双手敬给母亲。可是，当他在追赶的狗吠声慌慌忙忙中跑出村外时，却发现他给母亲的 20 块大洋又回到了自己的小包袱中……后来，许世友当上了农民敢死队的队长，上木兰山打游击去了。还乡团举着屠刀回来了，母亲带着儿女们东躲西藏，吃尽了苦头。在大别山的一片野林里，许世友背着大刀找到了母亲，"扑通"一声跪下："娘，孩儿不孝，俺参加革命连累您了。""傻孩子，别说这些。共产党好，共产党报了咱家的世代深仇。你参加革命，娘心里高兴。"

红四方面军要西征了，刚办完婚事的许世友接到了去往前线的命令。许世友又跪在母亲面前说："娘，部队要走了，今夜就出发，你让俺去吗？"母亲先是吃了一惊，继而缓缓说道："娘不拦你，你去吧！"这次一别就是十多年，直到 1948 年初秋的一天，许世友的母亲才从当地党组织负责人那里得到她的三伢仔的消息："世友同志没有牺牲，他现在担任解放军山东军区司令员，正率部辗转于山东大地……"

不久，远在济南的许世友收到了母亲捎来的书信，还有布鞋、鞋垫等物，他那思念母亲的感情像闸门一下打开了。一星期后，许母便被儿子派人接到了泉城。

对于儿子的孝敬，母亲当然感到十分高兴。可是，过了一星期，母亲就住不下去了。她不习惯这里的生活。儿子理解妈妈，更敬重妈妈。他愿意满足妈妈的一切愿望。于是，许母又回到了大别山下那个小村子。

1957 年冬，南京军区司令员许世友回到了阔别已久的家乡。这是许世友在新中国成立后第一次回乡，也是他一生中最后一次与母亲相见。

那一天下午 5 时左右，许世友刚跨进家门就轻轻地喊了一声："娘。"

许母一听到这再熟悉不过的声音，连忙放下手中的活儿，惊喜地打量着这个突然出现在眼前的儿子，喃喃地说："噢，真是我那三伢仔呀。"许世友紧紧地搂扶着年迈慈祥的母亲，双眼闪动着不易轻弹的游子泪。

离别的时候，许世友用他那双厚实有力的大手，拉着母亲久久地说不出一句话。还是母亲先开口了："孩子，你放心地去吧。"

许世友含着泪水安慰母亲："娘，您放心，俺还会回来看望您老人家的。"说完，他举起右手向母亲庄重地行了一个军礼。不想这一别，竟成了母子俩的最后一别。

1985 年 10 月 22 日，一代名将许世友在南京逝世。10 月 26 日下午，受党中央领导同志委托，王震将军向许世友将军的遗体沉痛告别，并转达了中央对许世友后事的处理意见：许世友同志是一位具有特殊性格、特殊贡献的特殊人物。许世友同志土葬，是毛泽东主席生前同意的，邓小平同志签发的，这是特殊中的特殊。

共和国两代伟人，满足了许世友将军死后完尸土葬，伴母长眠的要求。在父母合葬墓东北面约 50 米的地方，耸立着许世友将军的陵墓，墓碑上仅有简单的 7 个字："许世友同志之墓。"

许世友终于又回到了母亲的身边。

尽孝的方式不拘一格

臣下对君王应该是尽孝尽忠，但是君王也应该"在上不骄"。如果君王无道怎么能够让臣子忠服于他呢？

晏子是春秋时的齐国人，就是"晏子使楚"的故事的主人翁。晏子生活在春秋时代，比孔子大概早 30 年。是一个很有影响力的人，他辅佐了齐国三代君王，为齐国的强盛做出了巨大的贡献。并且还留下了《晏子春秋》这本书。

在《晏子春秋》中，记载了一段齐景公与晏子的对话。讨论的是君臣之间的关系。齐景公问晏子作为忠臣应该怎么侍奉国君呢。晏子说："君有难不死，出亡不送"。意思是："国君有难的时候，做臣下的不要替国君殉难，当国君出逃的时候，做臣下的不要追随国君出逃。"齐景公听后很不高兴，说："国君将土地爵位都给了臣下，国君这时有难，为什么做臣下的就不能够为国君殉难、追随国君出逃呢？那样的臣下能够被称为忠臣吗？"晏子的回答的确与众不同，他说："要是臣子的进谏能够被国君采纳的话，国君本来就不会有什么灾难，臣下哪里用得着为国君去死呢？若国君听从了臣子的话，国君终身也不会出逃的，如果那个时候国君有难的话，臣子去陪国君殉难或是出逃，那是正确的。要是臣子的话国君不听，最后殉难或者出逃，那就是国君自己的咎由自取。"

而且，晏子就是那样做的。晏子在齐庄公时，齐庄公昏庸无道，因与权臣崔杼的妻子私通，最后被崔杼杀害。崔杼杀死齐庄公就逼晏子自杀，晏子坚决不同意。于是在齐庄公的弟弟齐景公即位后，齐景公和晏子之间就出现了这样的对话。

卿大夫章第四

【题解】

本章讲叙卿大夫之孝，特别强调卿大夫日常衣着举止要遵守礼制，应为民众做表率，权拉榜样。

【原文】

非先王之法服不敢服①，非先王之法言不敢道，非先王之德行不敢行。是故非法不言，非道不行，口无择言②，身无择行。言满天下无口过，行满天下无怨恶。三者备矣，然后能守其宗庙。盖卿大夫之孝也。《诗》云："夙夜匪懈，以事一人③。"

【注释】

①法服：先王制定礼服五等，即天子之服、诸侯之服、卿之服、大夫之服、士之服。五等礼服的主要区别在于衣裳上面所装饰的章数（花纹图案的多少）不同。卿大夫只能穿卿大夫之服，既不得僭上，也不得逼下。

②择言：旧注解做选择之言，非是。今按：择言，即"殬言"。择，通"殬"。殬，败也，不合礼法也。

③《诗》云二句：见《诗经·大雅·烝民》。匪：通"非"。

【译文】

孔子说："作为卿大夫，不是符合先王礼法规定的衣服就不敢穿，不是符合先王礼法的言论就不敢说，不是符合先王礼法的行为就不敢做。所以不合礼法的话不说。不合礼法的道不行，那就会口无失礼之言，身无失礼之行。话说得再多也挑不出什么毛病，事做得再多也不会招致怨恶。只有在穿衣、说话、做事这三方面都做得无懈可击，然后才能使自己的宗庙永远有人祭祀。这就是卿大夫之孝的内容。《诗经》上说：'早早晚晚都不敢懈怠，全心全意地事奉天子。'"

【解析】

推行仁政必须依靠圣君，只要圣君以身作则，必能"其身正，而天下归之"。但是圣君实在难得！由尧舜至于汤，有五百多年之久；从汤到周文王、再由文王到孔子，也都相距五百多年，可以证明圣君之不易求。因此，我们又希望贤臣的辅助。只要"贤者在位，能者在职"，政治便能清明，人民就能幸福。但是用人的权操在君王手中，人主未必知贤，而贤人居高位之后，也可能因权力使人腐化，而变成不贤也不能。于是圣君和贤臣必须兼顾并重，才能彼此配合，真正为人民服务。

圣君不多见，显得贤臣更加重要。诸侯虽然名为人臣，实际上大多是天子的家族，其身份较为特殊。于是设置官制，以九卿、二十七大夫，来为天子治理国家事务。他们的官职很高，仅次于诸侯。诸侯也比照办理，设置卿和大夫。但是这一章所说的卿大夫，专指天子的朝臣，因而显得特别尊贵和庄重。

为人处事，动机固然十分重要，但是动机看不见，不容易觉察，所以表现出来的行为态度，就成为大家用以辨识、判断的主要依据。卿大夫的衣服、言语和行事三件容易辨识和判断的现象，于是成为大家关注的项目。

一个人会穿着什么样的衣服，当然和这个人的价值观密切相关。身为卿大夫，最合适的选择必然是先王所规定的衣着。因为当朝的君王是先王的亲人，对于先王的规定应该十分认同。穿着什么样的衣物，眼睛很容易辨识，把它当作首要的法则合情合理，当然要慎重才好。

开口说话，由于言为心声，充分显露出内心看不见的那一份心意，也就是泄露了自己的动机。有些人一开口便得罪很多人，职位不高，大家并不注意，倒也无所谓。卿大夫职位这么高，影响这么大，往往一不小心就祸从口出，一开口便成为烈士，那才悔恨莫及、难以补救。说一些先王所制定的法度言语，应该更加稳妥，所以不敢乱说，只敢说妥当的话，便成为卿大夫明哲保身的不二法则。

最具有直接关系的，当然是行为的表现。每一个人都可能有不一样的行事风格，但是在天子身边，应当提高"伴君如伴虎"的警惕性。既不能平庸、犹豫、招来民怨，尤其不能功高震主，自寻灾难。在这种"两难"的情况下，依据先王所制定的道德标准，来规范自己的行为态度，当然是最佳的抉择。

服饰、言语、行为三方面都合乎规范，就得以保住自己的宗庙。现代称为祖宗的祠堂，就是祭祀自家祖先的地方。古代规定，卿大夫三庙，士二庙，庶人一庙。官职愈高，宗庙愈多，也是光耀祖宗的一种象征。万一宗庙被毁，表示辱及祖先，当然是大不孝。因此，卿大夫从早到晚都不敢松懈怠慢，以尽心尽力地侍奉天子。克尽自己的责任，辅助天子也能够妥善地发挥孝道的教化，以安百姓而达成"一人有庆，兆民赖之"的美满效果。

【生活智慧】

1. 天子的最大责任，在秉承上天的天命，发扬自己的孝道，来感化天下万民。这种教化的使命，一般人很难完成。哪怕是诸侯、卿大夫，都很不容易担负这么重大的任务。《论语·学而篇》记载曾子的话："慎终追远，民德归厚矣。"指的便是透过孝道的教化，使全民普遍提高品德修养。老百姓能够慎行亲长的丧礼，不忘记对祖先的祭祀，风俗自然趋于厚道，这才是孝的务本价值最具体的效果。

2. 卿大夫是群臣的表率，一般人没有机会亲自接触到天子、诸侯，只能从卿大夫的身上来体会天子和诸侯的形象。卿大夫的言行举止，成为大家注目的焦点，他们的所作所为，必须通过十分严苛的检验。我们常说高标准，意思是远比一般人要严苛得多。卿大夫在服饰、言语和行为各方面，都成为官吏和准备出任官职的人所仿效、学习的对象，必须中规中矩，以免成为坏榜样而遭受非议。

3. 父母是列祖列宗的代表，也是我们生而为人、来自天的象征。对父母孝敬，形式上虽然只是仁心仁性的表达，实质上已经涵盖了一切人类永恒生命的深情大义。祭祀的功能，不但表达心中有父母的至情，同时对父母的父母、父母的祖先，以及天地生人的好生之德，表示最为深切而诚恳的谢忱。这种宗庙的精神，值得我们用心体会。

4. "口无择言"表示修养良好，不需要注意择言，便能自然而然说出妥当、合理的话。中规中矩，绝不招致灾祸。既不需要口若悬河、滔滔不绝地有所雄辩，也没有必要口蜜腹剑，表面讨好而背后插刀。当然不能但凭心直口快，便口不择言。因为有话直说、有话实说，简直就是目中无人，很容易引起口舌之争，被众人视为麻烦制造者。

5. "身无择行"的最高境界，是孔子所说的"随心所欲，不逾矩"，非常不容易做到。唯有"早晚不懈怠，时时刻刻心中都有君王"，才勉强得以达成。口无择言，能够天天说话却不惹灾祸；身无择行，能够到处行走却不制造问题。这样谨言慎行的修养，在辅助君王处理国家事务时，当然不致招惹民怨，还必为大众所欢迎，而使君王能够安心信任。

6. 中华民族自春秋时期，便明白"国君的天职，就在于为人民服务"的道理。天职指的是君王所禀受的天命，应该是利民，也就是为人民造福，而不计较自己的一切利害祸福。但是，《尚书·洪范篇》指出："天子作民父母，以为天下王。"我们只能讲求"民本"，并不能把西方的 Democracy 翻译成"民主"。因为希腊文的原义，也应该是"民众的政治"。用《尚书·洪范篇》的话来说，叫作"谋及庶人"。政府应该征询人民的意见，但未必要完全以人民的意见为依归，这才是对人民积极负责的基本精神。爱民、育民，还要加上教民。民本的要旨，在于"畏天保民"。为人民服务的人士，一方面要以德修身来改变自己的气质，一方面要以德为治来感化人民。千万不可基于私人的利益，追求权力而造成民不聊生的动荡局势；或者装笑脸以骗取选票，高呼聆听人民的声音、顺应民意，事后却完全不认账。倘若因此而造成人民革命，那是罪在国君而非人民。

【建议】

国君施政，需要有力的辅助。现代化的政府，同样设置许多专职人员，在分工合作的运作中为人民服务，处理很多有关国防、财政、教育、安全、卫生、医疗、保险、经济、产业等事宜。我们身为国家的一分子，理应相信政府的政策和各级官吏的行政。如果有疑惑、不安或困难，可以透过正当渠道提出具体建议，以供政府参考改善。如果身居政府要职，更应该体察民情、重视民意，做好有效的沟通以化解民怨。这些措施，都是孝道的实际效用。

【名篇仿作】

《女孝经》邦君章第四

【原文】

非礼教之法服，不敢服；非诗书之法言，不敢道；非信义之德行，不敢行。欲人不闻，勿若勿言；欲人不知，勿若勿为；欲人勿传，勿若勿行；三者备矣，然后能守其祭祀，盖邦君之孝也。《诗》云："于以采繁，于沼于止；于以用之，公侯之事。"

【译文】

作为一个女人，要是礼教没有规定的服饰，就不要去穿；诗书中没有说过的话，也不要去说；不守信用的事，就不要去做。要是别人听不到的话，自己就不要去说；要想别人不知的事，自己就不要去做；要想别人不传播的话，自己就不要去做；只有具备了这三个方面，才能够守好自己的宗庙，这就是诸侯君王的孝道啊！《诗经·国风·采蘩》是这样说的："在哪里能够采到白蒿？要到小洲和池塘中。采了白蒿做什么用？到公侯的寺庙中去祭祀。"

《忠经》百工章第四

【原文】

有国之建，百工惟才，守位谨常，非忠之道。故君子之事上也。入则献其谋，出则行其政，居则思其道，动则有仪。秉职不回，言事无惮，苟利社稷，则不顾其身。上下用成，故昭君德，盖百工之忠也。《诗》云："靖共尔位，好事正直。"

【译文】

国家人才建设，要做到百官唯才是举，只是谨慎地司守自己的职位，这并不是忠诚之道。君子侍奉君王，对内能够出谋划策；对外则能够做到处理政务！空闲的时候，要认真思考为臣应做的事；办理政事的时候，要有礼节。要忠于自己的职守，敢于进谏，为了国家的利益，不要吝惜自己的生命。上下一心，才能够做到彰显君王的道德，这就是百官的孝道啊！《诗经·北山之什·小明》中有："谨慎地守好你的职位，不要失去你的忠诚和正直。"

【故事】

房景伯教孝

历史上，在地方官中，因以教孝而著名的人，恐怕就是北魏时期的房景伯了。房景伯（公元 478~527 年）是北魏时期的人，家境比较贫寒，靠替人抄书来供养母亲。后来他做了清河太守，在清河郡下有个贝丘，贝丘靠近房景伯的家乡绛幕，有个妇女向郡守房景伯控告自己的儿子不孝养自己，叫房景伯来治理一下自己这个不孝子。房景伯最初本来想将这个不孝子带到官府教训一下的，但他没有这样做，而是先将此事告诉了自己的母亲崔氏。他的母亲倒是一个知书达理的人，对房景伯说，这些山民不知礼节，不要过于责怪这个不孝子。房景伯就将这个不孝子叫到了官府，不过不是治罪，而是让他们母子住在房景伯的府上，观看房景伯如何孝敬母亲的。房景伯的母亲崔氏就和这位贝丘女人同一桌吃饭，由房景值按照日常的礼节来侍候她们两人，叫这个贝丘女人的儿子在一旁观摩。几天之后，这位不孝子就感到非常惭愧，要求回家。但是，房景伯没有同意，认为仅仅是表面上表示悔改是不行的，必须是心诚才行。于是，他又将这贝丘母子两人留了一些日子，让这个不孝子继续观看房景伯是如何孝敬母亲的。最后，这位不孝子叩头认错，直至头破血流，他的母亲也是哭泣着同意回家，房景伯才送走了他们母子俩。

后来，这位不孝子终于改了过来，对自己的母亲非常孝顺，成了当地一个著名的孝子。房景伯虽说政绩并不突出，但他的示范教孝一事，对后世的影响是很深远的，宋朝有人写诗歌颂这位孝子说：

亲见房太守，殷勤奉旨甘。

哪能不心愧，岂止是颜惭。

徐庶失母心乱

徐庶，字符直，东汉末年颍川阳翟（今河南省禹州市）人，汉末颍川一代名士。事曹后，在魏官至右中郎将，御史中丞。对于徐庶，因中国古典名著《三国演义》对其有精彩的描写，中国人对他可谓家喻户晓，妇孺皆知。书中许多情节虽与正史有所出入，但他至孝侍母，力荐诸葛，史籍却有详细的记载。

徐庶在少年时代，是一名远近闻名的少年侠士。

他曾经杀死了当地一个豪门恶霸，为一位朋友报了家仇，自己却不幸失手被擒。官府对徐庶进行了严酷审讯，徐庶出于江湖道义，始终不肯说出事情真相。又怕因此株连母亲，尽管受尽酷刑，也不肯说出自己的姓名身份。百姓们感于徐庶至孝仗义，没有一个人出面揭穿他的身份。后经徐庶的朋友上下打点，费尽周折，终于将其营救出狱。

徐庶为人忠厚至诚、豁达大度，才识广博、思虑独到，具有卓越的军事才能，很受刘备赏识，并委以重任。后来一次战斗，刘备战败，徐庶的母亲不幸被曹军掳获，曹操派人伪造其母书信召其去许都。徐庶得知此讯，痛不欲生，含泪向刘备辞行。他用手抚着自己的胸口说："本打算与您共图王霸大业，但不幸老母被掳，方寸已乱，即使我留在将军身边也无济于事，请将军允许我辞别，北上侍养老母！"刘备虽然舍不得让徐庶离开自己，但他知道徐庶是有名的孝子，不忍看其母子分离，更怕万一徐母被害，自己会落下离人骨肉的恶名，只好与徐庶挥泪而别。

母子相依为命

沈周，字启南，号石田，晚年自称白石翁，明代长洲（今江苏省吴县）人。他学识渊博，诗文书画均享盛名，是著名的江南四大才子（另三人为文徵明、唐寅、仇英）之一，人称江南"吴门画派"的班首，在画史上影响深远。他从小就博览群书，文章、诗赋、书法、绘画样样精通。他心地也非常善良，非常孝顺父母。相传有个家境贫寒之人，为了挣钱给母亲治病，摹仿了一幅沈周的画。为卖得高价，请求沈周在画上题字。沈周看他是孝子，十分同情，就在画上稍事修改，然后落款、盖章。结果那幅画果然卖了很高的价钱，那个人为母亲治好了病，对沈周感激不尽。沈周的父亲去世后，朋友劝他去做官，他回答说："现在母亲只能依靠我照顾，我怎么能离开她去做官呢？"很多官员都对他十分敬重，多次邀请他到自己手下工作，他都以照顾老母亲为由拒绝了邀请。他从来不出去游玩，整天陪伴在母亲身边。当母亲活到九十九岁时，他也已经八十岁了，可谓母子相依为命，福寿同享。

兄弟共被

姜肱，字伯淮，东汉彭城人。他学术广博，不但通达五经，而且晓达命相占术。四方学士闻风远来求学于门下者，多达三千余人，许多王侯公卿恭请他为官，他一概婉辞，不愿就任。

他有两个弟弟，一个叫仲海，另一个叫季江。兄弟三人非常的友爱，整天形影不离：在一起读书，一起温习功课、玩耍，还一起帮家里干活。他们缝了一床大棉被，每天都睡在一起。长大之后，他们的感情依旧非常的好，即使各自成家立业，也没有破坏兄弟间的情谊。

一次，姜肱跟弟弟季江外出，夜晚行路遇上了强盗，强盗要杀他们。姜肱心疼弟弟，抢着要替弟弟死；弟弟担心哥哥，不让强盗伤害哥哥，也主动要替哥哥死。就这样兄弟俩相持不下，都争着让对方活着。盗贼看到这个情景，被兄弟俩的手足之情深深地感动了，只抢了一些财物，未伤及他们性命。

姜肱他们到了目的地，官吏问他们为什么如此狼狈，为了给强盗一个改过的机会，他们并未说出原委。后来盗贼知道了，感激加悔恨，又把他们所有抢来的财物如数奉还给了姜肱。

退敌救父

晋朝愍帝建兴元年，襄阳太守荀菘升调为平南将军，领兵驻守宛城（今河南省南阳市）。荀菘膝下有一个女儿，叫灌娘，此时虽然才十三岁，却武艺出众，舞枪如游龙戏水，射箭能百步穿杨。南阳城外是一片平原，灌娘整天驰骋在这广漠原野之中，猎射飞禽走兽，常常满载而归。她是父母的掌上明珠，满城军民更对她称赞有加。

有一年的春末夏初，匪首杜曾带领几万贼兵由西域流窜到宛城。当时宛城守军仅有千余人，又值青黄不接的季节，贮存的粮草有限，很难长期坚守，情况十分危急。

匪首杜曾原是官家子弟，因全家遭奸所害，含冤莫白，便招亡纳叛落草为寇。起初只想为父报仇雪恨，怎奈招募的匪徒成分复杂，到处奸淫掳掠骚扰州县，危害很大。经朝廷派兵连番围剿，流窜到了宛城，想占领这个富庶之地作为根据地，修养整备，以图一逞。

荀菘自忖城中兵微将寡，倘若长此困守，待到粮尽援绝之时，后果不堪设想！思前想后，只有派遣一个智勇双全之人突围出城，驰往临近的襄阳城求救。因襄阳太守石览，原为荀菘的旧部，此时他兵精粮足，雄踞一方，只要能发兵前来必可解救宛城之围。满城文武官员十分赞同荀菘的计划，但没有一人愿意担当突围求救的任务。

正当荀菘感叹不已、一筹莫展之际，蓦然间，荀灌娘从屏风后转出，朗声对父亲说道："女儿愿往襄阳投书请援！"荀菘闻言大惊，即时拒绝道："你才这么小的年龄，怎能突出重围抵挡贼兵的追杀！"不料灌娘却回答说："女儿虽小，但已练就一身武艺，出其不意，攻其不备，必可突围。与其坐以待毙，不如冒险一试。倘能如愿，则可保全城池和拯救黎民百姓的生命财产。如果不幸事败，不过一死而已。同是一死，何不死里求生冒险一行呢？"

事已至此，荀菘考虑良久终于同意了女儿的请求。于是，便选派了壮士十多人，组成了一支闪电突击队，借着夜幕作掩护，一拥而出，向襄阳城飞奔而去。情急马快，穿垒而过，贼兵一时措手不及，眼睁睁地看着一队人马消失在夜幕之中。

一路奔波，于第三天的午后抵达襄阳，襄阳太守石览看到老上司的求救信，又听到灌娘的慷慨陈词，对一个十三岁的女孩子敢于冒险，突破千军万马包围的精神和胆识，不禁大为感动。当即发兵，同时修书一封派人昼夜飞驰荆州请太守周仿协同出兵解救宛城之围。

两路大军赶到宛城，与杜曾之贼兵展开激战，荀菘也率兵从城里杀出，三路夹攻，荀灌娘亦挥舞银枪左冲右突，奋勇杀敌。杜曾抵挡不住，顿时兵败如山倒，只得率领剩余的残兵败卒溃退逃窜，宛城之围遂解。

鲁姑大义退敌兵

　　鲁姑是鲁国边境的一名普通妇女。一年，齐国越过边境，攻入鲁国，鲁国边境的老百姓四处逃难。齐国士兵在后紧紧追赶。鲁姑怀里抱着一个小孩，手里拉着一个小孩，眼看快被军队赶上了。情急之下，鲁姑把怀中的孩子放在地下，抱起她拉着的孩子逃往山里，被丢弃的孩子哇哇大哭，鲁姑连头也不回。齐国的将军问那个哭叫的小孩说："逃跑的是你母亲吗？"小孩说："是的。""你母亲抱的是谁？"孩子说："不知道。"齐国的将领觉得很奇怪，就追鲁姑。士兵们拉开弓，高喊："别跑了，再跑我们就放箭了。"鲁姑停下了脚步。士兵们高喊："回来！"鲁姑只好回来了。齐国的将军问："你抱的是谁的孩子？"她说："我哥哥的孩子。"将军又问："你丢下的是谁的孩子？"鲁姑说："是我的孩子。"将军问她为什么不管自己的孩子，而要救别人的孩子，她说："保护自己的孩子，是偏爱。保护哥哥的孩子，是合乎道义的事情。放弃了正义的事情选择自私的偏爱，人就没有立足之地，立身之本。"将军感叹说："坚持正义，万世留名，这是一种大孝呀！一个村妇都能舍儿保侄，如此仁义，我们为什么还要征伐兄弟之国呢？"他立即命令士兵停止进攻，撤军回国了。

狄仁杰代孝子出使

　　狄仁杰，字怀英，是唐朝很著名的清官。他小的时候就已经很懂事，孝敬长辈，长辈们都很喜欢他。狄仁杰长大了，大家都知道他这个人又有才能，品行又好，于是就有官员把他推荐给朝廷。朝廷命令狄仁杰到并州（今山西省太原市）都督府去做官。当时狄仁杰全家都住在河阳，按照当时的制度，家人是不能随官员一道走的。狄仁杰心里非常难过，和朝夕相处的亲人依依惜别。走在旅途上，他还不时向南方望去，对着天空的白云，非常激动，说："我的家人们就住在这片云的下面。"

狄仁杰在并州做官，为官清廉，深受当地人民的爱戴。他有一个叫郑崇质的同事，两人感情很好。郑崇质的母亲年纪大了，经常生病，郑崇质一直都很尽心地照顾母亲。不久，郑崇质接到命令，出仕边境。郑崇质左右为难。去吧，家中老母无人照顾；不去，又违背了朝廷的命令。狄仁杰知道了这件事，主动对郑崇质说："你的母亲经常生病，现在你要出仕到那么远的地方去，你母亲肯定会天天担心你，又没人照顾她，这样怎么行呢！还是你留下，我代你去吧！"说完，他就去拜见长官蔺仁基，请求让自己代替郑崇质出仕边境。蔺仁基非常感动，当即批准了狄仁杰的请求。

寇准孝亲达天下

寇准是宋朝的政治家、诗人。他小时候母亲就过世了，而且他的家境非常贫寒；后来寇准当了宰相，皇上赐他金帛，家里面也是珠翠罗绮，应有尽有。他风风光光地回到家里，祖母看到现在的他竟然伤心地哭了起来。寇准很是奇怪，忙问她为什么这么伤心。祖母说："你大概记不清楚了，你母亲死的时候，家里没有一粒米下锅，她身上没有一块丝布盖尸身，哪知今天你却这样富贵了！抚今追昔，不胜其悲！"寇准听了这话也想起了母亲，内心百感交集，半天不言语。但从此以后，他为官讲究清正廉洁，而且从来不积蓄私财，只要能够满足自己生活需要，剩下的财物全部送给穷苦人家，帮助这些百姓度日。

原来，寇准自幼丧父之后，家境清苦，母亲织的布是家里的唯一经济来源。寇母在操持家务、辛苦织布养家的同时，不忘记对寇准的教育。她常常是边纺纱边教寇准读书。若是寇准读书读得好，她就高兴得眼泪都流下来，若是寇准不好好学习，她就难过得说不出话来。在她的督导之下，寇准刻苦学习，博览群书。后来寇准进京应试，一举得中进士。当寇准中举的喜讯传达家里的时候，寇准母亲已经身患重病，没有办法治好了，临终之前寇准母亲将她亲手画的一幅画交给近身女仆刘妈，殷切地说："寇准现在中举，前程指日可待，日后必定做官。我没有福分继续督导他了，若是将来他有错处，你就帮我把这幅画转交给他！好让他改正，不要走上歧路才是！"

后来，寇准官运亨通，一直做到了宰相。有一次，为庆贺自己的生日，他大肆铺张。不仅张灯结彩，置办酒席，准备宴请群僚，而且请来了两台有名的戏班，吹吹打打好不热闹。刘妈看到这种情景，感叹寇准母亲临终之言果然说中，认为现在时机已到，便让人把寇准叫到一边，郑重地把收藏已久寇母的画交给了他。寇准感到意外，展开画卷一看，见是一幅《寒窗课子图》，画幅旁边还写着一首诗：

《孝经》原典详解

孤灯课读苦含辛，望尔修身为万民；
勤俭家风慈母训，他年富贵莫忘贫。

这竟然是母亲的遗训！寇准眼泪盈眶，再三拜读，惭愧不已。于是马上派人撤去寿筵酒席，通知戏班不用来了。自此后一心放在政事上，修身治国，最终成为宋朝的贤相。

包拯辞官事父母

包公即包拯（999—1062），字希仁，庐州合肥（今安徽合肥市）人，父亲包仪，曾任朝散大夫，死后追赠刑部侍郎。包公少年时便以孝而闻名，性直敦厚。在宋仁宗天圣五年，即公元1027年中了进士，当时28岁。先任大理寺评事，后来出任建昌（今江西永修）知县，因为父母年老不愿随他到他乡去，包公便马上辞去了官职，回家照顾父母。他的孝心受到了官吏们的交口称颂。

几年后，父母相继辞世，包公这才重新踏入仕途。这也是在乡亲们的苦苦劝说下才去的。在封建社会，如果父母只有一个儿子，那么这个儿子不能扔下父母不管，只顾自己去外地做官。这是违背封建法律规定的。一般情况下，父母为了儿子的前程，都会跟随去的。或者儿子和本家族的其他人规劝。父母不愿意随儿子去做官的地方养老，这在封建时代是很少见的，因为这意味着儿子要遵守封建礼教的约束——辞去官职照料自己。历史书上并没有说明具体原因，可能是父母有病，无法承受路上的颠簸，包公这才辞去了官职。

不管情况如何，包公能主动地辞去官职，还是说明他并不是那种迷恋官场的人。对父母的孝敬也堪为当今一些素质低下的人的表率。以前的故事讲得最多的是包公的铁面无私，把包公孝敬父母的事情给忽视了。

戚继光不负父训

有一次，父亲戚景通问戚继光："宋代岳飞曾说过什么话？"

"文官不贪财，武官不怕死，国家就兴旺。"

"对，你要终生记住这句话，认真读书，苦练武艺，才能为国立功，干一番大事业！"

几年后，戚继光成为一名文武双全的青年军官。这时，父亲正埋头著一部兵书，有人劝他晚年要多置办些田产以留给后代，戚景通听了后对继光说：

"你知道父亲为什么给你取名继光吗？"

"要孩儿继承戚家军名，光耀门第。"

"继儿，我一生没有留给你多少产业，你不会感到遗憾吧？"

戚继光指着厅堂上父亲写的一副对联："授产何若授业。片长薄枝免饥寒；遗金不如遗经，处世做人真学问。"他读了一遍后说："父亲从小教我读书习武，还教我做一个品德高尚的人，这是给孩儿最宝贵的产业，孩儿从没想过贪图安逸和富贵，我只想早些像岳飞建'岳家军'一样，创立一支'戚家军'。"

戚继光

戚景通听了心中十分宽慰，笑着对儿子说："我这部兵书已经完成了，现在我要传给你，这是我一生的心血，将来你用它报效国家吧！"

戚继光跪在地上，双手接过《戚氏兵法》说："孩儿一定研读这部兵法，不管将来遇到什么艰难险阻，我也不会丢弃父亲的一生心血。"

戚景通在72岁时患重病去世。戚继光接到噩耗从驻防地赶回家奔丧。他在父亲坟上哭着说："继光一定继承您的遗志，为国尽忠，赴汤蹈火，在所不辞！"

明嘉靖三十四年（1555年），朝廷派戚继光负责抗倭。他组织"戚家军"在六年中九战九捷，威震中外。他曾对人说："我之能抗倭取胜，全靠我父亲在世的谆谆教诲啊！"

孝心感化山贼

刘平，字公子，江苏人。王莽掌权时，他任郡吏守苔邱长，政绩显著，治理有方，因此深得百姓爱戴。王莽死后，天下大乱。刘平为了母亲的安全，就带着她逃往异乡，藏在一座深山中。

一日清晨，刘平出去为母亲找食物，遇到了一群山贼，把他抓住并要吃他的肉。刘平毫不担心自己的安危，却挂念着还未进食的老母，并跪在地上向贼人叩头说："我今天早上出来是为了给老母亲寻找野菜充饥，如果我不回去的话，老母亲就会被活活饿死，没有人会管她的。所以，我请你们高抬贵手，先让我回去把母亲安顿好，然后，我自会回来。接受你们的处置。"其实这些所谓的山贼，无非都是一些战乱中无家可归的饥民，本不是穷凶极恶之徒，只是迫于生计才落草为寇的。他们听了刘平的诚恳话语，动了恻隐之心，于是就放他回去了。

刘平回到母亲处，给母亲吃完了东西，竟然真的信守诺言，又找到了山贼所在之处。面对他的信义和正直，山贼们都很震惊，没想到真有这样的人。于是，山贼的头领说："我们只听说古代有节烈之士，没想到今天能亲眼见到。我们怎么能吃你的肉呢？"就这样，刘平化险为夷，回家服侍母亲去了。

后来，刘平又做了官，先被推举为孝廉，又担任义郎一职。

孝心是相通的，山贼们也是父母生、父母养，何况都是饥饿的难民，不是天生就"性恶"。所以，面对孝子刘平的孝心与信义，他们内心善的一面被激发了。可见，"孝道"使人向善。

细节展现孝心

陆绩是三国时期吴国人，字公纪，是当时的天文学家。他自小受父亲陆康高风亮节的熏陶，深懂忠义孝悌之道。陆绩聪明伶俐，酷爱读书，博学多识，人称"神童"，颇有名气。

6岁那年，他跟着父亲去九江拜见大名鼎鼎的袁术，一点也不怯场。袁术提的问题，他侃侃而谈，不卑不亢，袁术惊叹小陆绩的才学，破例地给他赐座，还命人端来一盘橘子。那橘子圆圆的，大大的，皮色金黄，肉肥汁多，味道极美。陆绩悄悄地往怀里塞了三个，在场的人谁也没有注意到。

一席长谈，袁术对小陆绩的才华非常满意。临走向主人告辞的时候，橘子由于没放平稳从他的怀里滚落到地上了。袁术开始吓了一大跳，以为那是什么"秘密武器"，待看清那不过是橘子时，不禁哈哈大笑："你这孩子是到我家来做客的，怎么走的时候还要在怀里藏着主人的橘子啊，"陆绩不慌不忙，直视着他的眼睛，真诚地答道："因为我母亲喜欢吃橘子，我想拿同去送给她吃。"

小陆绩振振有词，神色自若，一点也不显得难堪。因为在他心目中，母亲是伟大而神圣的。儿子孝顺母亲，天经地义，没什么见不得人的。袁术听后很惊讶，对这小孩另眼相看，这么小的年纪就懂得孝顺母亲，想必他将来肯定能成为一位不同凡响的人物。

果然，陆绩成年后，博学多识，通晓天文、数算，曾作《浑天图》，注《易经》，撰写《太玄经注》，官至俞林太守。

世人对孔融让梨的故事耳熟能详，但真正做到礼让的人却不多。要知道，没有父母，就没有我们的一切。凡事多想想父母，有好东西应该先给父母。不要只顾自己，不管父母。孝心不需要你大量的金钱投资，孝心不需要你无尽的物质补贴，父母在乎的正是你那一个小小的橘子，一把小小的扇子，一句简短的问候！心中有父母就是一种孝的开始，它能够延伸到你生活的每一小的细节，而这些小的细节正是构成一个人道德和名誉的基石，只有这些基石是坚实和牢靠的，一个人的名声和威望才不会是虚无的。

代父从军彰显女儿孝心

北魏末年，柔然、契丹等少数民族日渐强大，他们经常派兵侵扰中原地区，抢劫财物。北魏朝廷为了对付他们，常常大量征兵，加强北部边境的驻防。

木兰从军讲的是当时一位巾帼英雄的故事。木兰据说姓花，商丘（今河南商丘市南）人，从小跟着父亲读书写字，平日料理家务。她还喜欢骑马射箭，练得一身好武艺。有一天，衙门里的差役送来了征兵的通知，要征木兰的父亲去当兵。但父亲年纪老迈，又怎能参军打仗呢？木兰没有哥哥，弟弟又太小，她不忍心让年老的父亲去受苦，于是决定女扮男装，代父从军。木兰父母虽不舍得女儿出征，但又无其他办法，只好同意她去了。

木兰随着队伍，到了北方边境。她担心自己女扮男装的秘密被人发现，故此处处加倍小心。白天行军，木兰紧紧地跟上队伍，从不敢掉队。夜晚宿营，她从来不敢脱衣服。作战的时候，她凭着一身好武艺，总是冲杀在前。从军十二年，木兰屡建奇功，同伴们对她十分敬佩，赞扬她是个勇敢的好男儿。

战争结束了，皇帝召见有功的将士，论功行赏。但木兰既不想做官，也不想要财物，她只希望得到一匹快马，好让她立刻回家。皇帝欣然答应，并派使者护送木兰回去。

木兰的父母听说木兰回来，非常欢喜，立刻赶到城外去迎接。弟弟在家里也杀猪宰羊，以慰劳为国立功的姐姐。木兰回家后，脱下战袍，换上女装，梳好头发，出来向护送她回家的同伴们道谢。同伴们见木兰原是女儿身，都万分惊奇，没想到共同战斗十二年的战友竟是一位漂亮的女子。

这段感人的代父从军故事很快就传开了，人们都佩服木兰的勇敢和一颗炙热的孝女之心。

教人行孝的太守

历史上，在地方官中，教导人们遵从孝行的人，当数北魏时的房景伯。房景伯（478—527），性情淳厚，弟弟们尊敬他如同严父。房景伯有个族叔做过官，他的族叔房法寿原本是个无赖，只不过却比较孝敬。房景伯的家境比较贫寒，早年靠为人抄书供养母亲，后来他做了清河太守。

当时，清河盗贼作乱。郡民刘简虎曾无礼触犯房景伯，后投奔山贼。房景伯就提拔刘简虎的儿子为佐治官吏，让他告谕山贼既往不咎。山贼们见房景伯不记旧仇，于是相率投降。

不过房景伯被后人称道的是，他向管辖的郡内一个不孝的年轻人示范孝敬母亲的故事。

当时清河郡下面有个贝邱县，在今山东境内。贝邱有一位妇人控告儿子不孝。叫房景伯来管管，惩治一下。房景伯本来想把那个儿子叫来大堂训斥一番。但他没有这样做，而是先告诉了自己的母亲。他的母亲说："这些小民未曾受学，不知礼教，应以德化引导，让他们知耻向善。"于是召见妇人，每日同到厅堂，与她相对饮食。房景伯还叫来她的儿子，命其子侍立堂下，观看房景伯侍奉母亲饮食。不到十日，这位不孝的儿子就感到非常的内疚，请求回去。崔氏说："此子虽然表面羞愧，不知内心是否真正悔过，暂留几日。"于是房景伯又把这对母子留了二十天。后来其子深受感化，叩头流血，真心悔悟，他的母亲也流下眼泪，乞求回去。回去后，这位不孝的儿子果然洗心革面，对自己的母亲很孝顺，成了当时一个著名的孝子。宋朝有人写诗说："亲见房太守，殷勤奉旨甘。哪能不心愧，岂止是颜惭。"

陈毅探母

1962年，陈毅元帅出国访问回来，路过家乡，抽空去探望身患重病的老母亲。

陈毅的母亲瘫痪在床，大小便不能自理。陈毅进家门时，母亲非常高兴，刚要向儿子打招呼，忽然想起了换下来的尿裤还在床边，就示意身边的人把它藏到床下。

陈毅见久别的母亲，心里很激动，上前握住母亲的手，关切地问这问那。过了一会儿，他对母亲说："娘，我进来的时候，你们把什么东西藏到床底下了？"母亲看瞒不过去，只好说出实情。陈毅听了，忙说："娘，您久病卧床，我不能在您身边伺候，心里非常难过，这裤子应当由我去洗，何必藏着呢。"母亲听了很为难，旁边的人连忙把尿裤拿出，抢着去洗。陈毅急忙挡住并动情地说："娘，我小时候，您不知为我洗过多少次尿裤，今天我就是洗上10条尿裤，也报答不了您的养育之恩！"说完，陈毅把尿裤和其他脏衣服都拿去洗得干干净净，母亲欣慰地笑了。

陈毅元帅有繁忙的公务在身，但他不忘家中的老母亲。在百忙中抽空回家探望瘫痪在床的母亲，为母亲洗尿裤，以关切的话语温暖抚慰病中的母亲。虽然陈毅元帅为母亲所做的只是一些平常得不能再平常的小事，但从这些平常的小事，看出了他对母亲浓厚的爱。他不忘母亲曾为自己付出的点点滴滴，理解母亲的艰辛和不易，知道报答母亲的养育之恩。

行孝悌，得民心

韩邦靖，字汝度，明朝朝邑（今陕西省大荔县）人。他小时候学习就很勤奋，与哥哥韩邦奇一起考上了进士，当上了山西左参议，守卫大同。当时赶上了荒年，老百姓吃不到粮食，饿死无数人。乡下出现了人吃人的现象。韩邦靖见此情景，很想帮助百姓度过灾难，于是他就上奏此事，希望朝廷能赈济灾民，但是却没有被通过。他对朝廷失去了信心，因此就想辞官归隐，但还没得到批准，就要先动身上路。乡亲们知道后，自发组织起来，站在路旁痛哭流涕，劝他留下来。韩邦靖含着泪回到家乡，不久就病逝了。后来他的哥哥韩邦奇也做了参议，来到大同，乡亲们知道他是韩邦靖的哥哥，都纷纷出来迎接他，并激动地哭了起来。

在此以前，韩邦奇曾经身患重病，卧床不起一年多。韩邦靖非常担心哥哥的身体，并亲自服侍哥哥。给哥哥吃的药，他都要先尝一下冷热；他还亲手送上哥哥吃的食物。后来，韩邦靖病重，哥哥韩邦奇也是不分昼夜地照顾他达三个月之久。韩邦靖去世后，哥哥只吃简单的饭菜，穿了五个月的孝服。乡亲们都很感动，并为他们立了一块孝悌碑。

感天地泣鬼神的孝子

有一个民间故事，说的是孝子张嵩的事。

张嵩，陇西人，是个有名的孝子。在他八岁的时候，母亲得了重病，躺在床上不思饮食。有一天她忽然想要吃堇菜，张嵩听说，连忙跑到野地里去找。

当时正是冬天，野外是一片一片的枯草，一丝绿意也没有。张嵩把四处都找遍了，还是不见堇菜的踪影。于是他放声大哭："娘啊，您辛辛苦苦把我养大，我却不能报答您。现在您生病了，什么时候才能康复啊。上天如果怜悯我，就让堇菜生长出来吧。"

他哭啊哭，从早上一直哭到中午，天空都为之变了色，红红的太阳躲起来了，乌云越压越低，终于下了一场雨。雨过天晴，张嵩惊奇地发现有无数棵堇菜破土而出。

原来老天爷也被他的孝心所感动了。张嵩采了许多堇菜回家，母亲吃了堇菜后，便能下地行走，病也立刻好了。张嵩长大成人后，母亲生病去世了。张嵩家里十分富有，仆役成群，但做棺材、筑坟墓他一律自己动手，不肯让奴仆出力。送葬的时候也不肯让别人帮忙，有些与众不同。他们夫妻二人亲自把母亲的棺材背上车，然后张嵩让妻子在前面拉车，他自己则在后面推着，一同向坟地走去。

当时狂风暴雨大作，路上的淤泥可以没过膝盖。但奇怪的是他们送葬所经过的路上却是干干净净，一点灰尘也没有。

张嵩把母亲安葬完毕，又哭了一场。此后他天天亲自为母亲培土修坟扫墓。天天一边做这些事一边哭，哭得头发也掉光了。就这样过了三年。

有一天，张嵩又伏在墓碑上哭。这时在坟墓的正北方向响起了隆隆的雷声，越传越近。伴随着雷声又有一道风云来到了张嵩身旁。风云像长出了双手，抱着他把他放在东边距坟八十步远的地方。然后一道闪电划破长空，像一把利剑直劈入坟冢，坟被劈成了两半，棺材露了出来。

张嵩非常惊骇，连滚带爬地到了棺材旁边，看见棺材上写着："张嵩的孝心通达于神明，神念你一片至诚的心，暂放你母亲回去，她还可以再活三十二年，你要好好地侍奉她。"

听说了这件事的人都啧啧称奇。都说从古至今，还没听说过这等事呢。最后连皇帝也知道了，大为感动，便拜张嵩为金城太守，后来又升迁为尚书左仆射。

士章第五①

【题解】

本章主要论述士人之孝，其孝主要内容为爱、敬、忠、顺。

【原文】

资于事父以事母而爱同，资于事父以事君而敬同。故母取其爱，而君取其敬，兼之者，父也②。故以孝事君则忠，以敬事长则顺。忠顺不失，以事其上，然后能保其禄位而守其祭祀，盖士之孝也③。《诗》云："夙兴夜寐，无忝尔所生④。"

【注释】

①士：官名。古时诸侯设置上士、中士、下士之官，其位次于卿大夫。

②资于事父以事母而爱同，资于事父以事君而敬同。故母取其爱，而君取其敬，兼之者，父也：《广雅·释诂》"资，取也。"《孟子·公孙丑》："内则父子，外则君臣，人之大伦也。父子主恩，君臣主敬。"《礼记·表记》："今父之亲子也，亲贤而下无能；母之亲子也，贤则亲之，无能则怜之。母，亲而不尊；父，尊而不亲。"又《丧服四制》："资于事父以事君而敬同，贵贵尊尊，义之大者也。故为君亦斩衰三年，以义制者也。"又云："资于事父以事母而爱同。天无二日，士无二王，国无二君，家无二尊，以

一治之也。故父在，为母齐衰期者，见无二尊也。"

③故以孝事君则忠，以敬事长则顺。忠顺不失，以事其上，然后能保其禄位而守其祭祀，盖士之孝也：长，指公卿大夫。《孟子·梁惠王》："入以事其父兄，出以事其长上。"《大学·释齐家治国》："孝者，所以事君也，悌者，所以事长也。"《中庸》第十七章："舜其大孝也与！德为圣人，尊为天子，富有四海之内；宗庙飨之，子孙保之。故大德必得其位，必得其禄，必得其名，必得其寿。"《礼记·坊记》："孝以事君，弟以事长，示民不贰也。"《吕氏春秋·孝行览》："人臣孝，则事君忠。"禄位，古代称官吏的薪水为"禄"，位即职务。祭祀，古时备供品向祖先行礼，表示尊敬并祈求保佑。

④夙兴夜寐，无忝尔所生：《尔雅·释诂》："夙，早也。"又《释言》："兴，起也。"夙兴，指早起。夜寐，晚睡。无，不要。忝，羞辱。所生，即生身父母。

【译文】

如何侍奉父亲就如何侍奉母亲，这种爱心是相同的，同样，如何侍奉父亲就如何侍奉君主，这种崇敬之心也是相同的。所以侍奉母亲用以爱心，侍奉君主用敬奉之意，这都是与侍奉父亲之心相关连的；但只有侍奉父亲才兼备爱、敬两心。所以又说用孝道去侍奉君主则见其忠心，用尊敬之道去侍奉长者则见其顺从。具备了忠心与顺从这两个方面，并用它去侍奉国君或上级，那么就能保住自己的俸禄与职位，也会使对祖先的祭祀得以维系。这才是士人的孝道。《诗经》上讲："要起早赶黑地去做事，不要辜负了生你养你的父亲和母亲！"

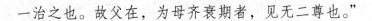

【解析】

　　士就是现代所说的知识分子，但是我们比较喜欢用"读书人"来称呼，含有"明白道理"的企盼与期待。想不到教育普及、知识爆炸后，人们有了能够赚钱的知识，却十分不明白道理，实在是始料未及的不幸事实。

　　古代读书的机会不多，读书人占人口总比例很小。所以"学而优则仕"，读书人大多出任政府官吏。分为上士、中士、下士，都是初级官职的称呼，职位比卿大夫为低，属于中基层的工作人员。这里所说的士，是文士，并不是军队中的士官。士本来是喜欢学习、追求正道、明白道理的尊称，可惜变成"士大夫"之后，但知考试中举、做官显贵，简直成为中华民族的"腐败、诈骗集团"，实在对不起"读书人"这样的称呼。现代人更添加了一份"重人轻己"的自卑感，令人十分痛心。

　　资的意思，是凭借、依靠。在子女的心目中，父母应该同等重要。徒有父精或者只有母血，根本不能成人。以孝敬父亲的道理同样来孝敬母亲，对双亲的敬爱应该是相同的。由于父母在家庭中的表现并不一样，难免造成某些错觉，认为母亲比父亲慈爱，对子女更加有耐性，也给予更多生活上的助益。但是，父母双方都应该帮助子女进一步了解，父母有其分工，对家人的贡献其实是完全相等的。现代父母为了争取子女的喜爱而互相竞争，忙于讨好子女的结果，实际上对子女的伤害十分重大。子女的感情不论偏向双亲的哪一方，对家庭和谐及分工合作都有害而无利。至少会对于父严母慈、男女有别，产生不正确的观念。

　　亲生父母是生我、养我、教我的生养父母。长大以后在社会担任职务，长官或老板便是提供机会让我们工作，使我们得以衣食无虞的衣食父母。倘若被人领养，那就有了领养父母。我们把原先对亲生父母的孝敬，同样扩大到这些和生养父母具有相似或相近恩惠的人身上，这是明白道理、不忘根本的做法。当然，在爱心和敬意这两方面的比重，应该会出现不太相同的情况。通常侍奉母亲时，爱心会多过敬意，如此一来，有事情不便和父亲商讨时，至少可以向母亲倾诉。侍奉长官或老板时，敬意会多过爱心，因为长官或老板与自己毕竟没有血缘关系，不可能如同亲生父母那样，照顾得无微不至或关心得细微周到。

士的孝道，在把对亲生父母的敬意和爱心，转化为对长官或老板的忠诚和顺从。但是，我们修养的目的，在于提高自己的人格，以实现道德的要求。孔门的主张是仁义并重，也就是仁必须合议，才是合理的仁。顺从是美德，却也必须合议，表现出合理的顺从，而不是盲目的服从。《论语·宪问篇》记载："君子上达，小人下达。"同样是人，有上达的，先在小事细节上磨砺，逐渐向上提升而到达理想的境界；也有下达的，安于卑污的人格而不求上进。君子的顺，是顺乎天理；小人的顺，是奉迎、拍马，谄媚的盲从。动机完全不同，效果当然也不一样。

保住俸禄和职位，是手段而非目的；守其祭祀是礼的表达，也不是目的。真正的目的，是可以安心地孝敬父母、发扬家风。因此，问心无愧、对得起父母和祖先，才叫作务本。

顺从即无违，不违背礼的规范。长官或老板叫所属违法作为，当然不可以顺从。但是，态度必须恭敬，语气应该和缓，用词也要委婉。孝敬的基本修养，是随时随地都必须保持的。人生在世各有各的难处，家家有本难念的经，不应该得理而不饶人。

【生活智慧】

1. 诸侯、卿大夫、士的孝道，实际上相差不远。都在讲求各守其位、各安其分，在职责范围内妥善完成为人民服务的责任。现代各行各业，必须善尽社会责任，实际上也都在为人民服务。所以，各依其职位高低、职务轻重，不妨自行比照以循序行孝，应该可以善尽孝道。

2.《论语·卫灵公篇》记载："君子义以为质，礼以行之。"义指合宜，也就是合理。凡事求合理，是本质。依礼来实行，才比较妥当而不至于无礼。礼是什么？便是当时当地的社会组织和生活方式。全世界都有礼，不过是大同小异。入境先问俗，就是避免由于不知而失礼，造成大家的不安。至于合不合理，各有不同的礼法和风俗习惯，必须尊重。

3. 礼的起源，本来是祭祀以祈求福祉。《说文》指出："礼，履也，所以事神致福也。"《尚书》说："有能典朕三礼。"这三礼便是祭祀天神、地祇、人鬼。后来礼的范围逐渐扩大，把所有人事规则和国家法则都包含在内。以通俗的说法，礼就是规矩。家有家规，国有国法，社会也应该有秩序。

4. 礼和节合在一起，称为礼节。表示为了适应不同的身份、地位、职责，礼的规范必须要有弹性，能应变。实践的时候，各人知所节制，才能求得动态中的平衡点。譬如顺从上级，原本是诸侯、卿大夫和士的共同守则，但是各有其可从与不可从的分际，必须用心加以明辨。古人说孝，由于那时候大多一字一太极，所以单单用一个孝字，而没有孝顺这样的复名词。即使后来复名词愈用愈多，出现孝心、孝敬、孝道、孝经，也不见有孝顺的字样。孟子在《滕文公下篇》就明白指出："以顺为正者，妾妇之道也。"长久以来，由于孝顺二字连用，我们几乎误认为孝即是顺、顺便是孝。因此引起很多困惑，造成很多不良的后果，实在是做学问的人望文生义、不求甚解，而又自以为是的恶行。

5. 孔子倡导"事父母几谏"，用意即在提醒子女不应该盲目顺从，以免陷父母于不义。对亲生父母尚且如此，对长官或老板当然不必要盲从。然而，自己的职位比长官或老板低，视野较为狭窄，经验、见识也都比较不足。倘若自以为是而冒犯了长上，岂非自取其祸？所以，如何明辨当为不当为、可为不可为、能为不能为，便成为我们自己必须修炼的必要课目。从早到晚，心目中皆有父母，养成每一件事都能够念及不使父母蒙羞受辱的习惯，应该可以忠孝结合而找到可行的合理点。

6. 孝的终极目标，在扬名显亲。前面开宗明义章明白指出："立身行道，扬名于后世，以显父母，孝之终也。"学而优则仕，真正的用意即在于此。然而有了职位、得了利禄，往往利令智昏或者得意忘形，反而做出许多令父母蒙羞，连带祖先也遭受侮辱的邪恶行径。所以仕而优则学，即在警示我们：有了机会，更应该"战战兢兢，如临深渊，如履薄冰"，抱持"夙夜匪懈，以事一人"的忠诚心态，俾能无忝这一生来人间走一趟而一无所获。这些要求，都顺天理而合乎人性。只要凭良心、立公心，不计较他人如何，但求自己无愧于心，相信每个人都能做得到。

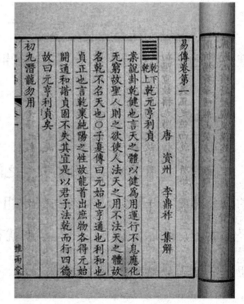

《易经》书影

【建议】

顺这个字，在中华群经之源的《易经》中出现过很多次。其中顺乎天、顺天命、顺以则、顺以动、顺以说、顺以听，主要都在顺德，也就是合乎自然的规律。下对上当然要顺，但是顺有两种情况：一为顺得合理；一为顺得不合理。中华民族是讲求合理的，凡事合理就好。情要合理，叫作合情合理；法也应该合理，称为合理合法。无论依情、论法，都必须求其合理。所以孝顺同样需要合理，顺得合理才叫真孝，顺得不合理必然是虚假的孝。顺或不顺，以合理为标准，必须在日常生活中多加磨炼、细加斟酌，务求顺得合宜。

【名篇仿作】

《女孝经》庶人章第五

【原文】

为妇之道，分义之利；先人后己，以事舅姑；纺绩裳衣，社赋蒸献，此庶人妻之孝也。《诗》云："妇无公事，休其蚕织。"

【译文】

做妇人之道，要能够分清义利之间的关系；要做到先人后己，侍奉自己的公公婆婆；认真纺纱织布，祭祀祖先，这就是一般妇人之家的孝道。《诗经·大雅·瞻卬》说："妇人本来就有纺纱织布的事情，为什么不去纺纱织布而做些干预朝政的事呢？"

《忠经》守宰章第五

【原文】

在官惟明，莅事惟平，立身惟清。清则无欲，平则不曲，明能正俗，三者备矣，然后可以理人。君子尽其忠能，以行其政令，而不理者，未之闻也。夫人莫不欲安，君子顺而安之，莫不欲富，君子教以富之。笃之以仁义，以固其心，道之以礼乐，以和其气。宣君德，以弘其大化，明国法，以至于无刑。视君之人，如观乎子，则人爱之，如爱其亲，盖守宰之忠也。《诗》云："恺悌君子。民之父母。"

【译文】

做官在于光明，办理政事在于公平，立身在于清廉。一个人清廉的话，就会没有欲望；处事公平的话，就不会歪曲事实；做事要是能够光明正大的话，就能够匡正风俗，只有具备这三个方面，道德的人才能够治理别人。君子只能做到尽忠，认真地执行政令，而不能够治理国家，这样的事情是没有听说过的。百姓没有不希望安定的，君子就能够做到让他们安定；百姓没有谁不希望富裕的，君子就能够让他们富有。仁义之道，能够巩固人心，礼乐之道，能够做到气氛和睦。宣扬君王的德行，弘扬教化，阐明国法，就能够维护好安定；对待君子所治理的子民，就如同看待自己的儿子，这样的君子，人人都会爱护他，这就是所谓的地方官的忠诚。《诗经》说："和乐愉快的君子，是百姓的父母亲。"

【故事】

雷诛不孝

中国人要是骂某一个人，希望某个人倒霉的话，有很多种说法，较常见的就有希望这个人遭到雷劈，实际上就是遭到天谴，即遭到天罚。对于中国人来说，遭天罚的事，是人世间最为符合天理的事，符合天理的事，当然就是真理了。

在文献中记载的中国古代因为不孝而遭到雷劈的有好几起，这里先说一下南宋时期的兴国军（今湖北阳新）人熊二因为不孝而遭到雷劈的典型故事。熊二的父亲熊明在军队中服役，年老之后就除了兵籍，因体弱多病而不能够谋生，其妻早年已死，熊明只能够将全部的希望寄托在儿子熊二身上。但熊二的脾气很坏，看待父亲就如同路人一般，致使熊明不得不外出乞讨。熊明多次含着眼泪找到这个不孝的儿子，恳求他收留自己，但熊二每次都是大骂一通，叫父亲滚走。熊明几次都想将儿子告到官府那里去，但又不忍心，只能是每天晚上在家里烧香祷告，希望儿子能够回心转意。就这样过了两年，有一天，长空无云，熊二在外喝酒赌博，突然天空就暗了下来，暴雨突至，雷电交加，即使有人站在自己面前，也看不清楚。就在这时，有人在呼喊"熊二"，过了一会儿，天气又晴朗了，但大家就是没有见到熊二。于是，大家分头去寻找熊二，最后在城门之外找到了熊二的尸体。只见熊二的两只眼睛爆出，舌头也断了一截，背上有红字"不孝之子"，历历在目。

想不到的是，这种雷诛不孝子的事情，在时隔三百多年后的明朝，在广西又发生了一次。庆远府有个叫曾蛮的人，他对待自己的母亲是非常不孝的，每次吃饭的时候，总是给母亲很少的食物，他的母亲总是吃不饱。每年祭祀的时候，虽然留下了许多的肉食，曾蛮就是不给他的母亲吃。并且他还经常与妻子一同骂母亲，这还嫌不够，甚至有时还要打自己的母亲，他的母亲只能忍耐着。就在嘉靖年间的一天，突然风雨大作，雷电交加，电击打中了曾蛮住的房子，奇怪的是，左邻右舍的房子都安然无恙。打雷的时候，曾蛮的母亲在发髻上挂了一个竹筐，虽然竹筐给火烧着了，但是，她的发髻则好好的。曾蛮夫妇两个则是悬在了半空中，头发直直向上。曾蛮所住的房子的地下有一个裂缝，像猪一样形状的雷电，就从缝隙中钻入地下，很快，雨就停了下来。曾蛮夫妇两人从空中摔了下来，晕倒在地，几天之后，就死掉了。

鲍出笼负母归

鲍出是后汉时京兆新丰人，天生魁伟，生陛至孝。

鲍出家里很穷，常常吃不上东西。一次，鲍出摘得几个莲蓬，便叫弟弟全部送回去给母亲吃，自己却舍不得吃一颗。

有一天，母亲待在家里，有几十个强盗冲入他家，见找不到什么值钱的东西，便用绳子绑住母亲的手，劫掠而去。

弟弟非常害怕，急忙跑去把情况告诉鲍出。鲍出听了大怒，抓起一把刀就去追赶，跑了很远，终于追上了劫掠他母亲的强盗。远远看见母亲和邻居老妪被绑在一起，他大吼一声，冲上前去。众贼见他来势凶猛，锐不可当，吓得四散逃命。鲍出顾不上追敌，径直跑上前来，叩头请罪，跪着给母亲和邻居老人解开绑绳，将她们搀扶回家。

后来战乱又起，他就带母亲到南阳避难。贼乱平定后，母亲不禁想起老家来。可是道路崎岖坎坷，连步行都很困难，更别说抬轿子了。鲍出左思右想，就编了一个竹笼，让母亲坐在笼中，将她背回家乡。

乡里的士大夫很欣赏鲍出，举荐他去州郡当官，但鲍出都拒绝了，他想继续待在家里，以便能时时照顾母亲。

鲍出对母亲的照料可谓无微不至，天冷加衣，天热摇扇，母亲生病便寸步不离、衣不解带；母亲心情不好，就想方设法逗母亲开心。总之，事事按照母亲的意愿行事，从来不敢怠慢。在鲍出的悉心照料下，母亲活到了一百多岁才辞世，当时鲍出已经七十多岁，仍然依丧礼仪式亲自为母亲办后事。

刘君良出妻合爨

刘君良，唐朝瀛洲饶阳（今河北省）人。他们家好几代人都同在一个大家庭居住，和和美美，从没产生过矛盾。隋朝末年，发生大饥荒，强盗贼寇也特别多。刘君良的妻子想要分家自己单住，可又怕丈夫不同意，就想出了一个办法。她将院子里的两只小鸟换了鸟巢，这样两个鸟巢内部就分别打起架来。家人都觉得很奇怪，于是她趁机对丈夫说："现在天下大乱，连鸟儿都互相争斗。更何况人呢？所以，还是分家吧，自己过自己的小日子，免得起争端。"刘君良不明实情，就听信了妻子的话，与兄弟们分了家。一个月之后，刘君良醒悟过来，知道中了妻子的计，便在当天晚上大骂妻子破坏了家庭和睦，是真正的祸首，第二天就把妻子休了。于是，兄弟们又像以前那样一起生活。当时，盗贼经常在他们乡里出没，他们家在乡里很有威信，乡亲们都主动投奔，寻求保护，并把他们家叫作"义成堡"。刘君良的大家庭，不论男女老少，都能以礼相待，和睦相处。唐太宗贞观六年，颁布诏令，旌表刘家。

孝友天至

刘沨，字处和，南朝齐南阳人。父亲刘绍为南朝宋中书郎。刘沨小的时候，母亲就去世了，刘绍又续娶了路太后哥哥的女儿。继母是皇亲国戚。自然目中无人、骄横跋扈，对待下人非常严苛，全家上下都很惧怕她。虽然刘沨当时年纪很小，可继母看待他就像奴隶一样，加上刘沨又是丈夫的前妻所生，更加看不顺眼，经常毒打他。但是即使如此，刘沨也从不记恨。路氏又生了一个儿子，长相俊秀，灵气十足，刘沨特别喜欢这个小弟弟。后来路氏生病一年多，还不见好转。善良的刘沨每天都守候在继母身边，照顾饮食起居。他也经常为继母的病情担忧，哭泣厌食。一旦继母病情有所好转，他就开心至极。他这样心诚所至，继母的病竟然好了。而路氏也深深被感动了，对刘沨的态度也转变过来。她让自己的儿子和刘沨一块吃饭，一块睡觉，一块玩耍，一块学习，最后还把家产分了一半给刘沨。

回家见佛

杨黼，宋朝人，为人善良，性情温和，非常崇拜蜀中（今四川）的无际大师（即唐朝的得道高僧希迁和尚），并专程去拜访。在半路上，他遇见一位年纪很大的和尚，他就向其打听无际大师的情况。并告诉他自己要拜访的原因。老和尚听完，很认真地说："见无际还不如见佛呢！"杨黼没有理解他的意思，就问："佛在哪里？我怎么才能见到佛呢？"老和尚回答说："你赶快回家，见到披着衣服、倒着穿鞋的人，那就是佛了。"杨黼听从老和尚的指点，立即返回，深夜才到家。这时，母亲听到儿子的敲门声，高兴地随手拿了一件衣服披上，踏上鞋子就出来了，竟然没意识到鞋子穿反了。杨黼见到这种情景，心中颇有感悟。从此以后，他竭力孝养双亲。

孝妇奇冤三载旱

汉朝年间，山东琅琊郡东海县（今之临沂市郯城县）有个贤淑善良、孝义双全的女子，名叫周青。她对婆婆十分孝顺，对丈夫情深意笃，深受邻里称赞。

谁知婚后不久，丈夫不幸病故。周青强忍丧夫之痛，立志守节，侍奉年迈的婆婆。婆婆是个胸怀豁达、深明大义之人，不忍周青芳龄守寡，贻误终身，便苦口婆心地劝说周青改嫁。周青对婆婆说："丈夫去世，姑姐远嫁外地，家中唯剩婆媳相依为命，我应责无旁贷地侍奉婆婆终生。"从此以后，周青更加无微不至地孝敬婆婆。婆婆见对媳妇苦劝无效，便常对邻居叹道："孝夫事我勤苦，哀其亡子守寡。我老，久累丁壮，奈何？"后来，婆婆见媳妇决意守寡，为了不再拖累于她，便索性自缢身亡。

周青的姑姐是个极其自私狠毒的泼妇，弟弟刚死，她便存心想占其家产，碍于弟媳妇决不改嫁，成了绊脚石，遂对弟媳妇嫉恨在心。后见母亲自缢身亡，便诬为弟妇所害，一纸诉状把弟妇告上衙门。

东海县令是一个草菅人命的糊涂官，受案之后，竟然不查实情，便将周青拘禁衙门，酷刑逼供。周青终因受刑不得，屈打成招，落得个"蓄意改嫁，图谋家产，杀害婆婆"的罪名，被判斩刑。

当时衙中有一小吏，人称于公，秉性刚直。他深知周青孝敬婆婆十多年，芳名美誉远近传颂，岂有谋杀婆婆之理，此案分明错漏百出，便不顾职微言轻，竭力为周青鸣冤翻案，向县令苦谏、跪谏、哭谏。莫奈县令坚执己见，维持原判。于公眼见屈杀孝妇，回天无力，便仰天落泪，辞职而去。

周青被押上刑场之时，正值六月初六的午时，围观百姓无不为她同情落泪，鸣冤叫屈。

午时三刻已到，执行斩刑的刽子手举起鬼头大刀，一刀砍下，"咔嚓"一声，刀落头断，周青的脖子喷溅出一股白色的鲜血，（于今郯城县南面，有个村子，名叫"白血汪"，传说就是当年周青被斩杀的地方）。突然间，天昏地暗，阴风惨惨，怨雾重重，竟然降下一场铺天盖地的大雪。（后来，刑场附近便空前长出一种绿叶红花的小草，人们给它命名为"六月雪"）。

周青死后，人们把她埋在一个不起眼的小山丘。当地自此一连遭受三年奇旱，滴水未降，寸草难生，百姓困苦不堪。直到新县令上任，于公及许多知情邻里再次为周青翻案申冤，并对新县令痛陈三年奇旱乃因上一任县令屈杀孝妇而遭天谴。

新县令是位明智之士，受理百姓申诉之后，重新查实案情，为周青平反洗清罪名。后来，新县令与于公带领差吏们前往周青墓前祭奠，刚刚焚香跪下，天空即时雷电交加，降下大雨。

周青的墓冢直到清朝初年才得以扩大规模重建，旁边还立着康熙皇帝题写的碑文。

后来，我国元代著名的戏剧家关汉卿写了杂剧《窦娥冤》，其中六月飞雪、楚州地面苦旱三年的情节显然取材于这个故事。于是，东海孝妇周青的名声也就几乎被窦娥取代了。

弘扬孝的使者诠释孝的孝女

于文华出生于普通的河北农村家庭，祖上世世代代都是农民。这种环境里长大的于文华，太早地理解了母亲的艰辛，也懂得了为母亲分担一些生活的压力。尽可能地多干一些家务事。放学之后，于文华总是千方百计地搂猪草、拾煤核、拣树枝、喂猪，什么活都干。

　　父亲病得非常厉害的时候。家里发电报给她。于文华匆匆从郊区赶到永定门火车站。在路上换乘公交车的时候，她还不忘给老人让座位。其实这种让座给老人的习惯她一直保持了十几年。于文华说，旲要她一见到老人，就会想起父亲来。心中对父亲隐隐的情愫，永远挥之不去。让座也算是对父亲的一种缅怀。有一段时间，她总是梦到父亲。在梦里，父亲依然那么慈祥，那么亲切。于文华也时时告诫身边的朋友和同事，一定要即时孝顺自己的父母，不管当儿女的在事业取得怎样的成就，哪怕是一句知心的问候也好，千万不要等到父母不在了，再后悔也来不及了。

　　父母的健康是儿女的福气。母亲只剩下三颗牙齿，吃起东两来很是麻烦。每次吃饭。于文华都会替母亲夹易嚼易消化的食物，吃鱼的时候更会替母亲摘掉一根根细小的鱼刺。然而，看着每次吃饭时，母亲艰难、痛苦的表情，于文华心里真如打翻了的五味瓶。她设法联系了牙医，给母亲镶了一口结实、轻便的牙齿。如今母亲都能嚼花生豆了。女儿更是喜上眉梢，心中洋溢着小小的幸福。

　　由于于文华的母亲习惯了乡下的生活，所以她不愿离开家乡到北京来。好在老家离北京很近，于文华隔三岔五地就回去把母亲接过来，小住上几天，为母亲做可口的饭菜。为母亲洗澡、梳头，精心地照顾。直到今天，母亲已经是80岁高龄，却依然精神矍铄，耳聪目明，身体硬朗。对整日忙碌的女儿来说，这就是最大的欣慰。

　　于文华把自己对父母的感恩之情融入了作品创作之中。《想起老妈妈》《永远的报答》《天下父母》《丈夫辛苦了》《和谐盛世》——一首首饱含深情的歌曲唱出了心中对丈夫，对父母，对祖国无比的眷恋和感恩。她用自己的歌喉诉说着孝敬父母，忠于祖国的情怀。

梅婷与父母

南京姑娘梅婷，因主演《血色童心》《北方故事》《红色恋人》《不要和陌生人说话》等影视剧而拥有了众多的"粉丝"，曾荣获第 22 届国际开罗电影节"最佳女演员奖"、中国电影华表奖"优秀女演员奖"等多项大奖，是大家公认的实力派明星。

然而，让梅婷感到最骄傲的，并不是她如日中天的事业，而是她拥有一个温馨和睦的家，拥有疼她爱她、知冷知热的父母。

梅婷出生在南京一个普通知识分子家庭，小时候的她聪明伶俐，乖巧懂事，人见人爱。1988 年，梅婷考入解放军艺术学院前线歌舞团舞蹈班。舞蹈班的女孩子特别爱美，她们经常一起去街上买漂亮的衣服和各种化妆品，而梅婷上街的次数是少之又少，大多数时间她都是一个人待在练功房里练功。

一天，母亲来学校看女儿，见其他女孩子一个个打扮得像公主，而梅婷简直就是她们中间的"灰姑娘"，母亲感到很内疚，她觉得这样太委屈女儿了。于是，她带着女儿来到商场里，要给她买几套漂亮的衣服，梅婷一个劲地摇头，并说："妈妈，你们为了培养我，已经很不容易了，我不能再给你们增加负担。再说，我从来不和同学们比吃穿，只和她们比学习。"女儿这么小的年纪就能说出这样的话，知道体贴父母，这让母亲感到很欣慰。

5 年后，梅婷毕业进入了南京军区前线歌舞团舞蹈队。领到了第一个月的津贴时，她给父母每人买了一个礼物。然后把剩下的钱全部交给了母亲。母亲搂着女儿，幸福地说："我们的小婷婷成了家里的顶梁柱了。"

1996 年，梅婷考入了中央戏剧学校表演系，昂贵的学费和在北京的各种开销，对他们家来说，无异于是一笔天文数字。梅婷想，自己再也不能加重父母的负担了。因此，上学期间，她总是寻找机会拍摄一些广告，在剧组去客串一些角色，不仅解决了自己的学费和生活费问题，甚至还能给父母一些零花钱。

随着《血色童心》《北方故事》《红色恋人》等影视剧的播出，梅婷渐渐有了一定的知名度。此后，她的片约不断，很少有时间与父母见面了，但无论走到哪里，她始终觉得自己是一只风筝，线紧紧拽在父母的手里。

平时在外面拍戏，无论多晚，梅婷都要打电话回家，向父母报平安。每次从外地回到家，她都要给父母买大包小包的礼物。随着经济条件的一步步好转，梅婷为父母换了一套住房，添置了家具，还掏钱让父母去国外旅游，见见外面的世界。

梅婷在北京有了自己的房子后，她每年都要把父母接到北京来住一段时间。在这段时间里，梅婷不接戏，推掉一切应酬，甚至连手机也关掉，一心一意在家里陪父母。有时，她还一手牵着父亲、一手牵着母亲在公园里游玩，去街上吃各种小吃。朋友见了，劝梅婷要注意自己的名人形象，她却说："我觉得这样挺好的。在父母的眼里，我永远都是他们长不大的小女孩。"

爱的谎言

小飞是个 10 岁的男孩。他爸爸是个做生意的，有一次出去三年还没回来。但每过一段时间，小飞和妈妈就会收到爸爸从南方一座城市某条路的 67 号寄来的信。后来小飞问妈妈："爸爸为什么过年也不回来？"妈妈说："爸爸这两年的生意刚起步，肯定很忙，等忙完这阵子他就回来了。您给他回封信吧。"于是小飞趴在桌子上开始写信。他写完了信，再写信封，写上某某市某某路 67 号，再贴上邮票，封了口。让妈妈寄出去。

就这样，小飞和爸爸通起了信。

小飞很喜欢看爸爸的回信。在一封信中，爸爸提到了他所住的 67 号。说那是一幢大的老式房子，他住在那幢房子的四楼。房间里铺着抛光的松木地板，米黄色的窗帘从天花板一直垂到了地上。早晨，太阳从地平线上升起的时候，能听到附近教堂里传来的隐隐约约的福音。下雨的夜晚，站在阳台往下望，就能看见拖着尾光的小汽车在流光溢彩的街道像忙碌的甲壳虫一样来往穿梭。

在另一封信里，爸爸则写到他楼下的花园：从街道进入 67 号，是一条碎石铺成的小路，小路的两边用铁栅栏围着小小的花园，花园里有一种叫不出名的花，像碗口一样大，会在晚上悄悄开放，刚开时浅红色，但颜色越来越深，每天变七次。还有一种张开五只角的鲜红小花，喜欢沿着栅栏生长，它的叶子细碎而墨绿，淡青色的触须在白天使劲地打着卷儿，一到晚上却爬得老高……

市中心 67 号那些美丽的鲜花足足在小飞心里开了有几个月。小飞想，放了假我一定要到爸爸那里去玩，到那里亲眼看一看。

小飞想爸爸了。

可是每次小飞对妈妈说起这事，妈妈就重复那几句话说："爸爸做生意非常辛苦，一定不愿意我们去打扰他。"每次小飞都只好打消念头。

爸爸常常给小飞寄东西回来。小飞的书包里装着爸爸买的文具盒，身上穿着爸爸买的运动衫。他很愿意把爸爸给他买的零食和同学们分享，也愿意和他们说起那个 67 号。但说多了，同学们就问小飞："您到过 67 号吗？"小飞一下子语塞了，说："我……我当然要去的。"

想去看爸爸的念头又在小飞的心里打鼓了，这回比任何一次都强烈。

小飞的计划是在那年夏天实施的。学校举行为期五天的夏令营时，小时揣着妈妈给他的夏令营用的 100 块钱去了火车站，用 37 块钱买了一张通往爸爸所在城市的火车票。

　　小飞坐了一天一夜的火车才到了目的地。一下车，人流就把他淹没了。这是小飞第一回一个人出远门，而且是去大城市。他想，我不能慌，要镇定。他问一个摆摊的女人，您知道在某某路怎么走吗？那个女人说，某某路？好像很远，到郊区去了。小飞想，她一定是弄错了，我爸说某某路在市中心，怎么会在郊区呢？小飞又问了一位民警、一个中年男人、一个老头，还有三个比小飞大几岁的学生。这些人都告诉小飞，那条路在郊区。小飞奇怪了。爸爸为什么要骗自己呢？

　　人家还告诉小飞，去那么里转很多路公交车，不过要有钱也可以打的，那就方便多了。小飞知道打得很花钱，不过一想只要找到爸爸，什么问题都解决了。就真的打了个的。但那位司机问明小飞要去的地方以后就不走了。他说，那里太偏了，真要去得加钱。要不只能载你到岔路口。小飞算了算钱，说，那就到岔路口吧。在岔路口下车后，小飞看见了几座低矮的平房，房子旁边还有好些菜地，路上的人和车子都很少，知道真的到郊区来了。他又找人问，某某路怎么走？被问的人往西指了指。可是小飞走了半小时，还没到，他只好又去问人，人家还是往西指了指。小飞越走越觉得不对劲儿，那天小飞一直向西走了近两个小时，才见到某某路的牌子孤零零脏兮兮地立在一个垃圾堆旁。又走了好一会儿，才看见一个门牌上写着107，小飞沿着这个号码往下走，一直走到了路的尽头，67号终于出现在小飞眼前。

　　但是小飞没有看见鲜花盛开的花园，也没有看见带有米黄色窗帘的窗户。那里的房子，甚至没有阳台。

　　眼前的景象让小飞惊呆了！

　　那天小飞转身就离开了那里，后来在一个好心人的帮助下回到了家。到家时，是夏令营的第三天，妈妈还以为小飞提前从夏令营回来了。关于这一次的秘密出行，小飞后来一句话也没有提起。

小飞还是像以前一样和爸爸通信。小飞说我的同学们也都知道 67 号了，都知道那是一个美丽的地方。爸爸则在半年后的一封信里告诉小飞，因为生意好转，他已经不那么忙了，所以在春节以前会回家。

爸爸回家的那天，小飞和妈妈去车站接他。爸爸比以前瘦多了。头上戴了顶帽子，但他一出站，还是被小飞一眼认出来了。小飞疯跑过去，紧紧抱住了爸爸。

19 年过去了，小飞依然记得爸爸信中的话：从街道进入 67 号，是一条碎石镶成的小路，小路的两边用铁栅栏围着小小的花园……

如果您问 19 年前的那个夏天小飞看见了什么，现在他大概可以心平气和地告诉您了：那天小飞在 67 号看见的，是一座戒备森严的监狱。

何子平安贫行孝

何子平，世代居住在会稽（今浙江省绍兴市），生活在南朝宋时期，由于父亲去世早，家里生活非常贫困。他与母亲相依为命。成年后被征召为扬州从事史，每月的俸禄官府给的是白米。他总是留下一部分白米送给母亲吃，剩下的白米就去换粟麦，因为粟麦比白米便宜，这样可以多获得一点粟麦，供自己的生活需要。每当有朋友赠送鲜鱼时，如果不能送到母亲家去，那他就不肯接受。

按照当时官场的规定，母亲到了八十年龄，儿子就必须在家奉养母亲。其实，他的母亲实际年龄没有那么大。她是何子平父亲的小妾，嫁到何家时，在户籍上将年龄写大了。何子平老老实实地执行这一制度，离职回到家里奉养老人。当时镇军将军顾觊之是州上的长官，对这一情况非常了解，说："你母亲的年龄实际上未满八十，你原来就知道的，何必一定要离职呢？

在州中任职，你还略有俸禄赡养老人啊！我将禀告上司挽留你。"何子平说："官家从户口登记取得凭证，户籍年龄既然已经到了，我就应该在家俸养母亲，为何要以实际年龄未到来说事，冒取荣誉、利益而宽容自己呢？况且归去奉养母亲，正符合我个人的情感。"顾觊之又劝他："那么，你就以母亲年老的理由，要求会稽县令照顾你家吧！"何子平说："实际尚未到奉养之年，哪能借此来求得照顾呢？"何子平回到老家，以自己的劳动奉养母亲，维持清贫的生活。

顾觊之非常欣赏何子平的品德，极力向上司举荐何子平。朝廷任命授予何子平为吴郡海虞县令。微薄的俸禄，他只用来养他母亲一个人，而在乡下的妻子、孩子都自食其力。有人批评他不照顾家庭，他说："俸禄本来就应该首先用来养母亲，哪能先顾自己和妻儿呢？"这一事情传扬开来，人们更加敬重他的操守。

母亲去世后，何子平按照规定，辞职回家，为母亲守丧。公元457年，浙东一带出现了严重的饥荒，战乱又接踵而至。何子平家徒四壁，妻儿饥馁，以致过了八年亡母都未能入葬。他冬天不穿棉衣，酷暑不求清凉，每天几把米熬稀粥，连咸菜也没有。所住的房屋非常简陋破败，不能遮阳更不能避雨。会稽太守蔡兴宗得知了何子平的这种窘况，对他甚为钦佩，于是资助了他部分钱财，何子平才得以将亡母入葬，营造坟墓。

王僧儒抄书奉亲

王僧儒是南北朝时期的梁朝人，是当时的一位大学者。他博览群书，学识渊博，家藏万卷书，与沈约、任昉并为当时三大藏书家。

王僧儒出生在山东郯城，由于家境寒微，解决温饱尚且困难，又怎么会有多余的钱财供他读书学习呢？但是王僧儒却用自己的方法解决了问题。因为家中原有一些残破不堪的书籍，一直弃置无用，他就把这些书极为小心地收集起来，请母亲给他修补装订好。后来年幼的王僧儒不管走到哪里，都把这些书带着、念着，这样利用旧书，王僧儒学会了读书认字。

王僧儒五岁的时候，一天，父亲出门办事去了。父亲的一位至交好友提着一篮水果专程拜访。因为父亲不在家，王僧儒只好出来接遇宾客，回答问题。见到父亲的朋友之后，王僧儒谦恭地说："对不起，先生，您来得不巧了，我父亲刚出远门了！怠慢您了！"客人本来十分惋惜，但见王僧儒说话得体，长相聪明可爱，便好奇地问："你读书了吗？"王僧儒微笑着回答说："因为家中贫寒，家父不曾供我读书，所以不曾上学，只是随父亲认得几个字罢了！"听了王僧儒的回答，客人觉得僧儒态度谦和，对答有礼有节，便继续问他读过什么书，王僧儒据实说了自己看过的一些缮写本的诸子百家书名。客人听后大吃一惊，刚才提到的书名好些连学堂里少年读起来都费力呢！而王僧儒却侃侃谈论，毫不费力，所以他是真的很喜欢王僧儒。等父亲回来后，客人对他说："王僧儒这孩子知书达理，聪明可人，时时将孝义谨记心头，处处以圣贤之道为准则，假以时日，必成大器！"

王僧儒听了客人的溢美之词，并没有骄傲，仍旧努力学习，更加孝顺父母。到了王僧儒六岁的时候，他已经可以整篇地诵读文章，偶尔也写一些小文章，权当练习。郯城人都认为他这个人聪明超群，十分了得。

后来，王僧儒家中连遭不幸，父亲的去世使得他家里愈发贫穷，米粮匮乏，经常是朝不保夕，母亲对此难免长吁短叹。

王僧儒安慰母亲说："母亲，您请不要担心。现在孩子写了一手好字，那富家子弟上学不可以没有书，孩儿替他们抄书，可以借抄书挣些费用来养活母亲。请母亲放宽心！"王僧儒的母亲听后这话，心里安慰了许多，于是叹口气、擦了一把眼泪悲伤地说："孩子，是母亲对不住你，不仅没办法让你读书，反而让你受累了！""不要紧的！"王僧儒坚强地说，"虽然为他人抄书，不得不辛苦些，但孩儿还能够通过这些工作多读些书，何乐而不为呢！"

于是，王僧儒经常去一些官宦和富户人家，询问人家要不要雇他抄书。好多大户人家听说王僧儒是个小才子，都愿意让他抄书。王僧儒便把要抄的书带回家去，他经常是一边抄写，一边认真地读，通过这种方法他读了许多好书。王僧儒用抄书挣的钱买米买面，养活了自己和母亲。

一来二去，大家都知道王僧儒是个靠抄书养活母亲的才子，不但没人笑话王僧儒，大家反而十分敬重他。

朝廷听说了王僧儒饱读诗书的名声和抄书养母的事迹，召他进京。后来，王僧儒当了朝廷的官员，还升到了左丞相的位置。

庶人章第六

【题解】

本章论述平民百姓之孝，其根本在于努力生产、谨慎节用，供养父母。

【原文】

"用天之道，分地之利，谨身节用，以养父母。此庶人之孝也。故自天子至于庶人，孝无终始，而患不及者，未之有也①。"

【注释】

①孝无终始三句：旧注于此纠缠不清，今姑以己意译之。

【译文】

孔子说："根据春生、夏长、秋收、冬藏的天时规律，区别土地适合种什么庄稼就种什么庄稼；持身恭谨，节省开支，以供养父母。这就是所谓普通老百姓的孝。所以上自天子，下至老百姓，如果在履行孝道上有始无终，而又不遭受祸殃的，那是从来没有的事。"

【解析】

人类有所好，也有所恶。好恶是人之常情，不可避免。大概上阶层人士好名，而广大人民则大多好利。孔子在《论语·述而篇》说："饭疏食，饮水，曲肱而枕之，乐亦在其中矣。"表示他对自己的利，并不在意。然而孔子为政，坚持以富民为优先，而人民所最为关切的，必然是衣食。既然"政之急者莫大乎使民富"，便不能够不言利。《子罕篇》中所说的"子罕言利"，实际上是对自己的态度。至于大众，孔子必定不忘利，而务求使民富。

从事政治的人，不但不应该反对人民的欲求，反而应该顺应人民的欲求。人有上、中、下之分，仁义对上等智慧的人来说，可能有效；对中等或中等以下智慧的人而言，最好依循孔子所说"或利而行之，或勉强而行之"的方式。庶人章的主旨，即在以天时、地利来诱导人民好好奉养父母，善尽孝道，并因此而养成很多良好的生活习惯。

子女奉养父母，原本是天经地义的事情。自从欧风东渐，个人主义在我们一知半解的情况下输入，造成现在很多扭曲而支离破碎的观念。竟然有人指称养儿防老是一种投资报酬的规则，完全置父母的慈爱与子女的孝心于度外！

西方从柏拉图（Plato，公元前 427 至前 347 年）以来，就不曾出现"孝"的德目。我们则在"新文化"大量输入之前，一直把"孝"当作最为重要的德目。个人主义是美国文化的一种特色，并不足以代表西方文化。美国社会流行的极端个人主义，实际上有正反两面。正的是个人的自由，而反的是个人的独立。但是，我们心中十分明白：人是独立不了的。婴儿初生下来，不能取食也不会穿衣，必须依赖父母的协助，才能够存活下来。从咿呀学语、由爬而坐，到站立、行走，无一不需要父母的帮忙。即使逐渐长大以后，仍然也要有父母的教养。我们并不是要求子女报答父母的恩情，因为"施恩不望报""受恩不忘报"才是我们华夏子孙的信念。父母教养、爱护、关心子女，是天生的情，称为亲情，并没有"今日给子女的，等他长大以后想要回来"的概念，和投资报酬完全扯不上关系。我们也期望子女领会：父母的生、养、教、育之恩，是一辈子也报答不完的。子女不过是尽心尽力，在善尽自己的孝心。奉养父母不过是最低限度的报答而已，实在谈不上报恩。由于自天子以至于庶人，都同样是人，所以自天子以至于庶人，实行孝道是没有区分的。正如《大学》所说："壹是皆以修身为本。"在孝的角度来看，应该"壹是皆以孝敬父母为本"。

【生活智慧】

1. "自天子至于庶人，孝无终始，而忠不及者，未之有也。"这一句话，也可以解释为："无论什么人，只要不能始终如一地实践孝道，而能够使祸患不出现在自己身上的，是从来没有过的事情。"可见中文的弹性有多大！从不同的角度切入，就有不一样的说法。好比我们常说的"很难讲"，随时便可以获得印证；而"看你怎么讲"，更是立场不同，便有不同的说辞；至于"随便你讲"，应该解释为：每一个人受到时空的限制，充其量只是说出片面的道理，没有办法整合地呈现。每一种说法，实际上都是方便说而已，必须虚心、谦让、包容，互相体谅又彼此补充，而不是得理不饶人。

2. 不孝子的称呼，长期以来已经成为子女对亡故父母的一种自称。我们以赎罪、歉疚、惭愧的心情，自认尚未克尽孝道的责任，而父母却提前往生，虔诚地祈求上天赦免祸患。这些都不是迷信，而是一种情意上的互通。有史以来，我们一直没有将孝道规格化，也未曾把孝和法律绑在一起，而依法来干预家庭事务；反而说诚心便好、清官难断家务事。这就是尊重各人的自主性、价值判断以及实际情况，完全没有权利义务的概念，以及投资报酬的计算。

3. 平民百姓的孝道，和诸侯、卿大夫、士最大的差异，在于没有机会通过担任公务的途径，来显亲扬名。俗语说："人在衙门好修行。"意思是当人握有权势和资源时，自然有更多机会可以大孝尊亲。因此，我们将平民百姓的期望，安放在辛勤劳动、谨身节用，以奉养父母。因为《礼记》上说："大孝尊亲，其次弗辱，其下能养。"把奉养父母摆在最低的位阶，并不是认为奉养不算什么，而是借以凸显孔子有关奉养父母的评论："今之孝者，是谓能养。至于犬马，皆能有养。不敬，何以别乎?"意思是指奉养父母时，万万不能像饲养家畜、家禽那样随便，而是必须恭恭敬敬的，否则便是侮辱父母，其罪过实在很大。

4. 奉养父母，不限于提供父母衣食温饱，还应该加上服劳，也就是为父母解忧分劳。所以，"谨身节用"含有"保健防病，免得父母忧虑、担心"以及"节省费用，才能孝敬父母"的重大意义。实际上，自天子以至平民百姓，都应该先从这种基础的孝道做起，配合自己的情况，一步一步向上提升，尽力朝向"显亲扬名"的目标去努力。倘若不是这样，那就是有始无终，要想平安无祸害地过太平日子，根本不可能。

5. 奉养父母，尽力分忧分劳，都应该心甘情愿而出于至诚。唯有如此，才能够态度良好、语气和缓、用词妥当，而且毫无不耐烦的感觉。同时，为了体贴父母的心情，子女必须善于察言观色。在父母的脸部表情和身体姿态上，寻求父母隐而不现的一面，务求随时改善，以使父母安心。孔子把这种修养合称为"色难"，几乎只能意会，很难言传。父母年纪愈大，往往愈不明白说出内心的感觉，子女必须用心细加辨察，这对自己的观察、判断也很有助益。

6. 现代人可以找出很多很多理由，来说明时代不同、条件不一样，不可能做到奉养和服劳，更谈不上什么色难。但是，我们不是自豪时代进步了，生活改善了，配套灵活了吗？为什么反而不如从前，连基本孝道都做不到呢？

【建议】

当我们深入一层了解孝道的真义，以及它所衍生的令人惊奇而钦敬的辉煌效果时，所有对于孝道的疑惑、责难和推托之词，应该都可以迎刃而解，自然化于无形。照理说，《孝经》前面六章，已经开宗明义说明孝的地位崇高、作用宏大，又把天子、诸侯、卿大夫、士、庶人的责任，分别加以阐明，应该可以得到结论了。但是，为了顾及大家的种种疑虑，《孝经》继续推出以下的十二章，其篇幅更多且内容更加丰富，便是要引导我们更为深入地钻研、更加宽广地认识，以期能够更加笃实地奉行。大家务须静下心来，保持心平气和的状态，持续用心研究。须知人类自救，便从这里开始！

【名篇仿作】

《女孝经》事舅姑章第六

【原文】

女子之事舅姑也，敬与父同，爱与母同。守之者义也，执之者礼也。鸡初鸣，咸盥漱衣服以朝焉。冬温夏凉，昏定晨省。敬以直内，义以方外。礼信立而后行。《诗》云："女子有行，远兄弟父母。"

【译文】

女子出嫁到了夫家之后，侍奉公公婆婆要像原来在家里尊敬和爱戴自己的父母亲一样。要以礼义之道来遵守为妇之道。鸡刚刚打鸣的时候，就得梳洗完毕，穿好衣服去见公公婆婆。冬天要为公公婆婆做好保暖的事，夏天要关心公公婆婆的纳凉，晚上要服侍公公婆婆的就寝，早上要向公公婆婆问安。在家里做事情，内心要正直，做事要方正。有了礼节和信用之后做事才有准则。《诗经·国风·鄘·蝃蝀》中说："我们女人远嫁出了家门，就远离了自己的父母兄弟。"

《忠经》兆人章第六

【原文】

天地泰宁，君之德也，君德昭明，则阴阳风雨以和，人赖之而生也。是故只承君之法度，行孝悌于其家，服勤稼穑，以供王职，此兆人之忠也。《书》云："一人无良，万邦以贞。"

【译文】

天下太平安定，这是君子之德的表现，君子之德要是能够光显昭明的话，那么就能够做到风调雨顺，百姓就能够赖以生存。所以，作为一般的百姓，应当遵守国家的法律，在家里则要孝敬父母亲、与兄弟和睦相处，要种植好庄稼，供君王纳用，这就是一般人的忠诚。《尚书·商书·太甲下》上说："君王一个人树立了良好的榜样的话，子民们也会仿效君王而变得忠诚正直。"

【故事】

父母在不许友以死

聂政是魏国帜邑深井里（今天河南济源市）人，他因为杀了人而躲避仇人，就带着自己的母亲和姐姐逃到了齐国避难，以屠宰牲畜来养母。公元前397年，韩国宰相韩侠累（即韩傀）把持朝政，引发了一些大臣的不满，其中就有大臣严遂（即严仲子）。严遂与宰相韩侠累之间的怨仇越结越深，竟至于有一次严遂在朝堂上拔剑追赶韩侠累。长此下去，严遂也感觉到不安全，就逃出了韩国，想找个刺客来替自己报仇。经过一番寻访，严遂打听到了正隐于屠户之间的聂政。于是，严遂就备下厚礼去见聂政。严遂去了几次才得以见到聂政。严遂恭恭敬敬地替聂政的母亲敬酒，在酒酣之际，严遂拿出了黄金一百镒，为聂政的母亲祝寿。聂政感到既吃惊又奇怪，坚决推辞。严遂则坚持要给聂政的母亲黄金作为祝寿的礼物。聂政就对严遂说，我幸有老母亲，虽然家里贫穷了一些，但杀狗可以当天就得到一些收入养我的老母，哪里敢要您这样贵重的礼物。严遂就将聂政拉到了一边，私下里对聂政说，我听说您是一个讲义气的人，这一百镒黄金，只是送给老夫人作为粗粮的费用，想与您结交一下，并没有想有求于您。严遂最后将自己报仇一事也讲给聂政听。聂政听后就说，我也知道您的来意，但我有老母亲在，母亲在，我得养母，不敢轻易地以身许与人。

不久，聂政的母亲死了，待到办理完了丧事，除服之后，聂政就去濮阳见严遂，与严遂商议报仇之事。之后，聂政就单人仗剑到韩都（今河南禹县）刺杀韩相侠累。刺杀韩傀（即韩侠累）后，聂政为了不让人知道他的真实面目，也为了不牵连到自己的姐姐，就自剥面决眼，随后剖腹自杀。

包拯辞官尽孝

在我国，包拯是家喻户晓的人物，人们对他的怀念与尊敬大多缘于他为官清廉公正、破案如神。然而，人们对包拯尽孝的故事却知之不多。

包拯有一个谥号叫"孝肃"。"谥号"是朝廷对一个官员的生平事迹，特别是突出特点所做的评价。谥号叫"孝肃"，就是赞美包拯孝敬与严正的品德。

　　包拯年轻的时候刻苦读书，立志干一番大事业。宋仁宗天圣五年，包拯考中了进士甲科，按照当时朝廷科举授官的等次，他以全国前三十名的好成绩被授予大理评事的职衔，并被派遣到建昌县做县官。

包拯

　　但是，当时包拯的父母年事已高，身体也不太好。他们既不愿意离开家乡，也不想儿子远离家乡去做官，只愿他在乡里生活。于是，包拯就奏请朝廷授予一个离家比较近的官职，便于照顾家、照顾父母。朝廷理解他的苦衷，改派他到和州做监税官，和州也就是今天的安徽和县，包拯的家在合肥，两地距离只有一百多公里。虽然是在交通不发达的宋朝，这个距离也是相当近了。但是包拯的父母依然不愿意离开合肥，就想在家乡养老。在做官与尽孝的矛盾当中，包拯毅然决定地选择了后者。

　　包拯辞官在家，精心奉养父母。春夏秋冬，寒来暑往，直到双亲去世。他妥善安葬了父母，又在墓旁搭个草棚，独自在里面守丧。丧期满了以后，他还不忍离去，依然在墓旁的草棚里住着。又过了两年，他才在乡里人的劝说之下，出来做官，重新走上仕途。

　　包拯曾做过端州知州。端州出产一种有名的砚台，叫端砚。端砚每年要向朝廷进贡。由于当地官吏层层克扣，端砚的需求量增多，无形中加重了百姓的负担。包拯下令豪强官吏，不得贪污，只能按规定数量，向朝廷进贡。而包拯自己，直到离开端州，也不曾要一方端砚。

　　包拯做官以断狱英明刚直而著称于世。后世百姓都把他当作清官的化身，称呼他为包青天。

不畏疬疫照顾亲人

庾衮，字权褒，晋代颍川鄢陵（今河南省鄢陵县）人，是明穆皇后的伯父，地位显赫，备受尊崇。但是他之所以受人尊敬并不是因为他尊贵的身份，而是来自他对家庭的责任和高尚情操。

庾衮年轻时很勤俭，学习努力，喜欢提问，并且非常的孝顺。那时遇到灾荒，瘟疫蔓延，他的两个哥哥都被瘟疫折磨死了。还有一个哥哥也不幸染上了瘟疫，呼出来的气象火一样热，浑身难受不已，病入膏肓了。他的父母见瘟疫如此可怕，就带着剩下的几个健康的孩子逃亡到外地避难。庾衮则提出要留下来照顾重病的哥哥，父母担心他会因此受连累，坚决不同意。他就对父母说："我身体很好，不会染上瘟疫的。只要哥哥还活着，身边就不能没有人照顾，你们要走我不反对，但不要阻止我留下来照顾哥哥。"无奈，父母带着其他孩子走了。此后，庾衮不分昼夜地守在哥哥身边，端茶送药，从不间断。父母临走前曾为哥哥准备了棺木，庾衮每次看到棺木都偷偷地流泪，因为哥哥的病始终没有好转。在庾衮的悉心照料下，过了一百多天之后，奇迹出现了，不但哥哥身体好了起来，瘟疫也退去了。后来家人都回来了，见此情景，高兴万分。

使客敬母

裴秀，字季彦，西晋河东闻喜人。父亲裴潜曾经担任三国曹魏时的尚书令。而裴秀也凭借自己的才华和能力，成为西晋的名臣，官拜尚书令，并且被封为济川侯。裴秀从小就天资聪慧，博览群书，八岁就能赋诗作文，人称其有神童之貌。而且，裴秀从小就是一个非常孝顺的孩子。裴秀是小妾所生，其生母身份卑微，因此常常受到嫡母宣氏的歧视和虐待。有一次，家里大宴宾客，嫡母宣氏命裴秀生母给客人上菜，客人看到端菜的是裴秀生母后全都站了起来，并且全都对她行礼，接过她手里的菜不让她再端。宣氏在屏风后面看到了这一幕，心中顿时明白这都是因为裴秀，于是感叹道："像她这样卑微的身份而能受到宾客们如此的礼遇和尊敬，这都是因为秀儿的缘故啊！"从此以后宣氏再也没有轻视过裴秀的生母。

陈孝妇终养婆母

汉朝时，有一位姓陈的孝妇，她的名字无人知晓，但她的故事却在民间广为流传。

陈孝妇品行贤淑，在她十六岁时，便听从父母之命出嫁了。她的丈夫是一位孝顺之人，家境贫寒，与母亲相依为命，对母亲十分孝敬。陈孝妇嫁过去后，夫妇二人不仅恩爱互敬，还共同孝养母亲，生活充满了温暖与和乐。

不料好景不长，婚后不久，边关烽火四起，军情紧急，朝廷大量征兵。丈夫也被征召入伍，即将远戍边关。临行时一家人悲伤难忍，丈夫强忍离别之泪，对妻子说："我今日一去，沙场茫茫，生死难料，万一一去不返，唯愿爱妻念夫妻情重，代我奉养年迈老母，这样，我在九泉之下也能安心瞑目了！"

陈孝妇看着丈夫那期盼却又不安的眼神，马上应诺："夫君请安心去吧，妾身定会生死不二，奉养婆母。"

母亲有了妻子的照顾，丈夫心上的石头也算落了地，便安心从军去了。从此，陈孝妇一方面尽心侍奉着婆婆，另一方面，也期盼着丈夫能早日回来，希望一家人再次团聚。

然而，天不遂人愿，数月后，边关传来噩耗，丈夫战死沙场。听到这个消息，整个家就像被乌云笼罩了一样，灰蒙蒙的，婆媳不由得都失声痛哭起来。

丈夫去世之后，陈氏仍然一如既往地纺纱织布获取家用，全心奉养婆婆，日夜辛劳。婆婆感到媳妇的一片至诚孝心，虽然失去了儿子，心里也有所安慰。对陈氏，她也像对待自己的亲生女儿一样关心照顾。

陈氏为丈夫守了三年丧，当丧期满后，她的婆婆心疼她这么年轻就要守寡，心中不忍，便想让她改嫁。

陈氏哭着回答道："媳妇听说，做人宁可为担负义而死去，不可因贪恋欲而生存。答应夫君之事，怎么可以不守信用，为人无信，怎能立足世间啊？我作为媳妇，侍奉公婆乃分内之事。夫君不幸先死，不得尽他为人子的责任，如今再叫我离开，便没有人奉养婆婆。假使媳妇为人不孝不信又无义，那还有何颜面活在世间啊？"婆婆见她如此坚定，不由得痛哭起来，从此再也不说让她改嫁之类的话了。

此后，陈氏更是尽心竭力在家侍奉婆婆，早起晚睡，日日夜夜辛勤不断，坚持二十八年，一直到老人家八十四岁，寿终正寝。因为家中贫寒，陈氏为安葬婆婆，又将房产和田地都变卖了。此后，陈孝妇又终身奉守祭祀，完成了对丈夫的承诺，尽了她为人媳的责任。

31 年床前有孝子

度过 76 岁生日的山东省淄博市淄川区罗村镇陈家村家庭妇女张世英，在病床上躺了整整 31 年，从儿子、儿媳到孙子、孙女，直到重孙女，都一直没有嫌弃她，而是轮流为她嚼食喂饭，代代相传。当人们问她儿女是怎样孝顺她的时候，她用含糊不清的语言告诉大家："俺儿子、媳妇为俺可操碎了心，吃够了苦。没有他们的照顾，俺的老命早不知搁哪儿去了。"她的独生儿子陈思浩在旁边连忙说："还是多亏了共产党，多亏了政府，没有党和政府的关怀，俺哪有今天的好日子。"

1960年代初以来，不幸接连降临在陈思浩家中。12岁那年，父亲染病去世，撇下母亲张世英和他的两个妹妹：一个7岁，另一个还在襁褓中。懂事的陈思浩辍学回家，承村里照顾，他母亲在菜园里干活，工作不算累，但挣的工分多。1965年6月的一天，正在菜园干活的张世英突然感到浑身没劲，直想呕吐，经村医生检查是劳累过度，加上感冒发烧，遂打上一瓶吊针，但是吊针还没打到一半，她突然发起高烧！经过两次转院治疗，持续高烧三天三夜，而病因仍不能查明。从此，张世英瘫痪了，再也没有起来过。这一年，陈思浩只有16岁。本来就不宽裕的家庭又因看病背上了沉重的债务，他家成为村里的特困户。镇上照顾他到镇办煤井上干活，挣点钱养家。每当想到这里，陈思浩就非常激动，他说："关键时候，是党和政府向我家伸出了解救的手。"逢年过节，村里还专门送来布、面、肉等进行慰问，使他的家庭能够吃上饭，穿上衣。

张世英瘫痪后，咀嚼无力，只有将煎饼、馒头等泡软，才能食用。到了1970年，她的牙齿全部脱落后，只有靠别人嚼食，一口一口地喂，一喂就是26年。

1967年，经别人介绍，本镇瓦村的姑娘常玉英认识了陈思浩。面对瘫痪在床的张世英和两位幼小的妹妹，常玉英忧虑过，她的姊妹们也劝她慎重考虑。常玉英几次登门接触，感到陈思浩忠诚老实，她在母亲的全力支持下，于第二年腊月与陈思浩结了婚，而她却没有得到一点嫁妆。常玉英过门后，家中仅有一个吃饭的碗，屋里没有值钱的东西。她没有后悔，当天就接过了伺候婆婆的重担。为了分挑生活的重担，常玉英过门第二天就下地干活。那时家里穷，她就把仅存的一点面分顿给婆婆做着吃，而她却只喝点汤充饥。

后来，他们相继有了一儿两女，日子就更加艰难了。她常常把孩子送到一里外的娘家代管，自己下地干活。年复一年，她的孩子渐渐长大了，能替她伺候老人的饮食，才使她那过于劳累的心得到一丝慰藉。

父母是子女的榜样，陈思浩和常玉英的一言一行都感染了他们的子女。陈广是老大，在村办耐火厂当推销员，经常在外边跑，每当向别人谈起他的家庭时，都非常自豪。他的媳妇高红梅还未过门时，就嚼食喂他奶奶，并帮助梳洗头发。现在，陈家的 14 口人，尽管有的外嫁他乡，但从未与他们的家人吵过嘴，对老人更是特别照顾，全都在当地被评为五好家庭。

陈思浩一家人尊老敬老的事成为庄里乡亲的一面镜子。陈家村自新中国成立以来，全村从没有发生过刑事犯罪案件，村民打架斗殴、酒后滋事、不赡养老人等现象从没有发生过，至今，这个村庄是全区唯一没设调解委员会的村。罗村镇党委专门做出决定，号召全镇各家各户向陈思浩一家学习，陈家村也成为淄博市首批文明村。

割肉救母

在清朝乾隆年间，何钟贞年幼时，家里境况原本不错。但不知什么原因家道中落，父亲也早逝了，母亲既要照顾家里的幼子，又要种地卖粮维持家里生计，多年来积劳成疾，在何钟贞成年后，母亲就卧病榻上了。这对本就不富裕的一家来说，更是雪上加霜，由于没钱，母亲的病只能一直拖着。这一拖就是好几年，病痛把母亲折磨得不成人形。何钟贞知道，母亲的病完全是劳累所致，眼看着母亲越来越瘦，越来越虚弱，何钟贞虽然愁苦，但也无可奈何。

一天，病入膏肓的母亲闻到隔壁邻居做菜时传来的肉香味，已经好几年没吃过肉的母亲不由自主地念叨："我真想吃顿肉啊。"恰巧这一幕被刚刚务农回家的何钟贞看见了，内心酸涩不已。晚间，何钟贞做菜时，眼前又浮现母亲那凄苦的神情，想到母亲辛苦操劳的一生，眼泪不由掉下。想想自己七尺男儿，却连母亲最基本的温饱食欲都不能满足，内心非常自责。这件事一直在何钟贞脑海里挥散不去。

过了几天，母亲拉过何钟贞说道："儿啊，是母亲拖累了你，母亲这病是治不好了，与其在这拖累你，不如让母亲死了算了。"说完，母子二人掩不住内心伤感，抱头痛哭。这一番话，更加坚定了何忠贞满足母亲愿望的决心。为防止母亲发现，第二天，何钟贞早早起了床，带上准备好的刀子、止血用的草药以及汗帕，赤着双脚离家，爬上山坡，来到一块大石旁边，他取出刀子，嘴里含着汗帕，比着自己手臂上的肌肉，在手臂上狠狠地划下一大块肉，热血流下来，剧烈的疼痛已让他什么都感觉不到。草草地止住血，他便提着这篮肉回家了。

到家后，何钟贞忍着痛，将肉烹煮了给母亲吃。并对母亲谎称是自己摘了玉米从街上去换回的猪肉。也许是孝心感动了上天，吃完肉后没多久，母亲的病竟然痊愈了。

何钟贞"割肉救母"的事迹也在当地传为佳话。为了纪念何忠贞，其曾做过多地知县，衣锦还乡的堂弟便为堂哥立了一座孝子碑。

为人子女，以孝为先

在鄂西南的老山区里，村里有一户姓肖的人家，家中有四口人，男的叫肖山，他的妻子叫腊翠，是一个泼辣的女人，肖山有一位老母亲，双眼失明多年，还有一个九岁的儿子。他们是村里的穷困户。肖山的父亲因为年老体衰，在一次打柴中，不幸感染了风寒，回来后一病不起，没过多久就离开了人世。

刚开始的时候，肖山夫妻俩还算孝顺，可日子一长，矛盾就出来了，这婆媳之间战争是越来越激烈，他们每天起早贪黑，所得收获还是难以维持生计，这腊翠的心里气不打一处来，对于婆婆这个拖累更是不满，时不时地说些难听的话。老太太一想，自己一个无用之人，拖累了孩子，儿媳说说气话就忍了。可这腊翠的火气一天天大了起来，说话也更加狠毒，老太太忍无可忍，稍有顶嘴就不给饭吃。连九岁的小孙子都不时的捉弄她，甚至还跟着儿媳骂她。她这心里的委屈怄气啊。

这天，吃饭的时候，儿媳又开始骂了："老不死的，没用的东西，白白糟蹋粮食，怎么不去死了！"说着盛了一点饭往老太太面前一掷。"吃"！这怎叫吃得下啊！母亲气得对旁边的儿子说，"老娘好不容易将你拉扯大了，现在看着我受气，你吱都不吱一声。你是人呐！"肖山是个妻管严，平时虽然没有对老母亲说什么，可心里也是有怨言的，对妻子的行为也从没有加以制止。老太太继续伤心地喊道："你们既然觉得我连累了你们，不如把我扔到山上喂狼好了，免得让你们看到了碍眼。"一句话好象提醒了梦中人。

晚上，肖山躺在床上，妻子腊翠也不给他好脸色看。背对着他坐在一边。突然，腊翠转过身来对他说："老不死的今天还真是提醒了我，依我看哪，把她背到后山崖甩下去。"肖山惊得坐了起来，"这种事能做吗，要遭雷劈的，她可是我亲娘啊"，腊翠看他一副熊样儿，"我怎会嫁给你这个窝囊废，跟着你受穷受苦，还受气，你要不听我的，我打明儿也不干活了，让你们吃去，你看看，我们儿子都瘦成啥样儿了。"一提到儿子，肖山就心疼，由于没有营养，瘦得只剩一把骨头了。为了儿子，他豁出去了。

他们作出这个决定后，反而对老太太好了几天，在一个夜晚，肖山用一个背柴用的架子，上面搁了一块木板，把亲娘往上一放，叫儿子做伴，背着就往后山崖走去，老太太知道儿子要起歹心，早气得说不出话来，心想死了也好，免得活受罪。他们父子俩好半天才爬到崖边，肖山把老太太放下后，坐在地上狠抽旱烟，就对老太太说："娘，别怪儿子太心狠，只怪这日子太难过了。"说完就把那背亲娘用的架子甩下崖去，看着老母亲手发抖了起来，想到家里的妻子，一时愣在了原地，此时，他的小儿子突然说话了："爹，你怎么把背架子给甩了，留着以后我好背你啊！"一句话说得他心里直冒冷气，用力地打了自己一个嘴巴，背上老母亲就往回走。

从此以后，儿媳腊翠再也没有骂过人了，每天把饭端到床前，递到婆婆手里。孙子再也没有捉弄过奶奶。

崔唐氏以乳喂养婆婆

崔管是唐朝山南西道节度，河北博陵人。他的曾祖母是长孙夫人，年纪很大了，嘴里的牙齿也已经完全脱落了，因此不能吃饭。崔唐氏是崔管的祖母，她每天先是梳好自己的头，洗干净自己的手，然后到堂前拜见婆婆。因为婆婆不能吃饭，她就上堂，用自己的奶喂婆婆吃。日复一日，多年来从来没有间断过。在媳妇的精心照料下，长孙夫人虽然没有牙齿，不能够吃饭，可是身体一直都很健康。有一天，长孙夫人得了重病，全家老的、小的都走到她的房里面去探望她。她诚恳地对大家说："媳妇对我这么孝顺，我没有什么可以报答她的恩德，但愿子子孙孙的媳妇，个个像我媳妇一样地孝敬长辈，那是我最大的心愿。"不久，她就去世了。崔唐氏的孝行传扬出去后，为崔家赢得了好名声，带来了好的家风。博陵地方姓崔的人，做尚书、做州郡官的有好几十个人，论起天下做官的人家来，总要首屈一指地推尊崔家。

吉翂为父伸冤

吉翂是南北朝时候的一个少年，他的父亲当了县官，本来是一个好人，

可是因为遭到坏人陷害，被上司判为死罪。吉扮虽然只有十五岁，但他非常懂事。他相信父亲是清白的，遭受了冤枉，要为父亲伸冤。他连夜赶到京城，在宫廷前使劲击鼓鸣冤，大声哭喊，说愿意代父亲去死。

梁武帝认为，吉扮只是一个孩子，没有胆量到京城告状，一定是背后有人教唆，就指派执法官严加审讯，追查背后的指使者。执法官忠实地执行了皇帝的旨意，命人摆出各种吓人的刑具，在吉扮面前摆弄，装腔作势，厉声问："你请求代父受死，皇上已经答应了！你真的肯这样做吗？你还是个小孩，如果是别人叫你这么做的，只要你说实话，我就不追究你的责任！"想不到，吉扮一点儿也不害怕，不慌不忙地回答说："我虽然年纪还轻，但我知道什么是应该做的，什么是不应该做的。我怎么能忍心眼看受冤的父亲被杀呢！所以请求代我父亲去死。这是关乎正义的事情，哪能听别人的话。既然皇上已答应让我代父去死，那真是太好了！"执法官想了想，就像变色龙似的，摆出另外一副模样，和颜悦色地哄骗说："皇上知道你父亲是无罪的，马上就要释放他了。看来你真是个孝顺的孩子，只要改变主意，把指使者说出来，你们父子就能回家了。"吉扮斩钉截铁地说："我父亲被判处死刑，朝廷的公文已经写得很清楚了。既然不可能改变判决，那么我只有代替父亲去死，其他的什么想法都没有。"可是，执法官就是认定背后有人指使，动用重刑，把吉扮拷打得死去活来，皮开肉绽，但他始终没有改口。执法官无计可施，只好把情况原原本本地向梁武帝做了汇报。梁武帝终于被感动了，就派人复查这个案子，发现果然是有人从中陷害，于是免了吉县令的死罪，还洗脱了他的罪名。

这件事，使吉扮家喻户晓，成为远近有名的人物。地方官认为这个孩子的品行很好，决定推举他为大孝子。没想到，吉扮听到这个消息，不喜反怒，说："地方官可真怪，竟然把我看得这样下贱！做儿子的替受冤枉的父

亲去死，那是天经地义的事情！如果我当初是为了这个名声而要求代父受死，那不是侮辱了我和我的父亲吗！我怎么能做这种事情！"他坚决拒绝了地方官的提议，在家守着父母，过着普普通通的生活。

吴氏兄弟争抢父母

这个故事，发生在清朝时崇明岛上。那里有一户姓吴的人家，家境贫寒，穷得揭不开锅，吃了上顿愁下顿。吴氏夫妇生活困难到连四个小儿子都养不活的程度。他们打听到附近有家富人，正要买小仆人使用。吴氏夫妇迫于无奈，商量了一下，觉得还是把孩子卖给富人家，好歹能混口饭吃，不至于饿死冻死。他们含着热泪，把四个孩子卖给了富人。

四个孩子身在富人家，但心却在自己的家里，始终惦记着自己的亲生父母。他们在富人家做仆人，吃了许多苦，但他们从来没怨恨父母。他们每个人都十分勤奋节俭，从牙缝里把辛苦钱省下来，积攒了好多年，给自己赎了身，高高兴兴地回到了自己的家。四兄弟看到家里的房子还是那么破旧不堪，而且父母亲又衰老了，生活艰难，商量说："现在是我们报答父母亲的时候了！"于是兄弟四个齐心协力，共同盖起一间大房子，又各自娶了妻子成了家，但他们还是和父母亲住在一起。

他们的父母经常愧疚地向孩子解释，他们出卖孩子也是没有办法。他们非常理解当日父母亲的苦心，安慰父母说，他们并不责怪父母，他们知道父母亲是为了他们好。因此，四兄弟都争着来供养父母亲，表示自己不忘养育之恩。

刚开始的时候，四兄弟商量说，每家轮流供养双亲一个月的时间。从老大家开始。一个月还没有结束，老二全家就抢着要把父母接回去，而老大家怎么也不同意，总是想让老人在自己家再多待些日子。后来，媳妇们商量说，这样争抢不好，不如改成每家轮流供养老人一天。可是，以前四个兄弟每月争抢，现在变成了每天都在争抢老人。于是，四家觉得这么做还是不够，又聚在一起商量，决定自老大起每人供养一餐，依次排下。可是，四家还是争抢老人。最后，四家商定，每隔五天，全家四房老少合聚一起，共烹佳肴，奉养父母。每到这一天，席上子孙、儿媳争相给两位老人端菜敬酒，百般孝顺。两位老人也十分高兴。一家人和乐融融，生活十分幸福快乐。两位老人安享天年，福寿近百岁，后来无病而终。

魏兴孝亲动世人

清朝人魏兴，是河北新城县人。从小父亲早逝，后来弟弟也死去了，只剩得他和母亲相依为命。他对母亲非常孝顺，这让邻人啧啧称羡，世人感动不已。

魏兴家境贫穷，以打柴为主要的经济来源，每天只知勤奋工作，孝顺母亲。

每天一大清早，魏兴就起床，收拾好工具就上山打柴。一路上，荆棘丛生，经常划伤皮肤，每次打柴都要走遍荒山野岭，腿脚为之酸痛不已。但是，魏兴既不谈自己的辛苦，每当想到自己多辛苦一点就可以给母亲更好的生活，他就甘之如饴。由于柴草的价钱低廉，而米面的价格昂贵，每一次打很多的柴才能换得一点食物。每次都是魏兴自己吃低劣的食物，将买来的米留给母亲吃，因此魏兴看起来总是面有菜色，身体瘦弱。

渐渐地，魏兴孝顺母亲的事迹传扬开来。

有个叫张翼鹏的读书人听说这件事后，专程从陕西赶到河北拜访魏兴。张翼鹏来到魏兴家里一看，只见三间简陋的土房，院墙因年久而出现了一个缺口，院子里除了一些柴禾空无所有。来到魏兴的屋子里，只见土炕之上仅有薄褥，空气阴暗潮湿，令人鼻酸；再去看望魏兴母亲，但见东屋，宽敞而明亮，整洁而舒服，魏兴母身下铺着厚厚的褥子。两者相比，方知魏兴之人至孝，令人感佩，其行峻德，令人可悯。张翼鹏拜见魏兴之母，觉得她年纪虽长，但是精神矍铄，请安问好之时，却是无动于衷。魏兴轻拉张翼鹏的衣袖，说："我母亲耳朵不好，请不要见怪。"说完，在母亲耳边转达张翼鹏的问候；说话之间，看到母亲鬓发有点凌乱，就拿来细齿梳子小心地抿好。魏兴的一举一动，一言一行莫不渗透着对母亲的拳拳爱意，令张翼鹏十分感动。

拜访之后，张翼鹏径直来到保定府，向当地知府报告了魏兴的孝行，并且评论说："此等孝子，实在可以感动风俗，教化人心；现在，他与母亲生活清苦，条件困难，希望可以得到知府的帮助啊！"当地知府看到，外地书生尚且为之感动，何况魏兴确实有孝亲的美名，于是给魏兴母子提供了帮助。魏兴生活有了好转之后，仍旧好好照顾他母亲直到终年。

三才章第七①

【题解】

本章进一步阐述孝道的意义。指出孝符合天地运行的法则，也符合万物变化的规律，同时孝也是民众品行中最基本的要素。三才，即天、地、人。

【原文】

曾子曰："甚哉②！孝之大也。"

子曰："夫孝，天之经也③，地之义也④，民之行也⑤。天地之经，而民是则之⑥。则天之明⑦，因地之利⑧，以顺天下⑨，是以其教不肃而成⑩，其政不严而治。"

"先王见教之可以化民也⑪，是故先之以博爱，而民莫遗其亲⑫。陈之以德义，而民兴行⑬，先之以敬让，而民不争⑭。导之以礼乐，而民和睦⑮。示之以好恶，而民知禁⑯。"

《诗》云："赫赫师尹，民具尔瞻⑰。"

曾子

【注释】

①三才：指天、地、人。《正义》："天地谓之二仪，兼人谓之三才。"（《易·说卦》："立于之道曰阴与阳，并地之道曰柔与刚，立人之道曰仁与义，兼三才而两之。"）

②甚哉：甚，很，非常。哉，语气词，表示感叹。

③天之经：《白虎通·五经篇》："经，常也。"《汉书·五行志》："礼，王之大经也。"颜注："经，谓当法也。天之经，盖谓天下之常法。"《大戴礼·曾子·大孝》："夫孝，天下之大经也。"

④地之义：《淮南子·缪称训》："义者，比于人心而合于众适者也。"《吕览》曰："义也者，万事之纪也。言事事适合于众也。"故曰地之义也。

⑤民之行也：《尔雅·释诂》："行，道也。"《汉书·杜周传》："孝，人行之所先也。"民之行，意思是民所履之道。（《左传·昭公二十五年》传

云：子大叔见赵简子，简子曰："敢问何谓礼？"对曰："吉也闻诸先大夫子产曰：夫礼，天之经也，地之义也，民之行也；天地之经，而民实则之，则天之明，因地之性。"简子赞曰："甚哉！礼之大也。"

⑥天地之经，而民是则之：郑注："天有四时，地有高下。民居其间，当是而则之。"《尔雅·释诂》："则，法也。"则，动词，效法。是则之，意思是把这作为法则。

⑦则天之明：《荀子·劝学》："天见其明。"杨注："明谓日月，盖日月流行，以定四时。"

⑧因地之利：《说文》："因，就也，以口以人。"因地之利，意思是就各地之利而利之。因，凭依。

⑨以顺天下：郑注："以，用也。用天四时地利，顺治天下，民皆乐之。"按，《管子》曰："顺民之经。"又曰："政之所兴，在顺民心。"又曰："下令于流水之原者，令顺民心也。"

⑩是以其教不肃而成：是以，因此；肃，严厉。这句话的意思是说教化虽然并不严厉，但却能收到显著的效果。

⑪先王见教之可以化民也：《白虎通·三教》："教者，何谓也？教者，效也。上为之，下效之。民有质朴，不教不成。"孟子曰："大而化之之谓圣。"又曰："夫君子所过者化。"又曰："有如时雨化之者。"赵岐注："化，教之渐渍沾洽也。"《荀子·不苟》："神则能化矣。"杨倞注："化，谓迁善也。"化，教行也。化民，变其本然之质而日迁于善，日进于德而不知。

⑫先之以博爱，而民莫遗其亲：韩愈云："博爱之谓仁。"《论语·学而》："泛爱众，而亲仁。"《礼记·大学》："尧舜率天下以仁，而民从之。"又《祭义》："而老穷不遗。"《释文》："遗，弃忘也。"民莫遗其亲，意思是说人民不弃其父母。

⑬陈之以德义，而民兴行：陈，施行，宣扬。《论语》："上好义，则民莫敢不服也。"（《汉书·刘向传》："颜注，陈，施也。"陈之以德义，意思是说施之以德义也。

⑭先之以敬让，而民不争：郑注："若文王敬让于朝，虞芮推畔于野。上行之，则下效法之。"《礼记·乡饮酒义章》："先礼而后财，则民作敬让而不争矣。"又《聘义》："以圭璋聘，重礼之义也；已聘而还圭璋，此轻财而重礼也。诸侯相厉以轻财重礼，则民作让矣。"

⑮导之以礼乐，而民和睦：导，倡导。礼，规定社会行为的规范。乐，音乐。《论语·子路》："上好礼，则民莫敢不敬。"《礼记·文王世子》："凡三王教世子必以礼乐。乐，所以修内也；礼，所以修外也。礼乐交错于中，发形于外，是故其成也怿，恭敬而温文。"《礼记·乐记》："礼节民心，乐和民声，政以行之，刑以防之。礼乐刑政，四达而不悖，则王道备矣。"又云："故礼以道其志，乐以和其乐，政以一其行，刑以防其奸。"又云："乐至则无怨，礼至则不争。揖让而治天下者，礼乐之谓也。暴民不作，诸侯实服。兵革不试，五刑不用，百姓无患，天子不怒，如此，则乐达矣。合父子之亲，明长幼之序，以敬四海之内，天子如此，则礼行矣。"又云"故乐行而伦清，耳目聪明，血气和平，移风易俗，天下皆宁。"又云："是故乐在宗庙之中，君臣上下同听之则莫不和敬；在族长乡里之中，长幼同听之则莫不和顺；在闺门之内，父子兄弟同听之则莫不和亲。"

⑯示之以好恶，而民知禁：好，美好的。恶，丑恶的。郑注："善者赏之，恶者罚之。民知禁，莫敢为非也。"《大学·释齐家治国》："其所令反其所好，而民不从。是故君子有诸己，而后求诸人；无诸己而后非诸人。"《礼记·乐记》："是故先王之制礼乐也，非以极口腹耳目之欲也，将以教民平好恶而反人道之正也。"又云："礼义立，则贵贱等矣；乐文同，则上下和

矣；好恶著，则贤不肖别矣；刑禁暴，爵举贤，则政均矣。"又《缁衣》："上人疑则百姓惑，下难知则君长劳。故君民者，彰好以示民俗，慎恶以御民之淫，则民不惑矣。"

⑰赫赫师尹，民具尔瞻：《礼记·大学》："节彼南山，惟石严严。赫赫师尹，民具尔瞻。"郑注："师尹，天子之大臣为政者也。"《诗笺》云："师，大师，周之三公也。师尹，即周之太师尹氏。故诗曰：'尹氏太师，为周之氏。'"《汉书·董仲舒传》："赫赫师尹。"颜师古注："赫赫，显盛也。"《尔雅·释诂》："瞻，礼也。"

【译文】

孔子的话讲完了，曾子感慨颇深，说道"孝道多么博大精深啊，真是太伟大了!"

孔子说："孝道，如日月星辰在上天更迭运行，并有其一定规律，也像大地江河流水不竭一样有其适度法则。在人类身上一切品行中孝道才是最根本的啊！当然也是人们应该遵守的最高准则，更是人类共同信守的道德规范。苍天和大地有自己的运行规律并始终遵循，人们也从其严格的法则中领悟到了自己最高品行，也按照天地之法一样遵循它。好好地效法天下那日月星辰永恒不变的律动吧！也好好地去把握大地四季生息的转换规律吧！把这些都认识清楚了，也就很容易把天下治理得井井有条。"

"其实，教化百姓的道理也完全一样，想获得成功没有必要用那些严厉的手段。对百姓的管理也是一样，同样毋须严刑峻法也可以治理得井井有条。先前的圣贤明君正是领悟到了通过教育便可以感化民众，所以以博爱为中心，身体力行，以身作则，有了如此的感化，民众没有一个会遗弃自己的双亲了。然后徐徐向他们讲述道德、礼义，人们也懂了，并且主动地去按道德、礼义行事，这些先贤们还亲自带头，尊敬别人，在他人面前表现出谦让之态，于是，争斗的现象就不会在民众中出现了；先圣们还制定了礼仪之邦与和谐音乐，用之引导、教化民众，自然，人们就学会了相处和睦亲近；其实，只要你向人们引导和宣传什么是好的，什么是丑的，人们是能够区别开来，禁令和法规也就不会去触犯了。"

《诗经》上曾说得好："太师尹氏威严而显赫！你的行为，人们都在仰望都在效法！"

【解析】

三才是《易经》带给我们的观念，把眼睛所能观看的范围，分别称为上天和下地，而把天地之间的动植矿物合并起来，以人为总代表，来凸显"人为万物之灵"的特殊地位。这并不是"人类沙文主义"的自我抬高身价，却实实在在加重了人类的责任。因为天地赋予人类的，除了动植矿物的本能之外，还有可贵的"创造性"和"自主性"。同时，为了避免人类过分轻举妄动、欲罢不能、得意忘形，这才加上适度的"局限性"。寄人类以厚望，期能顶天立地、赞天地之化育，襄助天地逐步完善而成为人间天堂。

孝道是天经地义的法则，但是，如果没有人的配合和诚心诚意的实践，仍然不能发挥预期的效果。天代表天经，地即为地义，人呢？我们常常挂在嘴上的"行不行"，才是最为重要的展现，所以说，人要透过实际的行为来履践孝道，称为"人行"。然而，我们今天只有行人，行走在人行道上。对于孝道，竟然愈来愈陌生，几乎不知道还有它的存在。人类忘本到这样地步，难怪天灾人祸不断，竟还有人指称这种论说简直是迷信！尽管有人大声疾呼，要赶紧"回归原点"（Back to Basic），却不明白原点到底在哪里。但知末世、末法，却不知道所指为何，实在是愚昧至极，令人忧心。末世、末法，依《易经》三才之道的说法，基本上就是三才之道当中的人道，已经偏离到难以挽回的地步，也就是说仁义的道德修养，已败坏到了极点。而回归原点，即是尽快把孝道恢复过来，由孝道而孝治，来自我拯救。要不然，凭什么说二十一世纪是中国人的世纪呢？

整部《易经》就在告诉我们：功名利禄由天定，人所能完全掌握的，不过是提升道德修养，凭福分来证明自己这一生的定数而已。孔子说："时也，命也。"时指在自己生命有限的时间内，必须全心全力于生活当中提升道德修养；命则是先天带来的命令，称为天命。"尽人事"指善用时间做一些正事，"听天命"便是不管结果如何，已经有天定的数，无论好坏，都应该乐于接受。人类的创造性，必须合乎天理，顺应自然规律，对人类及万物都有好处。自主性的意思，是指人类对任何事情，都没有百分之百的把握，因为多多少少总有一些难以预料，也不容易避免的风险性。所以人类做任何事情，似乎应该摸摸良心，画出一个可为、可行的安全范围，同时还需要客观、冷静地评估其可能衍生的后遗症，并且事先尽量设法预防，以免好心反而做了坏事。

孝道的实际效应，孔子已经说得十分清楚。但是，人类的愚昧却是宁可相信没有那么简单，因而喜欢钻牛角尖，自认为这样才显得既有学问又具有专业精神。两千多年的宝贵时光流逝了，孔子的至理名言，仍然一代一代地流传下来，却愈来愈没有人真正相信而付诸实践。

【生活智慧】

1. 三才之道，天道重阴阳，地道重刚柔，人道所重即为仁义。而孝为仁的根本，所以人道的基础，便是孝敬父母。这是天地间永恒不变的道理，不能由于现代人鼓吹求新求变，就把孝道改变了。这是人们必须共同遵守的法则，也不能借口工商社会，大家金钱挂帅，一天到晚忙着赚钱就把孝道忘记了。《大学》说："其本乱而末治者否矣。"孝道是本，一个人不重孝道等于乱了根本，要想把其他的事情，如立业、齐家、治国、平天下做好，那是绝不可能的。我们还是从根救起，早日将孝道振兴起来为妥。

2. 通过孝道来教化百姓，并不需要采取严厉的手段，就能获得良好的效果。老百姓都明白孝道的要旨，便能家家孝悌和乐。这时候秉持孝道来治国，同样不需要严刑峻法，便能国泰民安，构成和谐社会。这种道理人人都听得懂，只可惜正如《中庸》所说："聪明的人过于明白，以为不足行；而笨拙的人又根本不知如何去行，做不出效果来。"主要的关键，即在于缺乏举一反三的习惯，不能够更深一层地体会、感悟其中的用意。说起来就是诚心不足，用心不够。

3. 古圣先贤以身作则，用孝敬父母、祭拜天地来教化百姓。而君王也以孝道治国，收到良好的效果。为什么随着时代的进步，反而愈来愈行不通呢？主要原因，在于严父的尺度一代又一代地放宽了，还认为自己作为父亲做得比上一代开明。殊不知就这么一放松，要再收紧回来实在困难重重，以致一发而不可收，只好自己安慰一番，说什么时代不同了，民智大开了，不外是自欺欺人罢了。

4. 孝道必须与时俱进，才合乎自然规律。但是与时俱进，有一个必要的限制条件，那就是"持经"才能"达变"。经抓得不够紧，权变起来就很容易乱变。特别是近四百年来，由于种种原因，我们的经乱掉了，只知道用来应付考试、赚取功名，实际上都做不到。不但不检讨自己，反而把责任推给古圣先贤。自己食古不化，却责怪古人视野太狭窄、思路欠宽阔。反正说来说去，自己都没有错，都是别人不对。

5. 为什么往昔的人比较听话，现代人比较不听？表面上看起来，是顺的教育做得不好，实际上是顺的教育做过了头，样样都要顺，不顺就不行。于是引起强烈的反弹，管得愈严，作奸犯科的人愈多。法令太严苛，谁也不敢执行，以致执行不了。满口依法办理，却往往不了了之。

6. 过分强调诚信，使得学生考试时以老师的标准来获取成绩，考完之后就全部交还给老师，一点也不敢带走。现代更方便，样样上网搜索，是真是假，完全不理会。孝顺也是如此，父母所说的全对，反正长大以后，样样都反转过来还来得及，现在还小，急什么？小时要依赖父母，当然要孝顺，将来管不住时，自有良策。完全是假的孝顺，居然骗得父母在邻居面前不断地夸奖。

【建议】

三才之道，是《易经》对于天、人、地三种不同才能，如何协调、配合以求平衡的思维。说起来属于哲学层次，并不是科学所能够加以解释的。孝道既然是天的常理、地的义理、人的性理，那么，这三理之间，必定有一样东西可以把它们连贯起来，并一以贯之，成就顶天立地的伟大人格。这一样东西，其实就是《中庸》所说的"诚"。对于孝敬父母，我们只有诚心诚意，才能感动父母的心。向外扩展出来，就能感动他人的心。能感动人心，便能够移风易俗。能转移习俗，才能够化育万物。这样，不就是"一以贯之"了吗？

【名篇仿作】

《女孝经》三才章第七

【原文】

　　诸女曰："甚哉，夫之大也。"大家曰："夫者，天也，可不务乎？古者女子出嫁曰归，移天事夫，其义远矣！天之经也，地之义也，人之行也。天地之性，而人是则之。则天之明，因地之利，防闲执礼，可以成家。然后先之以泛爱，君子不忘其孝慈；陈之以德义，君子兴行；先之以敬让，君子不争；导之以礼乐，君子和睦；示之以好恶，君子知禁。《诗》云：既明且哲，以保其身。"

【译文】

　　诸女说："丈夫在家里的地位是最高的？"曹大姑回答说："丈夫之于妻子，就如同是上天，做妻子的哪能够不侍奉好丈夫呢？在古代，女子出嫁就叫作'回家'，服侍好自己的丈夫，意义是深远的，是天经地义的事，是人的本性。天地的德行，人类应当效仿，只要很好地约束自己，遵守礼制，就可以让家业兴盛。之后就可以由此及彼，施爱于他人，丈夫就不会忘记做妻子的孝慈；妻子讲德义的话，丈夫也会因受感动而行动积极；妻子能够做到谦让的话，丈夫也会谦虚；做妻子要是能够懂得礼乐，做丈夫的也会和睦；妻子要是平日里能够懂得好坏标准的话，丈夫也会知道哪些是应当禁止做的。《诗经·大雅·荡之什·烝民》中说：'他是既聪明又有智慧，所以才能够保住自身。'"

《忠经》政理章第七

【原文】

夫化之以德，理之上也，则人日迁善而不知；施之以政。理之中也，则人不得不为善；惩之以刑，理之下也，则人畏而不敢为非也。刑则在省于中，政则在简而能，德则在博而久。德者，为理之本也；任政，非德则薄；任刑，非德则残。故君子务于德，修于政，谨于刑，固其忠，以明其信，行之匪懈，何不理之人乎？《诗》云："敷政优优，百禄是遒。"

【译文】

以德来教化百姓，是治理国家的最高准则，子民们也会在不知不觉之中日日向善，以政教来教化百姓的话，是治理国家的中等形式，那么子民们就不得不向善；要是以刑罚来治理国家的话，就是治理国家的下策，子民们就会因为危惧刑罚而不敢做违法的事。在治理国家的过程中，刑罚的效率高但简单，政教简约却效果显著，只有德是广博而能够持久的。道德教化是治理国家的根本途径，政教要是没有道德的辅助的话，就会显得单薄；刑罚要是没有道德辅助的话，就会显得过于残酷。所以，君子治理国家，将道德作为根本的途径，内修好政教，在使用刑法上则做得非常谨慎，巩固自己的忠心，申明自己的诚信，行动的时候不要懈怠，哪里还治理不好国家呢？《诗经·商颂·那之什·长发》中写道："在推行政教的时候要稳重，就会带来许多的福祉。"

【故事】

不及黄泉无相见

士之孝最主要的表现形式就是孝敬父母亲，"不及黄泉无相见"这一典故说的就是春秋时期郑庄公孝敬母亲的故事。

要想将这个孝的故事说清，首先得将郑国的历史简单地回顾一下。郑国的中心在今天的河南，属于姬姓，也就是与周朝同姓。郑最早立国是在公元前806年，而我们这里要讲的这个故事大约发生在公元前22年，离郑立国已经有了八十多年的时间了。郑国的第一个君王是郑桓公，第二个君王是郑武公，这个郑武公娶了申侯（西周末年在今天陕西和山西之间的一个叫作西申国的国君）的女儿做夫人，名叫武姜。武姜为郑武公生了两个儿子，武姜在生第一个儿子的时候难产，吃尽了苦头，就给他取了个名字"寤生"，"寤"是"逆"的意思，从这个名字就知道武姜很不喜欢这个难产的儿子。后来武姜又生了第二个儿子，叫叔段，由于生叔段的时候是顺产，武姜就非常喜欢这个小儿子。

公元前744年，也就是郑武公在位的第二十七个年头，他要立储君，夫人武姜想让自己喜欢的二儿子叔段做储君，显然，根据长子继承的法则，这是不可能的。最后，郑武公当然是根据立长的规矩，立了寤生做储君。同年，郑武公因病去世，寤生即位，这就是郑国的第三个君王郑庄公。

寤生做了庄公后，母子之间的关系不但没有改善，反而越来越紧张了。武姜替次子叔段求情，叫庄公将这个弟弟封在地势险要的制。这个制可不是

一般的地方，它就是虎牢，是兵家必争之地，要是将制地封给了叔段的话，那就意味着将郑国的命脉交给了叔段，庄公当即就拒绝了。武姜又向庄公施压，叫他将京这个地方封给弟弟，京这个地方在今郑州的西南不远处，在郑国的都城新郑西北，面积要比国都大，最后，庄公无奈地同意了。

叔段得到了这块宝地之后，经过二十多年的发展，果然以此为后盾，在母亲武姜的协助下，发动了兵变。庄公将这位弟弟打败，将他驱逐到了郑国的北部共（今天的河南辉县）。庄公对自己的母亲协助弟弟谋反一事非常不满，就不再让母亲待在京城，而是将母亲迁徙到郑国都城南部的城颖，并发下了誓言说："不至黄泉，不相见也。"然而，郑庄公说了这话之后又有些后悔，但作为一国之君又不便反悔。这时庄公手下的大臣颖叔考听说这事后，就给庄公出了个主意，既然发的誓言是在黄泉之下才能见到母亲，那就在地下挖一个地道，母子在地道中相见，这样既没有违背自己的誓言，又能见到自己的母亲。于是，郑庄公就按照颖叔考说的办法做了，与母亲在地道中相见。母子相见非常愉快，和好如初。庄公为此还写了诗说："大隧之中，其乐也融融！"他的母亲也赋诗一首说："大隧之外，其乐也浅浅"。

周文王寝门三朝

周文王姬昌，对父母孝敬非常。在他还在做世子时，对自己的父亲服侍得非常的周到尽心，每天都要三次去给父亲请安。在天刚蒙蒙亮的时候就开始穿衣梳洗，整装完毕之后，就早早地来到父亲卧室门前恭候。首先要询问服侍父亲的小臣："我父亲今天是否

周文王姬昌

安好？心情怎么样？"服侍的小臣如果回答："很好。"那么文王就会非常高兴。到了中午还要同样去请安，晚上也是如此，没有一天不是这样的。如果听到父亲的身体不舒服，或者是心情不好，就会非常担忧，难过得路都走不好，无时无刻不以父亲的健康和快乐忧心。什么时候看到父亲想吃饭了、心情好了，行动才能恢复正常。在父亲吃饭的时候，上菜之前必须先要看饭菜的冷热是否符合季节天气；父亲吃完饭之后，一定要问侍从父亲吃饭的情况，一切都问完办好之后，在确定父亲没有任何不适和不快的情况下，自己才会离开。

姜诗孝行造福乡邻

姜诗是东汉时期人，家在广汉雒县汛乡，也就是今天的四川省德阳市孝泉古镇。他还很小的时候，父亲抛弃娇妻弱子，离开他们而去了，留下他与母亲相依为命。姜诗知道，母亲为养育自己，吃尽了千辛万苦，所以，他对母亲格外孝顺，尽心侍奉，从未让母亲忧心生过气。他的一言一行，被邻里乡亲看在眼里，乡亲们对他竖起大拇指，啧啧称赞不已。于是，姜诗侍母的孝名就在乡里传开了。

姜诗成年后，娶了庞氏结为夫妇。夫妻俩男耕女织，夫妻和睦，生活非常温馨。一年后，他们又得了一个胖小子。尽管生活压力变大了，但日子倒也过得去，虽不富贵，但温饱不成问题。夫妻俩都对母亲孝顺备至，特别是媳妇庞氏，每天都要给婆婆打洗脚水，捶背揉肩，婆婆高兴，她自己也很快乐。

日月如梭，光阴似箭。渐渐的，儿子长大了，姜母却日渐衰老，又犯了眼疾。因为生活不便，姜母脾气越来越暴戾，常常无理发火。姜诗夫妇不仅没有责怪母亲，反而侍奉母亲更加小心在意，生怕惹得母亲生气。有一天一大早，姜母就把儿子媳妇吵醒，说昨晚梦到离家六七里的江水可以医治自己的眼疾。姜诗并不相信，但为了医治母亲的眼疾，她叮嘱妻子快去江中取水，不能有丝毫怠慢。庞氏二话没说，就赶紧带上取水的工具，步行六七里去江中取水回来给婆婆饮用，每天都是这样，无论是刮风下雨，还是烈日暴晒。她真诚地希望能治好婆婆的病。

一年秋冬季节，天气干燥，姜母口渴，想喝江水。庞氏一大早便去江中取水。偏偏天公有意发难，狂风大作，卷得秋叶漫天飞舞，窗外呼呼作响，如虎吼猿啼。姜母见庞氏迟迟未归，便认为是媳妇偷懒，越想心中越烦躁，禁不住怒从心起，对姜诗哭诉："儿啊，你看看你这个媳妇，也不体恤你老娘，看我口渴命将休矣，还慢慢吞吞地不回来，做这等忤逆不孝事的媳妇，你娶来做什么啊！今天你非得给我休了她！"姜诗也明白，并不是媳妇有问题，而是路途中遇到困难了，就好言劝慰母亲。就在此时庞氏正好取水回来，姜母哭闹起来，非要儿子将媳妇休去才肯罢休。姜诗心里替媳妇感到委屈，却不敢违了母亲心意，无奈之下还是将妻子逐出了家门。

庞氏性格一向温顺，被丈夫休了，无可奈何，把委屈压在自己的心里，只身离开家门。她反躬自省，觉得是自己做得不够好，才致使婆婆口渴难耐，顿时觉得对不起婆婆和丈夫。于是，她悄悄地住在了邻居大妈家中，借用大妈的织布机日夜纺纱织布。她织好布匹，拿到集市上出售，赚了一些钱财，然后去街市买回好吃的，让邻居大妈送回家中给婆婆食用，并且叮嘱邻居大妈说是大妈自己的。邻居大妈每天都给姜母送去好吃的，日子一久，姜母便觉得怪，再三追问究竟，大妈终于道出了实情。得知真相后，姜母心中颇感惭愧，懊悔之心油然而生，便嘱托儿子将媳妇接回家。

打这以后，姜诗夫妇孝顺母亲更加小心翼翼，家庭又恢复了往日的幸福安乐。他们的孩子受他们影响，小小年纪也非常懂事，对大人十分孝顺，有时替母亲去江中取水。天有不测风云，人有旦夕祸福，一次，儿子在取水的时候，江里突发大水，儿子溺水身亡。姜诗夫妇丧失爱子，心如刀割，悲痛万分。但他们不敢让白发老母知道，担心她承受不了这种打击，就强颜欢笑，在母亲面前绝口不提此事，只有睡在床上，偷偷哭泣。姜母问起孙儿，他们装作镇静的样子，说孩子外出求学，暂时不能回家，庞氏外出取水如故。

日子一天天过去，姜母年纪越来越大。她自知岁月不多，常常和儿子、儿媳说想吃鱼。怎奈家中贫寒，他们买不起鱼。但为了满足母亲的心愿，他们夫妇更加辛勤劳作，将所有积蓄用来买鱼孝敬姜母。姜母惦念邻居大妈，于是夫妇二人经常邀请大妈过来，和母亲吃鱼，陪母亲说话，让母亲开心。

一天夜里，狂风大作，雷电交加，滂沱大雨下个不停。第二天，庞氏起来经过院子，突然惊奇地发现地上有一个桶大的窟窿，正汩汩地往外涌着泉水，顺着墙角流出了院外。在泉眼旁边，有两条鲤鱼活蹦乱跳的，非常可爱。正是吉人自有天相。庞氏喜出望外，尝了尝泉水，跟六七里外的江水一个味。她捉住这两条鱼，精心制作，让婆婆吃。婆婆赞不绝口，连说这鱼的味道特别好。从此，每天早上都会从泉眼里跃出两条肥大的鲤鱼，供给姜诗夫妇做成佳肴来孝养母亲。不久，姜母的眼疾也康复如初了。周围的邻居，也都取泉水回家。他们都说，这水味道特别甜。

西汉末，社会动荡不安，农民起义的风暴席卷全国。赤眉军路过汜乡，带队的头领听闻了姜诗夫妇的孝行，也十分敬重他们，说道："大家别乱来，惊动了大孝之人，必然触怒老天爷，那就不吉利了！"他们不仅没有骚扰乡民，而且还将随身携带的米面粮食，悄悄放在姜诗家门口。姜诗夫妇认为这是不义之财，就将其掩埋了。这样，在社会动乱频繁、到处烧杀抢掠的年代里，姜诗居住的地方因他们夫妇的孝行而没有受到战乱的骚扰，成为一个世外桃源。

那时候，社会推举孝廉的选官制度，姜诗因其孝行被推举做了孝廉。后来，皇帝也知道了他们的孝行，深深感动，便颁布诏书，封姜诗做了郎中。好事接二连三地降临，庞氏不久又为姜家生了个儿子，一家老少和乐地生活在一起。姜诗调到江阳做县令后，将这个地方治理得井井有条，人民安居乐业。姜诗去世之后，汉明帝还特意下诏为其立祀，彰扬这一门三孝，修建了"姜公祠"，世世代代受到当地老百姓的敬仰和祭祀。到宋代崇宁宗时，被赐为东双至孝广文王，他们的孝行故事，至今还在家乡流传。

等子寺的传说

河南许昌椹涧乡菜园村西的山冈上有一个等子寺，说到它的来历，还有一个感人至深的故事。

相传河南有个叫蔡顺的人，小时候就失去了父亲，与母亲相依为命。屋漏偏遭连夜雨。他生活在东汉末年，王莽篡夺汉家政权，不施仁政，导致兵连祸结，老百姓流离失所，土地荒芜，饿殍遍地。同千千万万的老百姓一样，蔡顺和母亲过着饥寒交迫的生活，在死亡线上痛苦地挣扎。为了能活下去，蔡顺留母亲在家，自己天天外出讨饭，讨到好一些的食物带回家让母亲吃，自己只吃些野菜剩粥充饥。

没过多久，赤眉军打到许昌，老百姓成群结队地逃跑，流落他乡。这真是雪上加霜，现在，蔡顺连饭也要不到一口了！以要饭为生的蔡顺生活更加艰难了，经常跑了许多路，也讨不到一口吃的，经常饿得前胸贴后背。可是，为了让老母亲有一口饭吃，他强打着精神，继续乞讨。经常太阳落山了，蔡顺还没有返家。母亲焦虑不安，惦念儿子，就坐在村头等候，久而久之，她伫立的那个地方，留下了两个深深的足印。每当精疲力竭的蔡顺，捧着微薄的米饭回到村头，母子俩便抱头痛哭。至今，在椹涧乡菜园村西的山冈上还存有等子寺的遗迹。

有一年，正是青黄不接的季节，蔡顺饥肠辘辘地从上午跑到下午，也没有要到一粒米饭。忽然，他发现一片桑林，赶紧跑了过去，看到地上落着不少桑葚，他如获至宝，赶忙捡拾起来。他尝了尝味道，黑紫色的桑葚味道是甜的，而青红色的桑葚是苦涩的。他仔细地把黑紫色和青红色的桑葚分开放入篮中，欢欢喜喜地往家赶。不料在回家途中遇到一队赤眉军，士兵们见他篮内的桑葚按颜色分开放置，感到奇怪，问其缘故。蔡顺说："黑紫色的是成熟的果子，味道甜，带回家给母亲吃；青红色的发酸，留着自己吃。母亲年纪大了，眼睛不好使，分开来母亲好拿。"赤眉军将士听了，十分感动，不但没有伤害他，而且还要把抢来的米、谷、牛、羊送给他。可是，蔡顺明辨是非，坚守大义，对于不义得来的东西坚决不要，哪怕饿死。

驻守在熊耳山上的赤眉军士兵们看到蔡顺如此孝敬母亲，纷纷想起自己家中的老人，十分悲伤，不愿再四处征战，抛弃家中老人不管不问。他们都恨不得马上飞回到父母身边，以尽孝道。于是，士兵们就在营寨旁的小河边洗掉眉毛上涂的红颜色，急急忙忙地各自回到各自的家乡。因此，当地群众就叫这条河为"洗眉河"。

战争平息后，蔡顺开始过上安定的生活了，可是母亲却不幸去世了，他悲痛欲绝。他还没有来得及给母亲办理丧事，不幸的事情又发生了，邻居家发生火灾。风借着火势，四处蔓延，眼见就要烧到自家，他就抱着母亲的灵柩号啕大哭，这时火竟然绕过他家。人们都说，这是孝子感动天地的证明！安葬好母亲，他经常去母亲坟前祭奠。母亲活着时怕打雷，每到下雨打雷，他都跑到墓地，抱着墓碑哭着说："儿子在这里，母亲不要害怕。"蔡顺不仅在母亲活着的时候孝顺，去世后仍然像父母活着一样，确实做到了"事死

孝妇河的来历

在山东省淄博市，流淌着一条清澈的河流，千百年来，它默默地滋润着两岸的人民，仿佛在向人们诉说着一个优美的故事。

相传很久很久以前，凤凰山前住着一户姓郭的人家，养育了一男一女，生活得美满幸福。相隔不远的青州府（当时博山县属青州府管辖）颜家庄，有个美丽的姑娘叫颜文姜，贤淑勤劳，远近闻名。郭家托人说亲，颜家应允了

民国时期的孝妇河

这门亲事，便商量好了办婚礼的日子。可是，天有不测风云。颜家姑娘十九年那年，准备出嫁了，郭家的儿子得了重病，眼看就不行了。公公主张把日子往后拖拖，婆婆说："定下的媳妇，买下的马，这阵不娶还等什么时候？"古时候有一种说法，得了重病的人，可以给他办喜事，冲冲身上的晦气，这叫冲喜。郭家的儿子病得越重，他的母亲迎娶媳妇的心情越急迫，指望新媳妇给儿子冲喜呢。就这样，郭家匆匆把新媳妇娶进了家门。可怜颜文姜刚刚结婚，还没过一个时辰，丈夫就一命呜呼了。颜文姜心里苦不堪言，只能默默忍受。她心想，公公婆婆这么大年纪了，小姑又小，自己要是不支撑这个家，叫公婆小姑怎么办？不管怎样，不能使得他们树倒无荫。颜文姜不仅心地善良，而且特别能干勤快。她既要伺候公婆，还要照看小姑，既要上炕剪子又得下炕刀，给一家人做完了棉衣再做单衣，做了吃的又要做喝的，早晨天不亮就起床，夜里到了四更天还要推磨，一年三百六十五天，天天如此，没有一天能休闲。

那时，吃水特别困难，因为凤凰山前没有甜水，要喝甜水就得到十里外的石马村去挑。上那石马村，非常困难，且不说爬山越岭，中间还得走一段很长的石头蛋子路，说有多难走就有多难走。可是，为了一家人能喝上甜水，她冒严寒，顶酷暑，风里来，雨里去。在夏季的三伏天里，火辣辣的阳光照得人睁不开眼；在冬天的数九日子，北风如刀，滴水成冰。颜文姜把这一切困难都踩在了脚下，熬过了数不清的日日夜夜。

无论颜文姜做得怎么样，婆婆依旧不满意。在婆婆看来，是颜文姜这个新过门的媳妇克死了她的儿子，所以，她对颜文姜充满了刻骨仇恨。婆婆变着花样凌辱作践颜文姜，坏点子一个接着一个地用。她特意为颜文姜做了一对尖底笤（笤——木制水桶，当地人对盛水用器皿统称）叫颜文姜挑水用，这样，一担水上肩路上连歇息一下也不能够，光直走不停下，便是铁打的肩膀也受不了呀！

一天，颜文姜又挑着尖底笤去石马村挑水。当时正处于一年中最热的日子，她尽管动身早，去的路上也没敢歇歇，紧撵紧撵的，到了石马村打上水，已经是响午了。人都说：冷在三九，热在中伏，那日头火毒火毒的，颜文姜汗流浃背，挑着一大担水，过了一弯又一弯，上了一坡又一坡，走完了石头蛋子路，爬到了石马岭上面。远路无轻担，累得她气喘喘。她望着山山岭岭，想想自己的身世，泪水夺眶而下。她自言自语道："黄河还有澄清日，我这苦日子什么时候才能熬到头呀！"话音刚落，就听到"咴咴"的一声马叫，转脸看到一个白胡子老汉牵着匹白马走了过来。这老汉长得慈眉善目，一看就知道是个忠厚的好人。老汉站住了，说："看你累得已经满头大汗了，快放下歇歇吧！"颜文姜道："这挑的是尖底笤，没法放呀。"老汉笑了笑，说："这好办。"只见他用马鞭朝青石上指了指，青石板上立时出现了两个窝落。颜文姜把两只脚放进去，两个窝落不大不小，不深不浅，好像就是为颜文姜特制的，正好能容下她的两个尖底筲，她感到从没有过的舒适。直到如今，石马岭上还有两个窝落。

老汉说："我这马渴了，你把筲里的水给我的马饮饮吧?"颜文姜爽快地答应了，说："用前面这一筲饮，这是我自己喝的，就让您的马喝吧，后面那一筲是给公公婆婆喝的。"待马饮完了水，老汉就送给她一支鞭子，嘱咐说："你回家把这鞭子放进水缸里，用水时就提一提，多用多提，少用少提，千万不要提过了头，还得记住，这事不能让任何人知道，不然，会出危险的。"说完，一阵风过来，老汉和马一起都不见了。原来，这个老汉是太白金星下凡，前来救助颜文姜的。这真是好人自有好报。

颜文姜回家以后，照着老人的话做，悄没声息地把马鞭轻轻放进了屋里的水缸里，试一试果然不差，只要把马鞭子轻轻一提，水缸的水立刻就满了。从此，她再也不用爬山越岭到石马村去挑水了。

每次，颜文姜总是小心翼翼地给水缸上水，不让任何人知道。可哪有不透风的墙?天长日久，婆婆疑惑起来，心想："这些日子，也没看见媳妇出去挑水，怎么水缸里的水还是满满的?难道有神仙帮忙吗?"她一心想弄个明白，亲自去饭屋看看，也看不出什么问题来，问颜文姜，颜文姜就说，她也不知道是怎么回事。婆婆没有办法，就用恶毒的语言把颜文姜咒骂个够。婆婆始终解不了自己的疑心，越发觉得蹊跷古怪，下决心把这个谜解开。

婆婆苦思冥想，终于想到了一个办法。这一天，婆婆假装对颜文姜很关心，蜜口甜舌地说道："文姜啊，多日你也没回娘家啦，你爹娘岁数也不小了，身子骨也不是那么壮实，再说街坊邻舍、七姑八姨的也都想你，抽空回去看看他们吧!"颜文姜一听，甭提心里有多高兴了，她早就想回娘家看看父母了。她连忙问："我什么时候走?"婆婆说："今天晚了，明天一早走吧。"

第二天，颜文姜侍候公婆吃完了饭，又把里里外外拾掇好，就高高兴兴地走出了门。颜文姜头脚走了，婆婆跟着便把小姑喊到跟前，说道："你到饭屋看看，那扫帚星成天在那里弄什么鬼？找找有没有可疑的东西。"小姑答应了一声，就跑进了屋，东看看，西望望，这里翻那里找的，角角落落都找遍了，也没有发现什么秘密。最后，只剩下水缸没有搜查了。她揭开缸盖，看到里面有支鞭子，骂道："真是昏了头啦，水缸里泡着这么个东西做什么？"她随手把鞭子从水缸里拿了出来，扔到了地上，就在这时，山崩地裂地响了一声，那水柱有一搂粗，顺着缸沿往外涌了出来。水越来越大，越积越多，顷刻间，变成滔滔洪水，汹涌澎湃，翻着浪头朝院外冲去。全家的人慌作一团。

再说颜文姜正兴冲冲地往家赶，才走出不远，刚刚爬上对面的山岭，听到背后传来"轰"的声响，赶忙回头一看，哎呀！凤凰山前全变成一片水了。她知道出了事啦，连忙返身赶回了家里。只见公公、婆婆、小姑都淹在水里挣扎，十分危险。她也顾不上许多了，猛地跳进水中，一手拉着婆婆，一手拽着公公，用脚挑起小姑，一下子坐在了水缸上，想用自己的身体把大水堵住。可也怪，她一坐上去，水立时消了，水缸不见啦，鞭子也没有了，一股甘甜的泉水，就从她的身体下面汩汩地流了出来，一年四季长流不息，就这样，渐渐地变成了一条清清的河。人们把这泉子叫灵泉，流成的河叫孝妇河。

这孝妇河往北直流入淄川县境内，河水清清亮亮的，两岸柳树成荫。从那以后不光是凤凰山前有了甘甜的泉水，连沿河的人家也都能喝到甜水了。人们感激善良、勤劳的颜文姜，便在泉水的上头修了个颜神庙。这就是先有孝妇河，后有颜神庙的传说。如今，你到山东淄博去，那里还保留着颜文姜祠，当地的人说起颜文姜的故事，还津津有味呢！

李密陈情孝祖母

李密是三国时代蜀武阳人。在他刚生下六个月时，父亲就病死了。等到他四岁的时候，母亲何氏又被迫改嫁他方。李密孤单一人，景况悲苦。当时，他家里就只有祖母陪伴着他。

祖母刘氏为人有志气，性格十分刚强。她看着自己的孙子没人照顾，心里不禁难过又心疼，她下定决心：一定要把孙子扶养成人！这样，李密的祖母以年老多病的之身，担负起了扶养李密的责任。

李密小时候体弱多病，直到9岁才可以走路，但他禀赋很好，天生聪敏，读书过目不忘。后来向谯周先生学习，博览群书，为人机敏绮丽。除了文采很好之外，李密很孝顺。因为李密从小跟随祖母长大，他们之间的情感深厚。李密早熟而敏感，很早就懂得孝顺祖母，每天和祖母形影不离，从不惹祖母生气。如果生活中有什么不顺心的，他还常常主动安慰祖母。自己长大一些能干活了，就主动承担家务，

祖母年纪大了，加上身心操劳，身体很不好。有一次，祖母生了重病，他痛哭流涕，伤心不已，一天到晚衣不解带地守候在祖母身边。李密亲自给祖母吃药、喂饭、喂水，往往都是自己先尝一下，觉得冷热合适，然后才端给祖母。每天给祖母洗脸、更衣、端屎、倒尿，悉心照顾，片刻不离。

到李密44岁的时候，祖母已经96岁了。这时，蜀国为晋所并，晋武帝听说李密才华满腹且有贤明，于是征召他当侍奉太子的东宫洗马，李密推辞这个职位。晋武帝不同意，并派遣地方官进行催促。当时祖母身体不好，常常生病，经常躺在床褥之上，李密从来没有一天离开过。现在，却是夹在尽忠和尽孝之间左右为难，于是写了一篇《陈情表》给晋武帝，哀婉曲折地诉说他进退失据的处境和不能离开祖母赴任的原因。他在《陈情表》中就：

"没有祖母，就没有李密的今天，若是现在祖母没有我，也没法安然地度过晚年了。我和祖母相依为命，彼此依靠才得以走到今天。现在，祖母年迈，身体多病，我必须留在她身边，侍奉老人家。"字字情真，句句意切，令人唏嘘不已。晋武帝被他的真心诚意所打动，当即批准了他的请求。

后来，祖母去世了，李密内心十分悲痛。直到丧服终了，他才出来做官。

李信换头

以前有个叫李信的，从小就十分孝顺长辈。38岁那年，半夜梦见小鬼来取命，把他带到阴司依法处分。正好经过阎王面前，李信向阎王诉说道："李信自小丧父，与老母相依为命。既然命已尽了，哪敢有什么违抗。只是老母年迈，李信死后，无人照看，但愿大王开恩，让我死在母亲之后。"

阎王问李信母亲的寿命有多少，鬼使说："有90岁，还有27年。"

阎王说："只有27年，放李信回去吧。"

鬼使说："像李信这样的，天下不知有多少，今天若放了他，怕别人照例。"

阎王听了有理，就仍判李信从死。

众鬼使恨李信上诉，就马上截了他的头和手，扔在锅里煮。正好阎王派人来，却是要放李信回去，侍奉老母。鬼使对李信说："你的头和手已在锅中煮坏了，没法再捞起来，暂且借别人的头和手，等见过阎王再来换好的头和手，千万不要就走了。现在事急，只能先给你胡人的头和手了。"

李信一听能回去，非常欢喜，见过阎王后就回去了，忘了去换好的头和手。李信一梦醒来，头和手都是胡人的，他十分烦恼，对妻子说："你听得出我的声音吗?"

妻子说："声音与平时一样，没什么变化呀。"

李信又说："昨夜我梦见一桩怪事，你早上起来时，用被子把我头脸罩住。要送饭来，就放在床前，出去时关好门，我自己会起来吃。"

到了早晨，妻子依从李信的话，用被子把他盖好就走了。等到送饭来时，问李信道：

"有什么怪事？"说着就把被子掀开了，只见一个胡人睡在里面。妻子大惊，急忙告知婆婆。婆婆拿起棒槌就打李信的头，丝毫不听李信解释。邻里听到声音赶来，问出了什么事。李信才得以诉说详情，他母亲才知道眼前的是儿子，不由抱头痛哭。

汉帝听说了这件事，惊讶地说："自古以来，没有听说过这种事，虽然换了胡人的头和手，但可见他的孝道，已通于神明了。"

于是就拜李信为孝义大夫，李信得以侍奉老母至终。

久病床前有孝媳

人常说"久病床前无孝子"，而久病不起的婆婆又能要求一个儿媳妇尽多少孝道呢。然而，长安区郭杜街道羊塬坊村五组村民王月英，却用自己多年来的一言一行为人们讲述了一个"久病床前有孝媳"的故事。

44岁的王月英，1988年嫁到羊塬坊村后，和婆婆生活在一起，丈夫上班，她在家种庄稼，公婆帮她照看小孩，一家人生活得美满幸福。2004年春季，月英74岁的婆婆王玉芳因脑梗、心脏病，突然昏倒在家不省人事，家人急忙把她送往医院，经过抢救，老人的性命保住了，却落下了半身不遂的后遗症。

月英的丈夫在基层单位上班，工作繁忙，根本没有时间照顾母亲，而她的儿子当年又面临中考，平时家里只有婆媳两人，所以照顾婆婆的重任就义不容辞地落在了月英的肩头。从此月英开始了白天上地干活，回家做饭洗衣，晚上照顾卧病婆婆的辛劳生活，一天也没有耽误。为不影响孩子上学和丈夫工作，脏活累活全由她承包，但从无一句怨言，也从没有嫌弃过婆婆。

为了让婆婆恢复得更快，她除了每天给婆婆服药喂饭外，还给老人翻身擦背。婆婆僵硬的身体毫无知觉，但是月英还是硬搀扶着老人鼓励她走路。为了使老人早日恢复语言表达能力，月英时常和婆婆拉家常，给婆婆念书念报，讲一些笑话。老人，由于行动不便，生活不能自理，有时大小便失禁，王月英不但没有嫌弃而且更加精心照料，按时给老人整理梳洗，病床收拾得干干净净，让老人生活得安逸舒适。老人有便秘的毛病，有时吃药也没有效果，为了减少她的痛苦，月英戴上手套，用手指将老人的大便抠出来。春夏秋冬，年复一年，功夫不负有心人，婆婆终于可以走路了，也可以和月英进行简单的语言交流。

因为照顾老人又家务繁忙，虽然离娘家只有二里路，但是月英却很少回娘家，为此娘家人没少埋怨她，她总是笑着说明情况。

经过月英多年来的悉心照顾，现在老人虽然生活还不能自理，但七十多岁的王玉芳面色红润，头脑清醒，心情开朗，幸福的笑容总是洋溢在她的脸庞，当乡亲夸她身体硬朗时，老人便高兴地说："我能活这么些年，能和你们说话，全凭我家月英，要不我早就见阎王爷了，她比我亲闺女还亲啊！"

中元节的由来

中国古代人认为佛教不讲孝道，理由就是佛教把受之父母的身体发肤，头发给剃光了。但是佛教也是讲究孝道的。印度最为著名的阿育王曾经说过，"应该服从父亲和母亲，同样也应该服从年长者"。这些话与《孝经》中的说教相似。

印度有一部《盂兰盆经》，是印度佛教的经典之一，传到中国后，有人将它比作印度的《孝经》，字数约 800 字，这点和孝经很相似。只不过孝经是分篇章以说理讲孝。而《盂兰盆经》整篇讲了一个故事。故事是这样的：释迦牟尼的弟子目连，通过勤奋修炼，取得了佛家的六神通。六神通之一是天眼通，就是能够看到别人看不到的。目连用练就的天眼看到了母亲在地狱里受到恶鬼的折磨，瘦成了皮包骨头，非常心痛。于是，目连赶紧施法术，送给母亲吃的，母亲虽然得到了吃的，但是当食物送到嘴边的时候，食物马上就变成了火炭，无法入口。目连见此情景，更是痛苦不堪，于是向释迦牟尼求助，希望佛祖能够告诉自己拯救母亲的方法。佛祖告诉目连，办法是有的，就是在七月十五（阴历）这天，多预备一些百味饮食，放在盂兰盆中，供养众僧，这样就可以借助众僧的力量救出你母亲。目连就照着做了，结果真的救出了母亲。于是目连，就问佛祖，其他人是否也能够这样，集百味，施舍于众僧，也能够救出自己的母亲呢？佛祖告诉目连任何其他人。只要他一心向佛，采取同样的方法，一样能够救出自己的母亲。可以看出，这部《盂兰盆经》在劝人信佛的同时，教人尽孝。

《盂兰盆经》传到中国后，人们就把七月十五这天作为了一个节日：中元节（和正月十五、十月十五合称三元）。到了这天，无论僧俗都会参加。活动有，做法事、还愿、答谢父母的养育之恩等。

宾客敬母

裴秀，字季彦，西晋河东闻喜人。父亲裴潜曾经担任三国曹魏时的尚书令。而裴秀也凭借自己的才华和才能，成为西晋的名臣，官拜尚书令，并且被封为济川侯。裴秀从小就天资聪慧，博览群书，八岁即能赋诗作文，人称其有神童之目。而且，裴秀从小就是一个非常孝顺的孩子。裴秀是小妾所生，其生母身份卑微，因此常常受到嫡母宣氏的歧视和虐待。有一次，家里大宴宾客，嫡母宣氏命裴秀生母给客人上菜，客人看到端菜的是裴秀生母后全都站了起来，并且全都对她行礼，接过她手里的菜不让她再端。宣氏在屏风后面看到了这一幕，心中顿时明白这都是因为裴秀，于是感叹道："像她这样卑微的身份而能受到宾客们如此的礼遇和尊敬，这都是因为秀儿的缘故啊！"从此以后宣氏再也没有轻慢过裴秀的生母。

一个人显赫的身份固然可以使人畏惧，但是高尚的品德和节操却更加能够令人敬佩。孝道是构成中华民族传统思想和人格一个不可或缺的部分，一个普通人的孝心可以感动身边的人，而一个位高权重的人的孝心却可以引导整个社会的正气。

身在曹营心在汉

徐庶，字符直，东汉末年颍川阳翟（今河南省禹州市）人，汉末颍川一代名士。归曹后，在魏官至右中郎将，御史中丞。对于徐庶，因中国古典名著《三国演义》对其有精彩的描写，中国人对他可谓家喻户晓，妇孺皆知。书中许多情节虽与正史有所出入，但他至孝侍母，力荐诸葛，史籍却有详细的记载。

徐庶在少年时代，是一名远近闻名的少年侠士。

他曾经杀死了当地一个豪门恶霸，为一位朋友报了家仇，自己却不幸失手被擒。官府对徐庶进行了严酷审讯，徐庶出于江湖道义，始终不肯说出事情真相。又怕因此株连母亲，尽管受尽酷刑，也不肯说出自己的姓名身份。老百姓感于徐庶行侠仗义，没有一个人出面揭穿他的身份。后经徐庶的朋友上下打点，费尽周折，终于将其营救出狱。

徐庶为人忠厚诚恳、豁达大度，才识广博、见解独到，具有卓越的军事才能，很受刘备赏识，并委以重任。后来在一次战争中，刘备战败，徐庶的母亲不幸被曹军掳获，并被曹操派人伪造其母书信召其去许都。徐庶得知此讯，痛不欲生，含泪向刘备辞行。他用手指着自己的胸口说："本打算与您共图王霸大业，但不幸老母被掳，方寸已乱，即使我留在将军身边也无济于事，请将军允许我辞别，北上侍养老母！"刘备虽然舍不得让徐庶离开自己，但他知道徐庶是出了名的孝子，不忍看其母子分离，更怕万一徐母被害，自己会落下离人骨肉的罪名，只好同徐庶挥泪而别。

徐庶虽然离开了刘备，但是却把更有才能的诸葛亮举荐给了刘备，使他能够大展宏图，建立了蜀汉政权，而且徐庶并没有背叛刘备，身在曹营心在汉，孝使他身不由己，但是也更坚定了他对刘备的忠诚和承诺。徐庶归曹后未向曹操献过一策。

买肉孝父

冯玉祥将军不仅是个著名的爱国将领，还是个远近闻名的孝子。

旧社会当兵是个苦差事，当兵的经常发不上军饷。逢五排十还要打靶。每到打靶的日子，父亲念其年幼身弱，总想方设法给儿子凑几个小钱，让他买个烧饼充饥。可懂事的小玉祥看到家里日子艰难，父亲又伤了腿，正需补补身子。但如果不要这钱，父亲会生气。于是他就把父亲给的钱一个不花，攒了起来，过些天再把自己平时省下的一点饷钱凑在一起，到肉店买了二斤猪肉。请假回家给父亲烧了锅焖猪肉。父亲见后顿时生疑，便质问这肉的来历。冯玉祥深知父亲的严厉，只好如实道来。听后老父亲一把拉过懂事的孩子，一句话也说不出，眼泪扑簌簌地掉了下来。

樊寮卧冰

樊寮是个非常孝顺的人。他的母亲很早就去世了。父亲娶了新妻子后，樊寮像对待亲生母亲一样侍奉他的后母。

后母长了个毒疮，疼痛难忍，整夜整夜地睡不着觉。樊寮为此愁肠纠结，心乱如麻。他衣冠不解地日日夜夜守候在母亲身边照料她。这样过了一个多月，母亲的病还没有一点点好转的迹象。而樊寮自己也憔悴得不成人样，人们见到他都快认不出来了。

眼看着母亲的病情越来越严重，樊寮打算请医生用针灸给母亲治疗，但又怕针灸太痛，母亲会承受不了，便用口在母亲的疮上吸吮。在吸出了几大口脓血后，母亲感觉稍微好了一些，晚上也睡得安稳了。

樊寮晚上梦见有一仙人对他的母亲说："只有吃鲤鱼，你的疮才会痊愈。以后还会无病无灾延长寿命，不然你的死期就会很快到来。"

樊寮听到这些话，又担忧又恐惧，仰天长叹说："都是因为我不孝顺，才使母亲落到这个地步。十一月正是天寒地冻的时节，哪来的鲤鱼呀！"

樊寮和母亲抱头痛哭了一阵，便告别母亲出去找鲤鱼了。他来到一个大湖边，看到湖面上结起了厚厚的冰。樊寮越想越伤心，哭得好不凄惨。他对着天空大声哭喊："天啊！你如果哀怜我，就让鱼感应而出吧！如果你没有这个神力，那就算了，我也不会怪你。"

樊寮想就这样哭也不是办法。于是他把外衣脱掉趴在冰上，想以身上的热量来融化冰。趴了好久，身体都快冻僵了，冰还是没有动静，鱼当然也没出来。他又把里面的衣服也脱掉，赤体卧在冰上。

上天得知了他的孝行，便感召出两条鲤鱼。当樊寮卧在冰上奄奄一息的时候，这两条鲤鱼冲破了冰层跳到他面前来了。樊寮欣喜若狂，带着鱼飞奔回去给母亲。母亲吃了鲤鱼，又敷了一些在疮上，病很快就好了。

之后，母亲活了很多年，直到 110 岁才去世。

爱比恨只多一笔

父母离婚后，他和妹妹跟了母亲。父亲搬出去，和那个叫李晓娟的女人一起离开了小城。

母亲常常坐在家里，精神恍惚，单位领导替她打了病休报告。

长大是一件不容易的事。那时，他只恨自己长得不够快。为了省几个钱，他去很远的郊外打荒草，再背进家门。母亲的间歇性精神病发作了，他把泪往肚里咽了又咽，终于没有哭出来。

他没考大学，工厂子弟学校正在招老师，他居然考上了，做了体育老师。

后来，他结了婚，日子过得磕磕绊绊。就算母亲犯了病，损坏了东西，妻子也不吭声。他觉得，这就够了。

日子刚过安稳，有一天，父亲回来了，原来，那女人花光了他的钱，跟别人走了。父亲说："好歹你是我儿子，有血缘关系。"

妻子说："该养儿子时，不见你的影子；快要养老时，你就跑出来当爹。"

母亲走过，拉住儿子的手，说："让他回来吧……"

儿子不吭声，抽了一地的烟头。末了，他问母亲："你真的不恨他？"既是问母亲，又是问自己。

他去了父亲居住的小屋。已是深秋，那里冰冷冰冷的，只有一张小床、一个小电炉、几包方便面。

父亲见到他，紧张得像一个孩子，说："坐吧。"

他坐在床上，居然比父亲高了一截。两个人对着抽烟，很快，屋里烟雾缭绕。

后来，他站起来，走到门口，父亲跟在后面。他说："星期天，我来接你。"

他在离家很近的地方，给父亲租了房，跑前跑后地忙着装修，墙壁是他亲自刷的，屋里的桌椅碗筷，都是他去买的，做这些事时，他好象不恨父亲，居然有些欣喜。

妹妹来了，说："哥，你想好了？"

他点点头。

母亲跟着父亲生活，很久都没犯病。他经常去，坐在小院里，很少说话。

他看到父亲给母亲梳头，很轻很轻，掉的头发，他一根根拾起来，放进一个小盒子里。

父亲说："老伴啊，叶子都掉光了，我们这两棵老树，就该走啦。"

母亲微微一笑。

他站起身，他的心第一次变得宽广了。

那天，他教邻居的孩子写字猛然发现，爱比恨只多一笔。就这么一笔，写出的却是人间的冰火两重天。

孝治章第八①

【题解】

此章进一步阐述了孝道的作用。指出只要天子、诸侯、卿大夫能够推行

【原文】

子曰："昔者明王之以孝治天下也，不敢遗小国之臣，而况于公侯伯子男乎？故得万国之欢心，以事其先王。治国者不敢侮于鳏寡[2]，而况于士民乎？故得百姓之欢心，以事其先君。治家者不敢失于臣妾，而况于妻子乎？故得人之欢心，以事其亲。夫然，故生则亲安之，祭则鬼享之。是以天下和平，灾害不生，祸乱不作。故明王之以孝治天下也如此。《诗》云：'有觉德行，四国顺之[3]。'"

【注释】

①孝治章：因为本章的中心内容是讲明王以孝治理天下，故以"孝治"命名。

②鳏寡：老年丧妻曰鳏，老年丧夫曰寡。引申为孤弱者之称。

③《诗》云二句：见《诗经·大雅·抑》。觉：通"梏"，高大正直。四国：四方诸侯之国。

【译文】

孔子说："从前，明王在以孝来治理天下的时候，对于小国的臣子尚且以礼相待，更何况对于公侯伯子男这五等诸侯呢？所以能够得到万国国君的欢心，使他们修其职贡，前来助祭。作为国君，对于鳏寡尚且不敢欺侮，更何况对于广大的士民呢？所以能够得到全国百姓的欢心，使他们前来帮助祭祀先君。作为卿大夫，对于卑贱的奴婢尚且不敢失礼，更何况对于自己的妻子儿女呢？所以能够得到全家上上下下的欢心，使他们都来帮助奉养双亲。因为能够做到这一步，所以，父母在活着的时候能够得到舒心的供养，死后作为鬼神能够得到按时的祭飨。也正是由于这种原因，所以天下和平，既没有自然灾害发生，也没有人为的祸乱发生。由此可以看出，明王以孝来治理天下，其效果是如此之好。《诗经》上说：'天子德行正又直，万国顺从庆升平。'"

【解析】

当年庄子生于周室衰微的时代，中央集权逐渐趋向于地方分权。百家争鸣都在说明片面的道理，却不约而同地认为自己所说的，才是唯一整合的学说。这种情况，如果放眼看现代，岂不是比庄周时代更加混乱而莫衷一是？我们用"多元化"来美化"混杂化"，并且视为理所当然，这才是现代人类自作自受的无奈。今人作茧自缚，似乎比古人要厉害得多，而且缚得牢牢的，一副无助的模样。

难怪庄子要感叹："后世的学者，不幸不能见到天地的纯美、古人的全体，道术将要为天下人所割裂！"现代人所看到的，果然是支离破碎，天天高喊整合却丝毫不见效果。我们自古以来，便知道《易经》的观点："宇宙在空间和时间上，都具有其无限性。品物的种类，无穷尽而且多样化。一切事物，无不处于永恒的无穷变化之中。"现代人相信专业，任意割裂

庄子

其中一部分，便用以概括宇宙整合的系统，当然偏窄而不周全。但是，近四百年来，西方文化主导的结果，使得现代人只相信科学，并不知道还有道学。只知道法律和契约，却不相信道德真的具有感化的作用。

事情发展到这种地步，我们难道毫无办法，只能够坐以待毙吗？其实不然。我们一旦明白西方人做学问是一步一步摸索着前进，称为尝试错误法，就不难理解他们之所以主张"吾爱吾师，吾更爱真理"。我们做学问的方式，刚好相反。古圣先贤一下子把宇宙人生的奥秘完全参透，才"一画开天"完整地把它呈现出来。唯有这样，我们才有资格要求大家"畏天命，畏大人，畏圣人之言"。现代人只要以敬畏的心情，来畏圣人之言，那么，我们有了敬畏的态度，就已经获得了相当的福气。《易经》第五十一卦为震卦，说的是继续扬业的道理。我们今天要振兴中华文化，最好看看震卦的象辞："震来虩虩，恐致福也。"虩虩是恐惧得有如履虎尾那样的情状。能畏天之威，便能受天之祐。畏大人，才能自反自律，而畏圣人言，才能敬重经典。以看得起的恭敬慎重态度，抱持正本清源的心情，将经典长期以来遭受错乱、扭曲、误解的部分调整过来，务求与时俱进，而非食古不化。将《孝经》现代化，却不是忍心丢弃，也不是盲目向洋人看齐。真正地"持经达变"，找出现代可行而又不致离经叛道的途径，实事求是地畏圣人之言。

这一次读《孝经》，当然不是要恢复从前，因为那是行不通、做不到，而且没有必要的。然而，孝敬父母已经成为中华儿女最珍贵的文化基因，我们不能不赋予现代的生命，克尽继旧开新的责任。先从自身做起，发挥诚心感化的作用。再对孝治章用心领悟一番，不难对"天下太平、灾害不生、祸乱不作"寄予厚望，同时对"有觉德行，四国顺之"有更深一层的触动。不知不觉中，便与圣人更加心灵互通了。

【生活智慧】

1. 我们只说地震，从来不说天震。因为地震有形态可察，而天的震动无形可见，所以称为天雷。对天来说，震是一种威力，我们常说天威难测；对人来说，震就形成一种恐惧。能畏天的威力，便不敢不自行修身。对简单易明的道理不知敬重，那是看不起圣人，对不起圣人的苦心：把道理说得这么简单易懂。结果，自己失敬而不能致福，是不是也对不起自己呢？

2. 老子《道德经》第四十一章指出："上士闻道，勤而行之；中士闻道，若存若亡；下士闻道，大笑之。"上等智慧的人听见了道，努力不懈地躬亲实践；中等智慧的人听见了道，每每将信将疑，心想哪有这么简单的；至于智慧尚待开启的人听到了道，则哈哈大笑。我们真的很不明白，到底是在笑别人，还是在笑自己！幸亏老子及时提醒我们：不被他们笑，怎么算得上"道"呢！

3. 明和名同音，意义大不相同。明代表贤明，公正无私，光辉像太阳那样普照大地。名表示著名，声名洋溢、远近驰名，却往往不如太阳那么恒久而不失其光明。人民要的是"明王"，而不是名王；我们要的是"明师"，并不是名师。可见名不如明，因为名实相符、实至名归的要求实在很高，十分不容易做到。现代人偏好名人效应而追名逐利，委实不是明智之举。孝敬父母不能存心借以出名，否则反而成为大不孝，因为虚名被揭穿乃是迟早之事。

4. 孝具有延续性，从父母生前一直延伸到死后，这是多么深厚的亲情，多么感人的孝思！孝敬父母，不仅是感念父母生我、育我的大恩，而且要将父母乃至列祖列宗的精神生命及文化成就一脉相承，继续发扬光大。我们常说的香火不断、生生不息，表示一方面要向上对列祖列宗有所交代，一方面向下也要对子子孙孙善尽责任，使自己成为祖宗与子孙之间的关键枢纽。这才是"我"的责任，"我"的价值。自我意识倘若有这样的内涵，岂非高明之至？

5. 要改变现代的困境，最根本的方法仍然是从父母开始，明辨自己的责任来延续孝道的命脉。父母不但是子女的第一环境，而且是子女最为信任、最为安心的仿效对象。父母自己实践孝道，子女当然遵循渐进，习惯而成自然。可惜现代父母大多"重慈道而轻孝道"，对自己的子女宠爱有加，俨然是子女的金主和恩主，对自己的父母却是千方百计，想尽办法来推卸孝敬的责任。这种以"养儿防老"为落伍，视"无父无母"为理想婚配对象的观念，实在令人难以想象。倘若尚知自省，便可立即醒悟为什么我们只有《孝经》而没有慈经的真正缘由。古人的高明，实为今人所不及。

6. 但知有子女，却遗忘有父母。这种人的心态，远比"养儿防老"的观念要可怕得多。养儿防老，不过用以提醒做子女的要有责任感。子女能养多少，而父母能防多少？基本上无人提出标准，做不到又如何？宠爱子女又让子女仿效自己的不孝，想想看，其后果将会如何？要不到钱，是父母对我不起；找不到可用的关系，也是父母无能，令我有志难伸。千错万错，都是父母的错。这样，还像个人吗？

【建议】

我们只有说"知子莫若父"，并没有说"知父莫若子"。因为父母只有一样东西，是子女无论如何都赶不上的，那就是"年龄"。父母的经历当中，有那么一段时光，是子女永远没有的。往往等到父母往生以后，子女有了亲身的经验，才能够领悟当年父母为什么那样对待自己的原因。然而，已经迟了，永远回不去了。所以，子女只能要求自己孝敬父母，并不能反过来要求父母应该如何如何。此外，父母了解子女，可以循循善诱；子女不了解父母，为什么一定要等到自己当了父母才来后悔呢？不如趁父母健在时，早一天实践孝道。不仅全家和乐，自己也能够身心健康、顺适成长，这才是最大的幸福。

【名篇仿作】

《女孝经》孝治章第八

【原文】

大家曰："古者淑女之以孝治九族也，不敢遗卑幼之妾，而况于娣侄乎？故得六亲之欢心，以事其舅姑。治家者，不敢侮于鸡犬，而况于小人乎？故得上下之欢心，以事其夫。理闺者，不敢失于左右，而况于君子乎？故得人之欢心以事其亲。夫然，故生则亲安之，祭则鬼享之，是以九族和平，萋菲不生，祸乱不作。故淑女之以孝治上下也如此。《诗》云：'不愆不忘，率由旧章。'"

【译文】

曹大姑说："古代的淑女能够以孝来治理自己的家族，对于地位低下和弱小的都不得歧视，更何况是自己的姊妹和侄辈呢？所以，妇人能够得到亲属的欢心而努力地侍奉公公婆婆。妇人在治家的过程中，即使是对于小鸡小狗也是不可以随便侮辱的，更何况是家里的小孩呢？所以，妇人在家里能够得到上上下下的欢心，高高兴兴地侍奉自己的丈夫。作为一个女子，对左右的人都不敢怠慢，更何况是对待君子呢？所以，妇人能够得到别人的欢心而侍奉自己的亲人。这样的话，她的亲人能够得到安定的生活，死后能够在祖庙中得到祭祀，这样才能够使家族和睦，没有流言蜚语，没有祸乱。淑女的孝治就是这样。《诗经·大雅·生民之什·假乐》上说：'没有过失，也不胡作非为，一切事情都遵循旧的规章来做。'"

《忠经》武备章第八

【原文】

王者立武，以威四方，安万人也。淳德布洽，戎夷秉命。统军之帅，仁以怀之，义以厉之，礼以训之，信以行之，赏以劝之，刑以严之，行此六者，谓之有利。故得帅，尽其心，竭其力，致其命，是以攻之则克，守之则固，武备之道也。《诗》云："赳赳武夫，公侯干城。"

【译文】

王者能够做到以武力征服天下，使国人得到安定。王者如果广施淳德于天下的话，就是少数民族也会臣服于王命。作为统军的将帅，在治军的时候，要以仁来感化军队，要以义来严格约束军队，以礼来训导军队，以信来鼓励军队，以赏来激励军队，以刑罚来严格管理军队，做到这六个方面，就叫作"利"。作为一个将帅，对自己的君王应当尽心竭力，以死来效命君王，做到攻无不克，守无不备，这就是武备的道理。《诗经·国风·周南·兔置》中说："看他雄赳赳气昂昂的样子，才能保护公侯不被侵犯。"

陆续敬亲被赦

陆续是东汉初期会稽吴人，也就是今天苏州一带的人。他的传在《后汉书》独行列传中，生卒不详。陆续的祖父陆闳在东汉初年光武帝刘秀时做过尚书令，不过，东汉时期的尚书令只是个小官，不像后来唐朝的尚书令那样是宰相。

陆续在年幼的时候就死了父亲，后来做上了会稽郡的户曹史，这是地方上的小官，掌管地方上的户籍、祭祀和农桑等事。当时会稽的太守是尹兴，会稽闹灾荒，尹兴就叫陆续负责赈济饥民，陆续竟然能够将自己赈济过的六百多个饥民的名字一一报给太守尹兴听，让尹兴感到颇为惊奇。由于陆续办事效率和责任心强，扬州刺史看上了陆续，将陆续辟为别驾从事。不过，陆续在这个位置上只做了一段时间，就因身体原因又回到了会稽郡做事。

然而，就在东汉第二个皇帝明帝在位时，一起皇族内部的谋反将陆续这个地方小官吏卷入了一场牢狱之灾。中国历史上皇族中第一个推崇佛教的人就是光武帝最小的儿子、当朝皇帝、汉明帝的弟弟楚王刘英。楚王刘英的封地在临淮，地方很小，不知因为什么，有人告他谋反，他最后被逼自杀。朝廷在清理楚王刘英的余党的时候，包括尹兴、陆续等五百多人，全部被押解到了当时的都城洛阳。大部分人在严刑拷打之下死于非命，只有陆续等少数几个人坚持了下来。

最牵挂陆续的当然是他的母亲，陆续的母亲不远万里从遥远的苏州赶到京城洛阳，想见一下儿子，监狱使者不让他们母子相见，甚至于陆续母亲到京城的消息，也不让陆续知道。陆续的母亲就只好在客栈做了些饭菜叫看门的狱卒送给陆续吃。陆续一见到饭菜就哭了起来，悲伤不已。使者觉得非常奇怪，就问陆续为何要这样。陆续说道："母来不得相见，故泣耳。"使者听后非常生气，以为是看门的狱卒将陆续母亲到京城的消息告诉了陆续，打算审问狱卒。陆续知道了使者的意思后就说，我喝了汤之后，知道是母亲做的汤菜，也就知道我的母亲到了京城，并不是狱卒告诉了我什么，我母亲切的肉，是方方正正的，切的葱也是长短一致的，所以，我一看到这饭菜，就知道是我母亲做的，也就知道我的母亲到了京城。使者当即就派人到客栈去核实此事，果然在客栈中找到了陆续的母亲，并知道了事情的原委。于是，这位使者就暗中夸奖陆续的为人，将这事上奏给了皇帝，明帝就赦免了陆续等人，但规定陆续以后不得出来做官。陆续后来年老病死在家乡。

古人以为，将肉、葱切得方方正正的，这是礼制在日常生活中的体现，说明陆续的母亲在平日里教导陆续做人要懂得尊敬。陆续能够尝一下饭菜，就知道这饭菜出自母亲之手，对着母亲做的饭菜哭泣，也是敬亲的表现。

李忠至孝避震

元朝时候，山西晋宁有个人叫李忠。在他年纪很小的时候，父亲就去世了，他一直与母亲相依为命。自从父亲过世后，他的母亲就默默地承担起家庭的重担。尽管母亲非常辛劳，但对李忠的教育却丝毫没有放松，她尽心为孩子营造温暖的家庭氛围，教育孩子要有一颗感恩的良善之心。她用自己克勤克俭的生活作风和谨守节操的坚韧意志，给李忠树立了很好的榜样。

因此，李忠很早就懂得如何去体贴和照顾母亲，幼年就尽力分担母亲的辛劳。察觉母亲口渴了，他就为母亲端茶倒水；母亲外出劳作回来，他就帮母亲按肩捶背；一个人在家的时候，他就学着母亲的样子，清扫做饭；夜幕降临了，他就准备好洗脚水和床被……李忠时时处处都念着母亲的辛劳和需要，把家中最好的一切都奉献给母亲。

乡亲们看到小小年纪的李忠，对母亲如此孝敬，做事勤奋努力，都深受感动。他们不但常常对李家伸出援助之手，还纷纷以李忠为榜样，教育自己的子女。村里出了这样至孝的孩子，是全村人的荣耀。

大德七年的一天，李忠家所处的郇保山一带，突然发生了强烈的大地震。剧烈的震波突如其来，使整座山都移动起来。移动的山体所过之处，房屋都被压在下面，情况惨不忍睹。

就在剧烈强大的震波携带着郇保山，冲向李忠家的千钧一发之际，奇迹发生了：大山突然分做两支，绕过他家，过了大约五十余步的距离后山体又合而为一。结果，当地所有的房屋都被压垮了，只有他一家的房屋没倒塌。

那场大地震中，被破坏的房屋被压死的村民不计其数。然而，无情的地震似乎也懂得敬畏孝子，在快到李忠家的时候，能绕道而过，使至孝者李忠家能得以保全。

迎养继母

归钺，字汝威，明朝嘉定（今上海市嘉定区）人。母亲去世得早，父亲又娶了一个妻子，并又生了儿子，于是归钺就受到了冷落。父亲总是毒打归钺来讨继母的欢心，而继母则助纣为虐，帮父亲拿来很大的杖子，让父亲狠狠地打他。他们家很穷，食物不够吃。每次吃饭之前，继母就故意数落归钺的不是，以激怒父亲。父亲盛怒之下竟然将儿子赶出了门，剩下继母和她的儿子，这样饭菜就够吃了。归钺又饿又乏，趴在路上。父亲看见了，更觉得他不顺眼，说："你不在家好好待着，跑到外面做贼。"又将他一顿毒打，差点把他打死。等到父亲去世后，继母再次将他赶出家门。他就以卖盐为生。

私下问他的弟弟，得知继母爱吃甘鲜之物，自己却无力购买。后来，遇到饥荒年，继母已经不能养活自己了。归钺就提出由自己来侍奉继母。继母开始觉得心里有愧，不好意思去，后来经归钺诚恳说服才点头答应。归钺弄到食物，先给继母和弟弟食用，而自己却饿得脸色难看。弟弟可能是认为自己非常无能，所以自杀了。后来，归钺继续奉养继母，直至终身。

每食舍肉

欧阳守道，字公权，一字迂父，宋朝吉州（今江西省吉州县）人。他是文天祥的老师，和蔼可亲，人品极好。小时候家里穷，没有钱上学，只能自己在家里苦学，进步非常快。乡里人见他学识渊博，聘请他为私塾的老师。他侍奉母亲非常周到，每当学生家长请他吃饭，他自己不吃肉菜，而是拿回家去献给母亲。请他吃饭的人见到这样的情况，就准备了食具帮他装饭菜带回家。他每次都是先派人把饭送到母亲面前，自己才肯食用。邻居们都被他的孝道所感动。兄嫂早逝，丢下两个孩子，大的五岁，小的出生才几个月，欧阳守道毫无怨言地抚养这两个侄子。由于没钱雇请乳妈，日夜抱着两个孩子哭泣。邻人见他如此孝悌，感叹不已。

刘谨三赴云南

刘谨，明朝浙江山阴（今浙江绍兴）人。他的父亲犯了法，被流放到云南戍边。当时刘谨只有六岁，就向家人询问云南的方向，并经常对着西南方向做祷告。十四岁的时候，他毅然决然地说："虽然云南远在万里之外，但天下哪有没有父亲的孩子呢?"于是，他收拾行李，就踏上了寻父之路。辗转行进了六个月，终于到了云南，并幸运地与父亲偶遇。父子俩团聚，百感交集，紧紧相拥，泣不成声。后来，父亲得了痹疯病，刘谨当即请求官府，自己代父亲去戍边。但当时的法律明文规定，只有年满十六岁的长子，才能代父戍边，所以官府禁止未成年的刘谨替代父亲。这时，老家的堂兄去世了，他只好回老家给堂兄办丧事。之后，他带着堂兄的儿子一起来到了云南。可是侄子年纪太小，不能自立，不得已他又把侄子送回了老家。这次他变卖了家产，把钱留给侄子，供他成长。当一切事情处理妥当之后，他第三次来到云南，专心奉养父亲。

夏王氏独咽糟糠

明朝的时候有一个姓夏的人，他的妻子王氏为人勤劳朴实，又很孝敬长辈，是一位难得的好媳妇。

夏家原是苦寒之家，王氏嫁进门以后，正好遇上荒年，田里颗粒无收，生活更加艰苦。为了生活，丈夫远出谋生，于是家庭的重担，完全落在了夏王氏一人的身上。

眼看着家里连吃的东西都快没有了，丈夫却一点儿音讯也没有，夏王氏心中很是忧虑。为了赚些钱来奉养公婆，夏王氏每天勤苦地纺线织布，但灾荒年间，纺织所卖的钱也不多，夏王氏只好更加勤苦地劳作。每天都是天未亮时就起来，纺织到半夜才肯休息。

等织品卖了钱之后，夏王氏就尽可能地为公婆做上好一点儿的饭食。等公婆吃完后，夏王氏就独自在厨房里，取一些米糠，煮粥吃。有时，她会从山上挖些野菜，或是到附近的湖中，捞一些勉强能下咽的水生植物，与米糠和在一起，煮一点米糠野菜粥来充饥。

一天，她的婆婆偶然走到厨房里来，看到她，正想喊她时，却发现夏王氏正低着头，喝着手中的一碗米糠野菜粥！心里头不由一阵惊诧，她不知媳妇每天给自己做好的饭食，而自己竟吃这些米糠、野菜，不禁掉下感动的眼泪。

以后，公公婆婆都坚决不肯独自吃好的，一定要留点给夏王氏。夏王氏看了，不由得跪了下来，流着眼泪，劝公公婆婆说："照顾你们，是媳妇的责任，你们若是吃不饱，饿坏了身体可怎么办？媳妇虽然每天吃米糠野菜，但身体还很好。可是您二老身体本来就不好，怎么能再挨饿呢？吃得少了，体力不堪，等相公回来，看到爹娘瘦了或是虚弱了，他又怎么忍心呢？请爹娘一定要吃饱才是，这也是我与相公的一份孝心啊！"

公婆看到媳妇如此孝顺，因为不忍心让媳妇再操心，也只好依着媳妇，每餐依旧吃下她细心准备的饭食。此后，夏王氏更加尽心照顾公婆，给他们做好饭食，而自己，仍然只靠吃米糠野菜来充饥度日。终于，在夏王氏的辛苦劳作下，一家人度过了饥荒。

夏王氏如此尊重、照顾长辈，后来，她自己的儿子、媳妇对她也十分孝顺，她活到了八十多岁的高龄才去世。当地有个贡生，每逢走过夏王氏门口的时候，都要在门外作三个揖，以示恭敬。

赵孝赵礼争死

只听说世上人们都争名争利，却没听说还有人争死。汉朝的赵孝，与他的弟弟赵礼，为行孝道，争相去死。

赵孝，字常平，又名赵孝宗，据《后汉书》记载，他是沛国蕲（今安徽宿县）人。他有一个弟弟叫赵礼，兄弟两个人相处得十分友爱。有一年，由于收成不好，粮食减产歉收，饥荒严重，全国各地都闹饥荒，强盗四处出没，社会治安非常混乱。就在赵孝的家乡，出了一伙强盗，他们占山为王，经常打家劫舍，强压老百姓的东西。在这种严重的饥荒灾区，饥饿已经使强盗们失去了理性，有时，他们实在抢不到吃的东西，捉住老百姓后，就把老百姓吃掉，提起他们，人们不寒而栗。

有一天，空中乌云密布，天色显得十分昏暗。一阵狂风过后，这群强盗冲下山来，进了村子，开始四处抢掠，百姓们都慌忙逃命。这群强盗在老百姓的家中大肆搜寻一阵，见找不出多少食用的粮食和换钱的东西，一怒之下，他们就只好抓人，恰好把弟弟赵礼给捉走了。哥哥赵孝虽然幸运地躲过了这一劫，但找不到了弟弟，他心急如焚，四处打听，有人告诉他，亲眼看见赵礼被强盗抓走了。

听说弟弟被强盗们掠走，赵孝心如刀割。他心急如焚，喃喃自语："我该怎么办？要是弟弟有个三长两短，可怎么对得起父母啊！我这个做哥哥的又怎么能再活在这个世上？""弟弟是同胞骨肉，哪怕赔上自己的性命，我也要救出他。"俗话说：兄弟如手足。自己的身体与弟兄的身体都是父母身体的一部分，同气连枝，同体相生，作为兄长，哪有不顾弟弟的道理呢？想到这里，赵孝就下定了决心，哪怕丢了性命，也要把弟弟找到并救出来。

他循着强盗撤离的方向奔了过去。赵孝救弟弟心切，就马不停蹄，所以很快就赶到了强盗那里。那帮强盗真是穷凶极恶，赵礼身体十分瘦小，强盗们也不肯放过他，将他五花大绑捆起来后，系在一棵树上，然后在旁边架起炉灶生起火来，开始烧水。不一会儿，锅里的水呼呼地冒起了热气。强盗们抬起赵礼，准备把他投进锅里用水煮熟了充饥。赵孝赶紧叫道："你们不要杀我弟弟！"他三步并作两步，跑到强盗们面前。弟弟赵礼见哥哥来了，先是一阵惊喜，随后马上就哀叹起来，埋怨哥哥说："哥哥呀！您怎么可以到这个地方来呀！这不是白白送死来了吗？"此时赵孝也顾不上与弟弟搭话，就跪在强盗的面前，哀求强盗说："我弟弟是一个有病的人，而且身体也很瘦弱，他的肉一定不好吃，请你们放了他吧！"强盗们哈哈大笑，然后气势汹汹地对赵孝说："放了他，我们吃什么？"赵孝听强盗这样一问，就赶紧说："只要你们放了赵礼，我愿意把自己的身体给你们吃，况且我的身体很好，没有病，还很胖。"听了赵孝的这番话，强盗们都惊呆了，愣在了那里。他们从来没想到，天下竟还有这样甘愿送死的人。他们简直不敢相信自己的耳朵。

赵礼急了，在旁边大声地哭喊："不行！不可以那样做的！"边上一个强盗奇怪地责问赵礼："为什么不行？"赵礼哭着说："被捉来的是我，被你们吃掉，这是我自己命里注定的，我不怪你们。可是我的哥哥他有什么罪过呀？怎么可以让他去死呢？"听罢此言，赵孝连忙扑到弟弟面前，兄弟相拥在一起，互相争着让自己去死，情急之下已是泣不成声。

强盗们虽然是铁石心肠，无恶不作，但听了兄弟互相争死的话语，望着手足之间舍身相救的场面，被深深震慑住了。他们毕竟也是血肉之躯，也有恻隐之心，被这人间真情真义的感人场面唤醒了，都不免淌下了热泪。他们走上这条路，也是迫于无奈。虽然他们饥肠辘辘，但还是放走了兄弟两人。

后来，这件事辗转传到了皇帝那里，皇帝是一个深明仁义道德之君，非常感动，不仅下诏书，封了兄弟二人官职，而且把他们以德感化强盗的善行，昭示于天下，让全国百姓效仿学习。

曹娥江的眼泪

曹娥江在浙江省上虞。据说，这条江原先并不是这个名字，人们为了纪念孝女曹娥，才给它改成这个名字。

曹娥是东汉人，她的父亲曹盱是一位术士，经常亲自划船到江中做一些唱歌迎神的工作。汉安二年，也就是公元 143 年，曹娥 14 岁，正是豆蔻年华的时候。一天，曹盱划着一只小船，从舜江逆流而上去迎接潮神。没想到天有不测风云，江面上突然起了风浪，小船被一个大浪打翻，就像一片落叶一样，旋即被江水吞没，曹盱也就随之跌入江水之中，被汹涌的波浪卷走。江面风高浪急，岸上的人们面对这场突如其来的变故，一时不知所措，谁也不敢下水打捞相救，只好叹息着离去。这一惊天噩耗传到曹家，曹娥听到父亲落江的消息，哭着奔跑到江边，一边悲痛欲绝地喊着父亲的名字，一边沿着江岸不停地寻找着父亲。

然而，江水滔滔，根本就不见父亲的踪影。一天过去了，两天过去了，三天过去了，曹娥在江边日夜不停地寻找着，呼唤着，哭声几乎传遍了整条大江，谁听了，谁都潸然泪下。连续三日下来，父亲依然是生死未卜。曹娥哭干了眼泪，不吃饭也不睡觉，每天日夜守在岸边苦苦寻找，人们都非常同情她，纷纷来劝她，说人死不能复生，你年纪还小，要多多保重身体。曹娥哭着告诉大家说：一日不找到父亲，就一日不放弃。

曹娥在江边连续寻找，苦苦守候了十几个昼夜后，知道这样下去是不可能找到父亲的，于是，她就脱下随身穿的衣裳，用力抛到江水之中，然后双膝跪在岸边，对着江水说："父亲，如果您在天有灵，就成全女儿的孝心，让这衣裳在您所在的位置沉下去吧！"话音刚落，她抛出的衣裳随着江水漂流了一段距离后，在一个地方打了几个转儿，就沉了下去。曹娥见状赶紧循着衣裳沉下去的地方，毫不犹豫地纵身跳了下去。

五天后，江面上风平浪静，悄无声息，有人隐隐约约看见下游的江面浮着两具尸体，近前一看，原来是曹娥背着她的父亲。虽然父女俩都没有了气息，身体早已经冰凉了，但是，曹娥幼小的身体还是紧紧背着父亲，一点也没有放松。在场的人们见此都流下了眼泪，都说是曹娥至诚的孝心感动了江神，才让她在水下找回父亲的尸首，并把他们送上水面。当地的县官得知这个情况后，也被曹娥的孝心和壮举深深感动，下令把他们父女好好埋葬，并且立了一块碑，将孝女曹娥的事迹记录下来，供人们瞻仰、怀念。

人们为了纪念曹娥，就在她投江的地方建起了一座庙，取名"曹娥庙"。把曹娥所居住的村子改名为"曹娥村"，把那条舜江改称为"曹娥江"。据说曹娥投江救父那天，正好是农历五月初五，所以，当地端午节的一系列纪念活动，理所当然的与曹娥有关了。你如果到曹娥江，看看那江水，仿佛看到的是曹娥的泪水。

潘岳辞官养母

潘岳，字安仁，是晋朝时荥阳中牟人。据史书记载，他在小的时候就以才华闻名，被人们称作"神童"。认识他的人都把他比作是汉朝的贾谊。潘岳曾经写过一篇称赞汉武帝亲自下地耕田的文章，文章思想深邃，语言优美，传扬天下，使他更加出名了。

潘岳是一个孝子。他曾被推举为河阳县令，不愿把母亲一个人丢弃在家，赴任时把母亲也带到任上。他兴趣广泛，特别喜爱花木，办理公务之余，栽培了许多棵桃树、李树，到了花季，显得一片姹紫嫣红，格外美丽，被当地人称为"花县"。

到了春秋季，如果赶上一个大晴天，他就陪着母亲坐上轿子外出游玩，倚在轿前同母亲一起欣赏美丽的景色。

有一回，他的母亲得了病，需要调养。他公务繁忙，无法照料母亲，就毅然辞去了官职。上级认为他清廉能干，实在舍不得让他辞职，就一再挽留，他也不愿意留下来。亲友们也劝阻他不该草率行事。他说："我的母亲平常就体弱多病，我是独生子又没有兄弟。如果远离母亲膝下去做官，那么谁来照顾她老人家呢？我出任河阳县令时，是带着她老人家一起赴任的，为的就是能够照料她老人家。叶落归根，现在母亲生病了，非常想念故乡，如果因我贪官禄不肯陪母亲回乡，那我还算是人子吗？以后让我怎么去做人呢？人都做不好，又怎么能当官呢？因此我宁可弃官不当，也不会把母亲丢下不管！"说到动情处，他不禁泪如雨下，泣不成声，再也说不下去了，众人也都十分感动。

回到故乡之后，潘岳不担任任何官职，一心一意地照料病中的母亲。空闲时间，他还写了篇《闲居赋》来表明自己不愿做官的决心。他在自己住宅旁边开辟出一个园圃，种了许多蔬菜，每天打水、浇园、锄草。到了收获季节，他就把蔬菜卖了，用赚回的钱买来母亲喜欢的各种食物，供养母亲。他还特意养了一群羊，用挤出的羊奶做乳酪，过年时，他就用作供品祭祀祖先和供养母亲。潘岳的妻子也非常贤惠，孝顺婆母极尽妇道。他们夫妻二人夫唱妇随，恩爱异常。可是，妻子无寿，因病早早去世，潘岳十分伤心，作诗怀念妻子，言词十分悲切，读了之后令人增添对他们贤伉俪的感慨。

史书上说，潘岳的文章辞藻十分艳丽，尤其擅长悲凄的诔文。这是因为，他是个感情特别丰富的人，爱自己的母亲，也爱自己的妻子，他把这种感情寄托在文章之中，所以文章就显得特别感人。怪不得古代儒者曾说："要想知道一个人是个多情的人还是个寡情的人，应该从他同亲人们的关系上来推测，说的就是这个道理吧。"

郑板桥责女婿孝父

郑板桥是清代的官吏、书法家和画家，"扬州八怪"之一，以为官清廉和才华超绝为人称道。

在他担任山东潍县县令期间，郑板桥闲来无事就爱到辖制的区域微服私访，借以体察民情。有一天，他带着一名书童东走西逛，偶然走到城南的一个村庄。由于郑板桥的文人习惯，每到一个地方都爱看看当地的字、画和题联之类的东西，这次他看见一个民宅的门上新贴着一副对联，十分有意思：

家有万金不算富；

命中五子还是孤。

郑板桥心下惊奇，毕竟不是过年，又是不过节，还没有什么值得喜庆的事情，贴出这么一副对联到底是为了什么，况且这副对联内容十分含蓄，透着古怪。郑板桥低头一想，猜着八九分。他便上前叩门进宅。一会儿，一个老者前来开门，见是一个文雅的书生候在门外。老人强颜欢笑地将郑板桥请进来，端出简陋的茶具招待郑板桥。郑板桥进屋之后，四下环顾，只见老人家徒四壁，满目萧然。便有礼貌地问："敢问老先生贵姓？不知道今日有什么值得庆祝的事情？"老人听得此语，颦蹙着眉头，唉声叹气地对郑板桥："敝人姓王，实不相瞒，今天是老夫 60 岁的生日，无以为乐，遂写了一副对联挂在门上，这让先生见笑了。"郑板桥听后，仿佛明白了什么，向老者拱手说了几句祝福的话，便起身离开了。

郑板桥马上赶回县衙，下了一道命令，派人将南村王老人的 10 个女婿叫来衙门。随行的书童一听，十分纳闷，便好奇地问道："郑老爷，您只不过和老人交谈数句，怎么得知那个老汉有 10 个女婿的？"郑板桥微微一笑，向他解释说："只要看一看他写的对联，我就明白了他家的情况。你想，小姐不是'千金'的意思吗？他对联中说'家有万金'不是说他有 10 个女儿吗？又有那俗话说'一个女婿半个儿'，他提到他'命中五子'，这不正好是 10 个女婿！"书童听说，方才明白过来。等到王老汉的十个女婿全部到齐之后，郑板桥语重心长地给他们讲了许多道理，不仅让他们明白了孝敬老人的重要性，而且还规定这十个女婿必须轮流侍奉王老汉，让他安稳度过晚年。最后又严肃地告诫说："若是本县听闻你们之中有哪个不好好照顾岳父的，就一定要严治他的罪！"

第二天，10个女儿分别带着自己的女婿上门去看望老人，并且准备了不少的衣服、食物。王老汉对如此孝顺的女婿们没有反应过来，还以为他们是来开玩笑的。女儿赶忙解释，才知道昨天来家的是郑大人。

邵雍与《孝父母三十二章》

邵雍（1011—1077），字尧夫，又称安乐先生、百源先生，谥康节，后世称邵康节，与周敦颐、程颢、程颐、张载并称北宋五子，著名的北宋理学家。著有《皇极经世》《伊川击壤集》《观物内外篇》《渔樵问对》等。邵雍在其他方面也颇有建树，涉猎广泛，而且"读万卷书，行万里路"，一生游历了很多地方，对地理人文有很深的造诣。当时的名流都很敬重他，富弼、司马光、吕公著等人，曾集资为他买了一所园宅，题名为"安乐窝"；他的言论对后世的影响也非常深远，如"一年之计在于春，一天之计在于晨，一生之计在于勤"就是出自邵雍。

另外，其他的北宋五子没有一个像他那样，留下专著讨论孝，关注孝文化的传播，注重孝净化社会风气的作用。邵雍的《孝父母三十二章》和《孝悌歌》就是专门讨论孝的。《孝父母三十二章》是按照时间顺序来写的，从小孩出生一直写到父母去世，把每个阶段孩子的成长，父母的付出都表述得非常清楚。如：儿若病时心更病，何曾一刻得安然。可叹爹娘手内贫，要穿要用懒求人。劝君六饭三茶外，还要供上几许钱。从中可以看出邵雍的《孝父母三十二章》是非常通俗易懂的。体现了邵雍与当时理学家的不同，他更加关注人民的日常生活。

瀑布成美酒

从前在日本美浓国（现在的日本歧埠县）有一位非常孝顺的年轻人，他的母亲在他很小的时候便过世了，长久以来与父亲俩人相依为命。他们的生活穷得连买米的钱都没有。

父亲很爱喝酒，可是连买米的钱都没有，哪来的钱买酒喝呢？年轻人知道父亲一直想喝酒，每天出门的时候总会对父亲说："爸爸，我一定会努力工作，给您买些酒回来，请您再忍耐一些时候！"，可是，砍了一整天的木柴所卖的钱也只能买一顿饭菜回来，一想到父亲有酒喝时高兴的样子，年轻人忍不住难过起来，一步一步拖着疲惫的身子回家。

做父亲的实在也不忍心看着儿子每天从早到晚工作却吃不饱一顿饭还要顾虑他有没有酒喝，看儿子满脸忧戚的样子，他赶紧安慰儿子："别烦恼了，我的好儿子啊，我觉得现在的生活已经很好了，酒不喝没什么关系的。"听到父亲反过来安慰他，年轻人更难过，心想："明天，明天我一定要买酒回来给父亲喝。"

第二天一大早，天还没亮，年轻人便出门往山里头去，从清早到黄昏，年轻人拼命砍柴，得到的数量也比平常多，"这样应该够买一壶酒了。"年轻人很满意地看着今天努力的成绩，然后背起捆好的木柴准备下山去卖，不过，天色已晚，年轻人又太慌忙，一不小心滑了一跤，掉进山谷里去了！

当他朦朦胧胧醒来时，听到附近有流水声，口渴的年轻人撑起摔疼的身体往流水声的方向走去，发现就在附近的悬崖上有一条小瀑布，而且水质非常清澈。他弯下腰来掬起水尝了一口，"哇！真好喝！""咦，这水好像有酒味。"年轻人觉得不可思议，于是就又喝了一口，"这是真的酒吧。嗯，是酒没错。还是上等美味的酒呢！"年轻人试了好几次，最后他肯定这条小瀑布的水就是酒。便将系在腰间的空葫芦取下来用来装瀑布的酒水，想要带回家去给父亲喝。

年轻人连跑带跳地回家，向等候已久的父亲致歉："爸爸对不起，我今天回来晚了，因为不小心掉进山谷的缘故。让您担心了，请您原谅！"父亲看到儿子满身污泥又全身是伤，心疼地抚摸儿子的头发说："平安回来就好，哪里摔着了，赶紧擦擦药吧！"

"爸爸，我没关系。有件奇怪的事情要告诉您。我在掉进山谷后发现一条小瀑布，瀑布的水简直是世上罕见！那水是上等的酒啊！您一定要喝喝看。这是做儿子的我送给您的礼物。"年轻人急忙拿下葫芦并倒出酒来给父亲享用。"真的吗？我来喝喝看。"父亲惊讶地看着儿子倒出葫芦里的水，半信半疑地试喝了一口，"啊，真的是酒，而且还是上等的好酒。"父亲感动得都掉下泪来。"我的好儿子，这一定是你的孝心感动上天，才会赐给我们这么宝贵的礼物。"父亲拥抱着儿子泪流满面。

父亲以后不仅有酒可以喝，并且由于儿子每天都去瀑布取回酒水而天天饮用，长年的驼背竟然变直了！这件事情传开来后，美浓国的君主也知道了年轻人的孝行，他传来年轻人当面奖赏他："你真是一位孝顺的好孩子，为父亲所做的一切实在令人钦佩，正符合武士精神，特此封你为美浓国的武士，你要努力唷！"从此以后，人们把那条流着酒水的小瀑布称为"养老瀑布"。

当代孝星

欧阳名友，70 岁，湖南省宁远县中和镇新开村农民。欧阳名友刚出生 3 天，父亲就被国民党抓了壮丁，3 岁时母亲又改了嫁。成了孤儿的欧阳名友，在叔父等好心人的关心照顾下长大，从小就感受到了人间的至爱真情。他常怀一颗感恩之心，把孝敬长辈、回报亲人当作了自己一辈子最大的责任。

十几年前，欧阳名友岳父去世后，他把岳母蒋金玉接到自己家里，像侍候亲生母亲一样照顾老人。日常生活起居，他总是嘘寒问暖；稍有病痛，他到处求医问药。一日三餐。他悉心为老人安排；一年到头，他处处让老人舒心。在他的精心照顾下，老人精神愉悦，延年益寿，至今已九十多岁高龄。

欧阳名友

欧阳名友的叔父欧阳石庆患有严重的风湿病，长期瘫痪在床，生活无依无靠。欧阳名友把这位73岁的老人接到自己家里，早晨他为老人接屎倒尿，晚上为老人脱衣盖被；夏天他把老人背到树荫下乘凉，冬天他把老人背到炭盆边烤火，悉心照料老人16年，直到老人含笑离去。

孤寡老人张顺荣因患高血压不幸中风瘫痪，欧阳名友夫妇就把她认作义母，接到家里悉心照料。为给这位77岁的老人治病，夫妇俩卖了自家的两头大肥猪和一条黄牯牛。后来老人大小便失禁，夫妇俩及时进行清洗。老人卧床1200多天，从未生过一个褥疮，临终时泪流满面地对欧阳名友夫妇说："我这辈子不能报恩，到来世也不会忘记你们的大恩大德。"

四十多年来，家庭并不富有的欧阳名友为照顾和赡养10位亲友长辈，贴工7000多个，贴粮8000多公斤，贴钱2.46万多元。有人对欧阳名友说："这些人又不是你的亲爹亲娘，何必买个老子瞎操心，去当个蠢子？"欧阳名友憨厚一笑："钱是身外之物，这样的蠢子我甘心当。"

父母的乖乖女

林心如至今对母亲多年前的一个巴掌记忆犹新。

那时林心如正在上中学，看着身边的同学们在校外当模特拍广告，她觉得很新鲜很好玩。同学们一般利用寒暑假或是周末去拍广告，有时也利用课余时间参加此类的活动。有一次，有个拍巧克力棒广告的经纪人找到了林心如，邀她当回模特。林心如特别想去拍这个广告，但对方的拍摄时间正好是自己的上课时间，胆小的她又不想逃课，但她太喜欢那个广告了。后来，她要那个经纪人假扮了自己的父亲向学校老师请了假，逃课出去拍广告。

世上没有不透风的墙，林心如的同学见她没来上课，就打电话到她家里去找她。林心如逃课拍广告的事就露馅了。回家后，母亲问她哪去了，她回答说自己在图书馆看书。母亲伸出手就给了她一巴掌，"很疼，长这么大第一次打我。"从那以后，林心如发誓说一定要做一个孝顺听话，不让父母担心，惹他们生气。许多年过去了，她说到做到了。

长大后的林心如，再也没有跟父母吵过一次嘴，甚至对小时候与爸妈顶嘴的经历也十分内疚后悔。她说父母年纪越来越大了，要珍惜跟他们在一起的时间，多说让他们开心的话语。

现如今的林心如在内地拍戏的时间比较多，所以她每年在台湾待的时间基本不会超过两个月。但是只要在台湾，她总是选择和父母待在一块。她说以前回去总要先找朋友们唱歌到处玩，而现在是先陪父母再陪朋友，林心如目前还和父母住在一起。母亲喜欢喝咖啡，只要有空，她都会陪着母亲去咖啡屋。通常这个时候，母亲会邀上她的三五好友一起品咖啡。而一旁的林心如总会成为母亲口中一个骄傲的话题。让父母引以为自豪的女儿，林心如这个乖乖女用她一部部优秀的影视作品与一首首动听的歌曲来回报他们。

林心如的"乖"还体现在对父母的关爱上，她要求自己对父母做到体贴入微。只要母亲一说哪里不舒服了，她心里就有一种紧张感，但紧张之余总是不断催促母亲上医院看医生。那是她在上海拍摄《半生缘》的时候，那部戏一共拍了四个月。母亲胆结石犯了，这种病一般情况下没什么表现，但一碰到患病部位就感觉非常疼痛。母亲最后在医院进行了手术，住了两个星期。而远在上海的林心如没法回去，她就一天一个电话，询问母亲的病情，心情非常地焦急，当得知母亲没有大碍后，她终于如释重负。现在，林心如每年都会陪着父母去医院做健康检查。

荧幕上林心如青春靓丽，性格乖巧，生活中依然是个父母称道的乖乖女，她用一颗孝心解释着"乖"这个词的含义，内容丰富而完美。

老人是家里的福星

一对夫妻父母早逝，家中无子，憾缺承膝之欢，妻子便责令丈夫外出寻亲。另外一对夫妇，家中有一耄耋老母，口流涎眼生疮，越看越让人生厌，于是妻子责令丈夫将老人送至野外，盼其自然死亡。

不孝之子反复斗争，无奈"妻管严"严重，只好照办。老母被抛弃后，恰被寻亲者遇到，于是背至家中，精心侍奉。

有老人的日子没有闹饥荒，善良的夫妇种瓜得瓜种豆得豆，天气少雨，旁人无收，他们的稻谷依然粒粒爆满。如此循环，日子便越过越安、越过越好、越过越殷实。

而送走老娘的夫妻，没有因节省了口粮而舒坦，反倒越过越紧张，老娘走后一场天火将房屋烧尽。无奈，夫妻只好双双出门讨饭。

好心人家富足，决定放粥三天救济周边穷人。第一天从队伍的东首发放，排在队尾的忤逆夫妻没有分到；第二天，忤逆夫妻赶了个大早抢至东首，但好心人家考虑到前一天西首的人没得到就从西头放起，忤逆夫妻又没有得到；第三天，好心人家从两头放起，花了心眼排在中间的忤逆夫妻又没有得到！三天没有分到粒米，好心人家深觉愧疚，就把他们请至家中，预备食物招待。忤逆夫妻走进好心人家殷实的堂屋，发现自家耳不聪目不明却满脸红光的老母，顿时羞愧难当。

逢年过节，家中有一高寿老者硬朗地坐着，彰显出家庭的安然、宁静和吉瑞。这样的气氛对联贴不出，窗花剪不出，鞭炮的轰鸣创造不出。

人老了，对晚辈总是有用的，越老的人越是家里的福星。

尊敬老人是富国之道

老人，他们可以让国家变得富强，让国家的生命变得更加旺盛。

从前有个故事，它讲述了一个国家因没有老人而被其他国家欺负的故事。

以前有个"杀老国"，凡是到了六十岁以上的，都要被人扔到深山里去活生生地饿死，一点都不尊敬老人——国王认为，这些人一到这个年龄就只会吃饭，别的事一概不会做，没有什么用。

当时有个小男孩的爷爷也将近六十岁了，但小男孩很爱他的爷爷，他不想让爷爷死，于是他把爷爷藏在家里，结果没有一个人发现他爷爷还活在世上。

某一天，一个国家想要来攻打"杀老国"，有个大臣知道"杀老国"没有老人，就提议：不如，拿一条雄蛇和一条雌蛇混合在一起，让他们在三天之内分辨出哪条是雄的，哪条是雌的，不然就投降。于是，使者拿了蛇来到了"杀老国"。

国王不知怎么办，这里又没有老人，国王后悔莫及。这时，小男孩知道了，跑到家里找到了爷爷。爷爷告诉他怎样分辨雄雌蛇的办法，小男孩又将办法告诉了国王，因此，"杀老国"躲过了一劫。国王又得知是小男孩的爷爷的点子，恍然大悟，立刻发布要尊敬老人的消息，还把"杀老国"改成了"敬老国"。

老人，他们的经验值得我们学习，他们的年长值得我们尊敬，一个国家怎么能没有老人，怎么能不尊敬老人呢？

老人，他们已没有我们这般旺盛的生命力，他们已经人老珠黄了，他们比我们更加需要爱，只有爱才能让他们感到不孤单，知道还有人在想着他们。

老人，他们是我们的榜样，他们让我们知道许多我们不知道的东西，让我们能够放开眼睛去看整个世界，让我们感到世界的美好。

是的，一个城市，一个国家，一个世界，没有老人是万万不行的，缺少了老人，就像一个人缺少了内脏，一个没有内脏的人怎么能生存。

尊敬老人，才能让国家变得更加富强。

尊师重道的好楷模

张建国，国家一级演员，著名京剧表演艺术家。

提起如今已经八十多岁高龄的师父，张建国饱含深情。20世纪80年代，25岁的张建国才开始拜师学艺，这对京剧这种需要言传身教的艺术来说，已经是不小的年龄了。为了让张建国早日成才，师父张荣培尽其所有的付出，师徒二人的感情就在一点一滴的拜师学艺过程中越积越浓了。

当时生活条件异常艰苦，张建国就想尽一切办法来照顾、孝敬师父，承担了师父家的所有力气活。每次外出，都把师父家的生活安排好。有时常常骑着自行车一天往返师父家好几趟。如果隔了一两天不见到师父，张建国的心里就堵得慌，空落落的。他常常到早市买了师父、师母平时最爱吃的饭菜带回来孝敬二老，二老更是把张建国当亲生儿子一样看待。

师父师母平时最爱看电视，家里当时的那台9英寸的黑白电视机还是托友人组装的，三天两头老是出毛病，张建国就骑着自行车跑十几里路，把电视送到修理店铺，修好了再给师父带回来。有一年张建国的妻子年底发了2000元奖金，张建国一再叮嘱妻子这钱得留着，不能动。原来他心里早有计划。他和妻子一起到电器城挑选了一台最好的大彩电，骑着三轮车径直送到师父家里。师父激动得一时说不出话来，师母喜极而泣。

师母去世的时候，张建国正在外地演出。一接到电报，他就马不停蹄得连夜在火车上站了十几小时赶回师父家中。师父悲痛欲绝，这让张建国更加放心不下。为了缓解师父的悲痛，张建国把师父从石家庄接到了北京自己的家，让他和自己一起住，这样也方便照顾他。平时都做师父爱吃的菜，没事的时候陪师父聊聊从，下下棋，让老人家不再感到惆怅和孤单。每日里给师父熬药、泡茶，张建国从不怠慢。师父几点起床，几点吃饭，几点喝药，几点休息，喜欢喝浓茶还是淡茶，这些师父生活上琐碎的细节张建国都记得清清楚楚。每隔两天，张建国都会亲自给师父擦热水澡，师父站着不舒服，他就让师父坐着擦。搓背、打浴液、洗头，全部按着步骤来，有条不紊。常常是一次澡洗下来，张建国浑身也像洗过澡一样浑身是汗，可他笑得比孩子还要灿烂。

如今只要团里没有演出，张建国都会回石家庄看望师父。师父习惯了家乡的生活，张建国就一个月多跑好几趟。每次一进师父家门，就和师父紧紧地拥抱在一起。这么多年了，这已经成为"父子"二人之间最甜蜜的见面方式。

天赐奇钱

宋代的都城，有一个守寡的孀妇人称吴氏，吴氏在很年轻的时候就死了丈夫，自己没有生儿育女，只有一个老婆婆和自己相依为命。吴氏对自己的婆婆非常的孝顺。冬天的时候外面冰天雪地，她害怕婆婆睡觉的时候冷，就必定为婆婆暖好被子再请她就寝，如果没有火种就亲自用自己的身体去暖冰冷的棉被。婆婆年纪大了而且眼睛也看不见东西了，她觉得愧对吴氏，而且也觉得吴氏守寡这么多年很孤单，就想为吴氏招赘一个女婿，但是被吴氏坚决的劝止了。

此后，吴氏更加尽心伺候婆婆，自己省吃俭用、辛勤劳作养蚕挣来的钱全部拿来孝敬婆婆。婆婆年纪大了，需要置办后事所需的东西，但是自己又没有钱，于是就将自己的所有值钱的东西典当殆尽，托邻居去置备后事。

吴氏对婆婆的孝心真可谓无微不至，好心自有好报，有一天晚上吴氏做了一个奇怪的梦，梦中有一位白衣仙女对她说："你虽然只是一个村妇，可是却如此深明大义，能将婆婆侍奉得如此周到，现在上天赐给你一枚钱币。"早上起来后，吴氏果然在床头发现了一枚钱币，过了一晚上这一枚钱币居然变成了上千枚，等吴氏用完之后又会有新的钱币源源不断地生出来，人们将其称为"子母钱"。许多年以后，吴氏在没有受任何病痛的情况下平静的死去，她所住的地方生出一股奇异香气，几个月才散去，而原来的钱币随着吴氏的去世也就消失了。

虽然"天赐奇钱"仅仅是一个美丽的传说，它的可信度自然是极低的。然而每一个善良的人心中都一个美好的愿望，那就是希望好人有好报。以德感人更能深入人心。作为一个国家的统治者利用好这种至德的教化作用，不仅仅是治国的法宝，也是对于所有的善良人的肯定，是对他们的一种褒奖，不仅容易被人接受而且会收到意想不到的效果。

不离父母病榻的孝子情怀

1991 年，一部《外来妹》的电视剧在大陆风靡起来，汤镇宗的名字也逐渐被内地观众熟知。随着演艺事业的节节登高，很多朋友建议他去北京拍戏，但都被汤镇宗婉言谢绝了。他说北京离家太远，不能很好地照顾家人，他就选择了能常回家看看父母孩子的广州、深圳一带。

汤镇宗小时候家里非常贫穷，一大家子人都靠父亲在外打工挣钱来维持生活，懂事的汤镇宗就会带着弟弟妹妹给父母分担忧愁。爷爷半身不遂，行走不方便，在父母不在家时，汤镇宗就会搀扶爷爷，送他去医院。行走时，他尽量随着爷爷的步子放慢脚步，生怕自己走快了，爷爷跟不上，踉了脚。

从影二十多年来，取得了众多奖项和荣誉，但汤镇宗从来都是把家庭放在首要位置。父亲生病住院的那年，汤镇宗刚拍完一部戏回到香港，就被告知父亲得的是癌症晚期。父亲病重期间，汤镇宗尽自己所能，找香港最好的医生给父亲看病，整夜整夜地守在病榻前。父亲很难吃下去饭，每吃下东西5分钟后必定要吐出来，站在一旁的汤镇宗看着父亲难受的样子，哽咽着忍住泪水，不停地用毛巾轻轻给父亲擦干净。

父亲在病床上一连躺了几个月，在那段时间里，汤镇宗推掉一切工作及应酬，静下心来陪着父亲。"要好好地报答父母，老人还在的时候要好好地孝顺，不然就会后悔的。"汤镇宗每当回忆起父亲，眼睛总是湿润的。

现在，汤镇宗只要一回到香港，每天都陪在母亲身边。母亲患有糖尿病，从医院拿了药回家自己打针。汤镇宗担心母亲打不好，就亲自给母亲打针，随着时间的推移，原本对医学并不怎么在行的汤镇宗成了一名"良医"，关于母亲的病情，汤镇宗更是了如指掌。

汤镇宗对孝道有自己的一番理解，他认为孝是为人处世的基础。目前，汤镇宗的两个女儿都在英国，他说自己择婿的第一条件是孝顺。

生命的姿势

一对夫妇是登山运动员，为了庆祝他们儿子一周岁的生日，他们决定背着儿子登上七千米的雪山。

他们特意挑选了一个阳光灿烂的好日子，一切准备就绪之后就踏上了征程。当时天气就如预报中的那样，太阳当空，没有风，没有半片云彩。夫妇俩很轻松地登上了五千米的高度。

然而，就在他们稍事休息准备向新的高度进发之时，一件意想不到的事发生了。风云突起，一时间狂风大作，雪花飞舞。气温陡降到零下三四十度。最要命的是，由于他们完全相信天气预报，从而忽略携带至关重要的定位仪。由于风势太大，能见度不足一米，上或下都意味着危险甚至死亡。俩人无奈，情急之中找到一处山洞，只好进洞暂时躲避鹅毛般的大雪。

气温继续下降，妻子怀中的孩子被冻得嘴唇发紫，最主要的是他要吃奶。要知道在如此低温的环境之下，任何一寸裸露在外的皮肤都会导致迅速地降低体温，时间一长就会有生命的危险。怎么办？孩子的哭声越来越弱，他很快就会因为缺少食物而被冻饿而死。

丈夫制止了妻子几次要喂奶的要求，他不能眼睁睁地看着妻子被冻死。然而如果不给孩子喂奶，孩子就会很快死去。妻子哀求丈夫："就喂一次！"

丈夫把妻子和儿子揽在怀中。尽管如此，喂过一次奶的妻子体温下降了两度，良好的体能受到了严重损耗。

由于缺少定位仪，漫天风雪中救援人员根本找不到他们的位置，这意味着风雪如果不停，他们就没有获救的希望。

时间在一分一秒地流逝，孩子需要一次又一次地喂奶，妻子的体温在一次又一次地下降。在这个风雪狂舞的五千米高山上，妻子一次又一次地重复着平常极为简单而现在却无比艰难的喂奶动作。她的生命在一次又一次喂奶中一点点地消逝。

3天后，当救援人员赶到时，丈夫冻昏在妻子的身旁，而他的妻子——

那位伟大的母亲已被冻成一尊雕塑，她依然保持着喂奶的姿势屹立不倒。她的儿子，她用生命哺育的孩子正在丈夫怀里安然而眠，他脸色红润，神态安详。被伟大的生命的爱包裹的孩子，你是否知道你有一位伟大的母亲，她的母爱可以超越五千米的高山而在风雪之中塑造生命。

为了纪念这位伟大的母亲、妻子，丈夫决定将妻子最后的姿势铸成铜像，让妻子最后的爱永远流传，并且告诉孩子，一个平凡的姿势只要倾注了生命的爱便可以伟大并且抵达永恒。

为父报仇

赵娥，东汉酒泉郡禄福县（即肃州）人，父亲叫赵君安，丈夫叫庞子夏。庞子夏去世后，赵娥在禄福县抚养儿子庞清。赵娥的父亲赵君安被禄福县豪强李寿所杀，而赵娥的三个弟弟又相继死于瘟疫。李寿得知后，高兴地对众人说："赵家强壮绝尽，只剩下女人了，我又怎么会怕她来复仇呢？"赵娥听此狂言，激发了长期以来的报仇之心，悲愤地发誓说："我一定要亲手杀了李寿！"赵娥经常夜间磨刀，扼腕切齿，悲涕长叹，毫不在意别人嘲笑她是女流之辈。

李寿整天骑马带刀，防卫森严，行事飞扬跋扈，众人都躲着他走。终于有一天早晨，赵娥跟踪李寿到都亭前，跳下鹿车，抓住李寿的马头，大声斥骂。李寿一惊，企图调转马头逃跑。赵娥挥刀奋力朝李寿砍去，这时马因受到惊吓，将李寿摔在路边的泥沟里，赵娥找到李寿，又用力砍去，因用力过猛，刀砍到了树干被一分为二，李寿也受了伤。李寿拿着自己的刀大喊大叫，一跃而起。赵娥随即挺身奋起左手抵住他的额头，右手卡住他的喉咙，反复周旋，最终李寿气闭，倒在地上。赵娥就拔出李寿的刀，割下李寿的头，到官府自首。当时的禄福长尹嘉，不忍心给赵娥定罪，就主动辞去官职，不受理此案。继续受理此案的官员也不愿意定她的罪，而且想私自放走她。赵娥却视死如归，坚决不做贪生怕死之人，颇有凛然之气。后来，朝廷大赦，赵娥终于名正言顺地回家了。

有一种爱是不能被猜疑的

李斌是个抢劫犯，入狱一年了，从来没人看过他。

眼看别的犯人隔三岔五就有人来探监，送来各种好吃的，李斌眼馋，就给父母写信，让他们来，也不为好吃的，就是想见他们。

在无数封信石沉大海后，李斌明白了，父母抛弃了他。伤心和绝望之余，他又写了一封信，说如果父母再不来，他们将永远失去他这个儿子。这不是说气话，几个重刑犯拉他一起越狱不是一两天了，他只是一直下不了决心，现在反正是爹不亲娘不爱、赤条条来去无牵挂了，还有什么好担心的？

这天天气特别冷。李斌正和几个"秃瓢"密谋越狱，忽然，有人喊道："李斌，有人来看你！"会是谁呢？进探监室一看，李斌呆了，是妈妈！一年不见，妈妈变得都认不出来了。才五十开外的人，头发全白了，腰弯得像虾米，人瘦得不成形，衣裳破破烂烂，一双脚竟然光着，满是污垢和血迹，身旁还放着两只破麻布口袋。

娘儿俩对视着，没等李斌开口，妈妈浑浊的眼泪就流出来了，她边抹眼泪，边说："小斌，信我收到了，别怪爸妈狠心，实在是抽不开身啊，你爸……又病了，我要服侍他，再说路又远……"这时，指导员端来一大碗热气腾腾的鸡蛋面进来了，热情地说："大娘，吃口面再谈。"刘妈妈忙站起身，手在身上使劲地擦着："使不得，使不得。"指导员把碗塞到老人的手中，笑着说："我娘也就您这个岁数了，娘吃儿子一碗面不应该吗？"刘妈妈不再说话，低下头"呼啦呼啦"吃起来，吃得是那个快那个香啊，好象多少天没吃饭了。

等妈妈吃完了，李斌看着她那双又红又肿、裂了许多血口的脚，忍不住问："妈，你的脚怎么了？鞋呢？"还没等妈妈回答，指导员冷冷地接过话："是步行来的，鞋早磨破了。"步行？从家到这儿有三四百里路，而且很长一段是山路！李斌慢慢蹲下身，轻轻抚着那双不成形的脚："妈，你怎么不坐车啊？怎么不买双鞋啊？"

妈妈缩起脚，装着不在意地说："坐什么车啊，走路挺好的，唉，今年闹猪瘟，家里的几头猪全死了，天又干，庄稼收成不好，还有你爸……看病……花了好多钱……你爸身子好的话，我们早来看你了，你别怪爸妈。"

指导员擦了擦眼泪，悄悄退了出去。李斌低着头问："爸的身子好些了吗？"

李斌等了半天不见回答，头一抬，妈妈正在擦眼泪，嘴里却说："沙子迷眼了，你问你爸？噢，他快好了……他让我告诉你，别牵挂他，好好改造。"

探监时间结束了。指导员进来，手里抓着一大把票子，说："大娘，这是我们几个管教人员的一点心意，您可不能光着脚走回去了，不然，李斌还不心疼死啊！"

李斌妈妈双手直摇，说："这哪成啊，娃儿在你这里，已够你操心的了，我再要你钱，不是折我的寿吗？"

指导员声音颤抖着说："做儿子的，不能让你享福，反而让老人担惊受怕，让您光脚走几百里路来这儿，如果再光脚走回去，这个儿子还算个人吗？"

李斌撑不住了，声音嘶哑地喊道："妈！"就再也发不出声了，此时窗外也是哭泣声一片，那是指导员喊来旁观的劳改犯们发出的。

这时，有个狱警进了屋，故作轻松地说："别哭了，妈妈来看儿子是喜事啊，应该笑才对，让我看看大娘带了什么好吃的。"他边说边拎起麻袋就倒，李斌妈妈来不及阻挡，口袋里的东西全倒了出来。顿时，所有的人都愣了。

第一只口袋倒出的，全是馒头、面饼什么的，四分五裂，硬如石头，而且个个不同。不用说，这是李斌妈妈一路乞讨来的。李斌妈妈窘极了，双手揪着衣角，喃喃地说："娃，别怪妈做这下作事，家里实在拿不出什么东西……"

李斌像没听见似的，直勾勾地盯住第二只麻袋里倒出的东西，那是一个骨灰盒！李斌呆呆地问："妈，这是什么？"李斌妈神色慌张起来，伸手要抱那个骨灰盒："没……没什么……"李斌发疯般抢了过来，浑身颤抖："妈，这是什么？！"

李斌妈无力地坐了下去，花白的头发剧烈的抖动着。好半天，她才吃力地说："那是……你爸！为了攒钱来看你，他没日没夜地打工，身子给累垮了。临死前，他说他生前没来看你，心里难受，死后一定要我带他来，看你最后一眼……"

李斌发出撕心裂肺的一声长号："爸，我改……"接着"扑通"一声跪了下去，一个劲儿地用头撞地。"扑通、扑通"，只见探监室外黑压压跪倒一片，痛哭声响彻天空……

圣治章第九

【题解】

圣治，即圣人对天下的治理。本章主要论述圣人周公如何利用孝道使社会得到最好的治理，进而阐明圣人之冶。

【原文】

曾子曰："敢问圣人之德^①，无以加于孝乎^②？"

子曰："天地之性人为贵^③，人之行莫大于孝，孝莫大于严父^④，严父莫大于配天，则周公其人也^⑤。昔者周公郊祀^⑥后稷^⑦以配天，宗祀文王于明堂以配上帝^⑧。是以四海之内，各以其职来祭。夫圣人之德，又何以加于孝乎^⑨？故亲生之膝下，以养父母日严^⑩。圣人因严以教敬，因亲以教爱^⑪。圣人之教，不肃而成，其政不严而治^⑫。其所因者，本也^⑬。父子之道，天性也，君臣之义也。父母生之，续莫大焉^⑭。君亲临之，厚莫重焉^⑮。

"故不爱其亲而爱他人者，谓之悖德^⑯；不敬其亲而敬他人者，谓之悖礼^⑰。以顺则逆，民无则焉^⑱。不在于善，而皆在于凶德^⑲，虽得之，君子不贵也^⑳。

"君子则不然^㉑，言思可道^㉒，行思可乐^㉓，德义可尊，作事可法^㉔，容止可观^㉕，进退可度^㉖，以临其民^㉗。是以其民畏而爱之，则而象之^㉘，故能成其德教，而行其政令。"《诗》云："淑人君子，其仪不忒^㉙。"

【注释】

①敢：与人对语自言冒昧，表敬副词。可译为大胆地，冒昧地。

②无以加于孝乎：没有比孝道更好的吗？《吕氏春秋·离俗》："有可以加矣。"《长利篇》："不可以加矣。"高注："加，上也。"

③天地之性人为贵：天地间有生命之物，最为贵重的是人。《尚书》："惟天地万物父母，惟人万物之灵。"《淮南子·精神训》："天下之所养性

也。"又《主术训》："近者安其性。"高注："性，生也。"《礼记·礼运》："故人者，其天地之德，阴阳之交，鬼神之会，五行之秀气也。"又云："故人者，天地之心也，五行之端也，食味别声被色而生者也。"又云："天之所生，地之所养，无人为大。"

④人之行莫大于孝，孝莫大于严父：莫，没有什么。严，尊敬。按古代说法，万物始于天，人伦始于父。所以对父，应像对天一样尊敬。《后汉书·江革传》："夫孝者，百行之冠，众善之始也。"《汉书·杜周传》："孝，人行所先也。"《大戴礼·曾子·大孝》："夫孝，置之而塞于天地，溥之而横乎四海，施诸后世而无朝夕，推而放诸东海而准，推而放诸西海而准，推而放诸南海而准，推而放诸北海而准。"郑注："孝，德之本也。"《孟子·万章》："孝子之至，莫大乎尊亲，尊亲之至，莫大乎以天下养。为天子父，尊之至也，以天下养，养之至也。"

⑤严父莫大于配天，则周公其人也：配天，指祭天而以先祖配之也。《诗·周颂·思文》："思文后稷，克配彼天。"陈奂《诗毛氏传疏》："凡禘、郊、祖、宗四者，皆天子配天之祭。"贺长龄曰："严父配天，是敬之极，即孝之极。虽畎亩之中，有事父如事天，则有严父配天意象，不必帝王备礼，始能尊其父也。"郑注："尊严其父，配食天者，周公为之。故此独举周公一人者，以当代言之耳。周公名旦，文王之子，武王之弟也。"

⑥郊祀：古代祭祀天地在郊外。《汉书·郊祀志》："故郊祀社稷，所从来尚矣。"又："成帝即位，丞相御史奏曰：帝王之事，莫大于承天；承天之序，莫大于郊祀。"

⑦后稷：周朝的始祖。传说当尧之时，其母姜嫄践踏了巨人之足迹而有妊娠，生子以为不吉祥，弃之在隘巷，牛马不践踏他；取置冰上，飞鸟用翅膀护着他；于是又将他抱回来，取名曰之弃。等他长大成人后，尧使居稷

官，封于邰，号曰后稷。子孙历代任其官，十五传而至周武王，遂有天下。

⑧宗祀文王于明堂以配上帝：《礼记·乐记》："祀乎明堂，而民知孝。"按，明堂亦称清庙。《清庙》诗序云："祀文王也。"《礼记·明堂位》："昔者周公朝诸侯于明堂之位，天子负斧依南乡而立。……明堂也者，明诸侯之尊卑也。"明堂为专祀文王处，故云宗祀上帝、天帝。

⑨何以：以何，凭什么。

⑩故亲生之膝下，以养父母日严：膝下，指人幼年时常依于父母膝旁，此处指孩提时代。《孟子·尽心》："人之所不学而能者，其良能也；所不虑而知者，其良知也。孩提之童，无不知爱其亲者；及其长也，无不知敬其兄也。亲亲，仁也；敬长，义也。无他，达之天下也。"《礼记·曲礼》："幼子常视无诳，童不衣裘裳。立必正方，不倾听。长者与之提携，则两手奉长者之手。负剑辟咡诏之，则掩口而对。"《礼记·祭义》："君子生则敬养。"又曰："君子反古复始，不忘其所由生也，是以致其敬，发其情，竭力从事，以报其亲，而不敢弗尽也。"

⑪圣人因严以教敬，因亲以教爱：司马光曰："严亲者，因心自然；恭敬者，约之以礼。"唐玄宗曰："圣人因其亲严之心，敦以爱敬之教，故出以就傅，趋而过庭，以教敬也；抑搔养痛，悬念箧枕，以教爱也。盖爱敬二字，为孝治之本。故先王以此设教，而使万民皆相爱敬也。"

⑫圣人之教，不肃而成。其政不严而治：唐玄宗曰："圣人顺群心以行爱敬，制礼则以施政教，亦不待严肃而成理也。"此句的意思是圣人的教化虽然并不严厉但却很有成效，圣人的政令虽然并不苛刻但却能使天下太平。

⑬其所因者，本也：本，这里指的是孝道，因其为孝道的根本。司马光曰："本，天性也。"又郑注："本者，孝也。"《论语·学而》："君子教本，本立而道生。孝悌也者，其为人之本与！"《中庸》："惟天下至诚，为能经

纶天下之大经，立天下之大本，知天地之化育。"《曾子·本孝》："忠者，其孝之本与！"

⑭父母生之，续莫大焉：续，传宗接代。焉，代词，这。《尔雅·释诂》："续，继也。"《淮南子·修务训》："教顺施续。"注："续，犹传也。"《易·家人彖》："家人，有严君焉，父母之谓也。"这句的意思是父母生养我们，我们又生子传孙，没有比传宗接代更重要的了。

⑮君亲临之，厚莫重焉：意思是君王对臣，好比严父对子女，没有比这更厚重的恩惠。

⑯悖德：悖，违背。悖德，即违背道德。

⑰悖礼：违背礼仪。

⑱以顺则逆，民无则焉：一作"以顺为逆，民无则焉""以顺，民则；逆，民无则焉""以顺而逆，民无则焉"。则，法则，榜样。

⑲凶德：一种丑恶的品德。古语中将盗、贼、奸视为"凶德"，孝、敬、忠、信为"吉德"。

⑳虽得之，君子不贵也：虽，即使。贵，重视。

㉑君子则不然：不然，不是这样的。然，如此。

㉒言思可道：郑注："言中诗书，故可传道也。"这句的意思是君子所说的每一句话都要考虑是否能得到别人的称道。

㉓行思可乐：郑注："动中规矩，故可乐也。"《中庸》第三十一章："惟天下至圣，为能聪明睿智。见而民莫不敬，言而民莫不信，行而民莫不说。"《曾子·立事》："身言之后人扬之，身行之后人秉之。"又云："人信其言，从之以行；人信其行，从之以复。"这句话的意思是君子所做的每一件事都要考虑到能否使人感到喜悦。

㉔作事可法：唐玄宗曰："制作事业，动得物宜，则可法也。"这句话的

意思是君子所建立的事业要使人能够效法。

㉕容止可观：容止，容貌和举止。这句话的意思是君子的容貌和举止要使人能够仰望。

㉖进退有度：度，法也。郑注："难进而尽忠，易退而补过。进退均有所宜，故有度也。"《论语·泰伯》："君子所贵乎道者三：动容貌，斯远暴慢矣；正颜色，斯可信矣；出辞气，斯远鄙倍矣。"《中庸》："礼仪三百，威仪三千，待其人而后行。"《诗·大雅》："敬慎威仪，惟民之则。"这句话的意思是君子的一进一退都能经得起人们的推敲。

㉗以临其民：临，统治。这句话的意思是用这样的办法来统治他的臣民。

㉘是以其民畏而爱之，则而象之：象，模仿，效法。《左传》："有威而可畏谓之威，有仪而可象谓之仪。君有君之威仪，其臣畏而爱之，则而象之。"又云："故君子在位可畏，施舍可爱，进退可度，周旋可则，容止可观，作事可法，德行可象，声气可乐，动作有文，言语有章，以临其民，谓之有威仪也。"这句话的意思是因此他的百姓既敬畏他，又拥戴他，并处处效法他模仿他。

㉙淑人君子，其仪不忒：淑人，有德行的人，淑，善良。《诗·燕燕》："终温且惠，淑慎其身。"郑注："淑，善也。"仪，是说人的规矩礼貌。忒，差也。《易·象上传》："观天之道，而四时不忒。"这句话的意思是善良的君子，他的威仪礼节不会有差错。

【译文】

曾子说："老师，请您允许我冒昧地再提一个问题，圣人的德行又是什么呢？在所有德行之中，难道就没有其他德行比孝道更为重要的了吗？"

孔子说："人类是天地万物中最为尊贵的。而作为人，他最高的品行便是孝道，没有任何其他东西可以逾越它。作为人，侍奉敬重好父亲就是奉行了孝道，是最大的事业。而尊敬侍奉父亲最关键的就莫过于在祭祀祖先时以父祖为配祀了。这种祭祀以父祖来配祀，最早大约是从周公开始奉行的。据说，从前周公在郊野祭祀天帝时，便以周代的始祖后稷作为天帝的配祀一块祭奉；又在宗族祭祀中，把父亲的灵位安放在明堂中上帝的边上一块祭祀。当时，所有诸侯国都仿效这种做法，恪尽其职去参加对先祖的祭祀，协助周公对文王的祭祀。圣贤明君之德，还有比孝道之举更重要的德行吗？所以说，子女对父母的爱敬之心，自年幼绕膝之时便产生了，等到日渐长大成人，爱敬父母之心也随之增加，慢慢也就懂得了对父母的尊敬。圣贤明君就以子女对父母所固有的爱敬天性为基础进行引导，使他们知道孝敬父母亲是应该的事情；又以子女亲近自己父母的天性为基础，教导他们必须爱敬自己的父母亲。其实圣贤明君要想治理好国家，根本不需要严厉的方法，也不需要残酷的手段。他们管理国家或社会之所以能毋须要粗暴手段就可以达到彬彬之治，所采用的不过就是因循了孝道这一根本天性而已！以孝道去引导、教育人们，其他一切自然而然便臻于理想之境。其实，父子关系，既是人类所固有的天生禀性的体现，也是君主与臣子之间的义理关系的体现。父母亲生下儿女，使儿女能得以传宗接代，这是人伦中最关键最重要的事情了；父亲既是父亲，其实又如君王一样，父亲兼具两者之义。因此，父和子的关系之重大是没有任何其他关系可以相比的。父亲对子女赋予了多么厚重的恩义啊！"

"所以说一个人不能爱敬他自己的亲人，而去爱敬别的人，这种行为是违背常理的；同理，做儿子的不会爱敬他自己的父母亲而只会爱敬别的什么人，也就可斥之为违反普通情理。拿违反常礼的做法去要求民众，不但容易产生社会大乱，而且失去取法的常规的民众也会变得无所适从。假如不做善行反施恶道，不尊事亲长忘弃至爱，即使暂时得到什么，一般也会被有道德高行之士视为可弃之举。"

"这样的事情是不会出现在真正的贤明高士身上的。他们的所思所说，都考虑到要为别人所奉行。他们所作所为，都考虑到要能为他人带来快乐。他们的道德、品行都是十分让人尊敬的，他们所做的一切，都是可为大众所效法的。人们对其外貌的装饰和形象的安排也无从挑剔。就连他们的一进一退，动静举止，都是无不自具法度。诸如此类，不胜枚举。总之，人们完全可以效法圣明贤士的所作所为，包括思维、行动、效果等。正是这些圣明贤士用这样的原则去掌握国家，统治百姓，所以得到民众的敬畏、爱戴、效法。自然而然，圣贤君子的德治教化之业能得成就，他们所发布的法规、命令也能奉行、实现了。"这就如《诗经》上有两句所说的一样："善人君子，最讲礼貌，他的容貌举止，丝毫不会有错的。"

【解析】

天地万物以人最为尊贵，所以称为万物之灵。人的品德当中，以孝道为至高无上，其实这也是做人的基本。孝道做得不够，其他的道德修养恐怕都会根基不稳固，而有所偏失。但是，奉行孝道最重要的为什么是敬重父亲，却不说父母并重？难道男女真的不平等吗？其实，这是男女有别，和平等与否根本扯不上任何关系。男女有别在这里指的是，母亲通常和子女比较亲近，而父亲则为了家计不得不外出工作。在幼小子女的心目中，母亲对自己的照顾比父亲多得多。如果母亲不能及时提高父亲的地位，很容易引起子女的重母轻父，因此造成父亲的不平，而扭曲了生活的常态。这种可能的状况，现代已经十分明朗。古人的"男主外、女主内"主张，同样是基于男女有别而设定的。

更深一层的探讨，必须由《易经》的扶阳抑阴说起。阳为奇数，阴代表偶数。一至十之中，一、三、五、七、九为五个奇数，总和为二十五；二、四、六、八、十为五个偶数，总和为三十。可见天地的数，阳少阴多。所以古往今来，大多君子少而小人多，治世少而乱世多，快乐少而忧患多，天理少而人欲多。人类的责任，即在改变这种缺憾。圣人观察自然景象，领悟出"数不可变，而象可变"的道理。以人道的仁义，来参赞天地的化育。务求君子多而小人少，治世多而乱世少，快乐多而忧患少，天理多而人欲少。把人类的创造性和自主性，发挥到极致。用仁义当作合乎天理的局限性，使文化朝向合理性而发展。

《易经》主张用九不用十，含有以五御十、化阴为阳、君子道长小人道消的深层用意。浅白地说，男人的力气十分之九花费在工作上面，女人的力量只消耗六分，以便治理家人，使男人无后顾之忧。全家老少，都能够享受家庭的温暖。难道这样的美意，也是重男轻女吗？

无可讳言，由于长年来一传再传，产生很多误解和扭曲，使得灵活、巧妙、可爱的中华文化，变得僵化、权谋和表里不一致，实在令人心痛，却又十分无奈。徒然辜负圣贤扶阳抑阴的深厚用意，唯有等待大家平心静气，将以五御十的执两用中，以及显仁（五）藏智（十）与进德修业的关系真正有所领悟以后，才能够敬畏圣人之言，安心地把孝道恢复起来。依仁义，扬天道，早日实现理想的地球村。孔子当年，早已定其名为"大同世界"。

人从父精母血而来。精为灵，表示父的精即灵魂之所寄；血为肉，表示母的血承载了父的精，而成为受精卵。有精灵、有血肉，经过怀胎十月，婴儿便脱胎而出。《易经》乾为天，坤为地，乾为阳，坤为阴。以父配天，如同天父；以母象地，有如地母。父精必须自强不息，才有机会进入母卵之中，构成受精卵；母卵应该厚德载物，只提供唯一的父精以孕育胎儿，是理想的载体，为精子所向往。《易经》所说的道理，和现代的生理卫生完全相同。把父祖等同于上天的尊严，用意在加重父祖的责任。扶阳抑阴，相当于尊重和保护妇女，结果却被曲解为重男轻女，真是不知从何讲起？

当然，重男轻女是真实存在的现象，难怪妇女在长期遭受压抑下要怨愤不平，一听到男女平等，无不表示热烈欢迎。但是，这并不是中华文化的本义，不能把责任推给古代圣贤。我们要振兴中华文化，就不应该长期这样误解，也不该到现代还要继续扭曲下去。似乎正本清源、恢复原有面目，才是合

重男轻女

理的途径。这一次重读经典，最好慎重加以厘清，以免重蹈覆辙才好。我们不应该重男轻女，却必须正视男女有别。

亲爱父母是人的天性，圣贤明君顺着这样的人性，发展为可贵的孝道。并且以身作则，通过祭祀来昭告天下：孝道是以孝治国的基础，而孝治则是孝道的扩大运用。大家自然而然把父（母）和子（女）之间的血缘关系，转移到君（上司）与臣（部属）的义理关系。父亲对于子女，既是严君又是慈亲，具有双重的责任。子女不敬爱自己的双亲而去爱别人，就是有悖于道德，这不是十分简明易懂的道理吗？伦理是有差等的爱，并不是一视同仁的博爱，不知道有什么不对？孝道虽然重情，也必须重义；要有孝思，也需要孝智。期求不扭曲、误解孝的本意，而减低孝的价值，甚或引起众人的怀疑，而造成反对孝道的声浪。

【生活智慧】

1. 孟子把大丈夫的标准，明白定为："富贵不能淫，贫贱不能移，威武不能屈。"他这样做，已经偏离了孔子"无可无不可"的原则，也违背了《易经》"不可为典要，唯变所适"的要领。"无可无不可"既不是滑头、脚踏两只船，也不是不负责任，说了等于没有说；而是凡事必须有原则地应变，原则不易，而应变的结果即为变易。有所变有所不变，两方面都必须兼顾并重。"不可为典要"，指易理是变动的，不能够固定下来。唯变所适，便是依循《易经》，随时空的变化做出合理的调整。大丈夫的标准，定得这么明确，充其量只能用来应付考试，真实的人生根本做不到。长久以来，大家说得漂亮却没有人敢相信，即为明证。

2.《易经》中所说的君子，是指道德修养良好的人。小人在周文王时代，也只是用以指称见识小、不足以担当大任、缺乏德业抱负的庶民。到了孔子，由于时代的变迁，才多以小人来象征道德败坏的人。他的用意也是在贬降小人的地位，以激励大家尽量向君子看齐，做一个品德良好的人。但是无论如何，《易经》绝对不是把男人都看成君子，而女人则全为小人。《易经》是活的学问，千万不可以固定化。"君子上达，小人下达"是孔子用来界定君子和小人的最好说辞。不分男女，只要求上进，致力于提高品德修养的，都是君子。小人有仇必报，君子还要适可而止。所以，君子要胜过小人很不容易，于是才有"远小人"的方式，用以避害。

3. 孔子把"仁"当作"人之所以为人"的本质来看待，而人的本质是人性，所以说仁即为人性。这是人的精神生命，刚生下来时好比果仁那样，还需要萌芽和生长。因此，人性就算是善的，也需要启蒙和培养。婴儿有赖父母的教养，才能够长大成人。现代有些人说什么"孩子是龙，就算丢在阴沟里，依然是龙"，意思是只要安全，不必教育，孩子也会顺利长大。这完全是不负责任的说法，真的害人不浅。

4. 父母是中国人，就应该将自己的子女也培育成中国人。倘若说这是一种本位主义，放眼看去，世界上又有哪一个民族不是如此？否则民族都灭掉了，还有什么文化？中华文化绵延不绝，便是"生为中国人，死为中国鬼"的信念，始终屹立不摇的良好效果。生为中国人，却一直想变成外国人，这种人有资格称为仁人君子吗？

5. "人所归为鬼"，归和鬼同音，所以把归返原先来的地方，当作人死后为鬼的去处。但是有些人对人群社会有特殊贡献，影响十分广泛，大家舍不得他归去，便把他留下来当作典范，尊称之为神。鬼神的状态，我们无法辨识。然而鬼神的感情，当然能够和我们相通，这也是人人都能够自己感应得到的。"祭如在，祭神如神在"，所以诚则灵。

6. 道学是一以贯之的，贯的意思，便是贯通。祭祀的用意，即在贯通人与鬼神的感情。我们虔诚地祭拜祖先，怀着浓厚的追思之情，自然感到祖先的精神，有如在我的前面，或者在我的左右。彼此不出声，便有很多话说。祭祀之后，回忆起许多旧事，又获得很多新的启示。孝的途径，由此开展。心中有父母，孝道随时都能通达。

【建议】

《论语·为政篇》记载："非其鬼而祭之，谄也。"不祭拜自己的祖先，却把别人的祖先当作神来祭拜，根本就是一种谄媚的行为。我们长他人志气，并非不可，所以接着说："见义不为，无勇也。"大家对敬仰的特殊贡献人士，都要加以祭拜，如果不这样做，那就是不义，也就是无勇。因此两者要兼顾并重，长他人志气之余，也不能灭自家人的威风。所以，把自家祖宗牌位和圣贤、伟大人物甚至于神佛安放在一起，既长他人威风也不灭自家人志气，真是两全其美。

【名篇仿作】

《女孝经》贤明章第九

【原文】

诸女曰："敢问妇人之德，无以加于智乎？"大家曰："人有天地，负阴抱阳，有聪明贤哲之性，习之无不利，而况于用心乎？昔楚庄王晏朝，樊女进曰：'何罢朝之晚也，得无倦乎？'王曰：'今与贤者言，乐不觉日之晚也。'樊女曰：'敢问贤者谁欤？'曰：'虞丘子。'樊女掩口而笑，王怪问之，对曰：'虞丘子贤则贤矣，然未忠也。妾幸得充后宫，尚汤沐，执巾栉，备扫除，十有一年矣，妾乃进九女，今贤于妾者二人，与妾同列者七人。妾知妨妾之爱，夺妾之宠，然不敢以私蔽公，欲王多见博闻也。今虞丘子居相十年，所荐者，非其子孙，则宗族昆弟，未尝闻进贤而退不肖，可谓贤哉？'王以告之，虞丘子不知所为，乃避舍露寝，使人迎孙叔敖而进之，遂立为相。夫以一言之智，诸侯不敢窥兵，终霸其国，樊女之力也。《诗》云：'得人者昌，失人者亡。'又曰：'辞之辑矣，人之洽矣。'"

【译文】

诸女就问曹大姑说："能够给我们讲一下妇人之德吗，它与智慧之间的关系怎样？"曹大姑回答说："人本来就有天地、阴阳、聪明贤哲的天性，拥有这些本来是好的，要是能够有意识地培育这样的天性岂不是更好吗？春秋

时期的楚庄王有一次黄昏才退朝，他的妻子樊姬问他：'为何这么晚才罢朝，难道不疲劳吗？'楚庄王回答说：'今天与贤能的人谈心，高兴得不觉天色已晚了。'樊姬问道：'请问这个贤能的人是谁啊？'楚庄王说：'就是相国虞丘子。'樊姬掩口笑了起来，楚庄王觉得奇怪，就问她为什么，樊姬回答说：'虞丘子确实是个贤能的人，但他不是一个忠臣。我得到了您的宠幸而进入了后宫，侍候大王您的汤沐、盥洗已经有十一年了，我向您推荐了九个女人，现在，这九个女人中，比我贤能的有两个，与我差不多有七个。其实，我本来就知道向您推荐比我强的女人的话，她们会与我争宠，但是，我不能够以私蔽公，是希望大王能够见多识广啊。到现在，虞丘子在相位上一待就是十年，他向大王所推荐的人，不是他的子孙，就是他宗族中的兄弟，从未听说他向您推荐过贤能的人，辞退掉那些无能之辈，这样的人能够称得上贤能吗？'楚庄王就将这话完整地告诉了虞丘子，虞丘子听了后不知所措，竟然在外露宿了一个晚上，赶紧叫人将孙叔敖迎了进来，将他推荐给了楚庄王，楚庄王立马就立孙叔敖做了宰相。孙叔敖以自己的智慧，让其他的诸侯国不敢窥视楚国，使楚国终于成就了霸国的地位，这些就是樊姬的功劳。《诗经》说：'一个国家，要是得到了人才的话，就会昌盛，失去人才的话，就会灭亡。'《诗经·大雅·生民之什·板》又说：'君王的命令要是合乎实际的话，子民们就会感到融洽和快乐。'"

《忠经》观风章第九

【原文】

惟臣，以天子之命，出于四方，以观风。听不可以不聪，视不可以不明。聪则审于事，明则辨于理，理辨则忠，事审则分。君子去其私，正其色，不害理以伤物，不惮势以举任。惟善是与，惟恶是除。以之而陟则有成，以之而克则无怨，夫如是，则天下敬职，万邦以宁。《诗》云："载驰载驱，周爰谘诹。"

【译文】

作为臣子，遵循天子的命令，外出调研。通过在各地调研，可以增加自己的见闻，明辨是非。多方听取意见的话，就能够做到完善于事，多看的话，就能够做到明辨是非，能够明辨事理的话，就会忠诚于事，审时度势的话，就能够区分道理。作为君子，应当做到大公无私，讲究仪表，不随意地伤害别人，不怕恶劣的势力。好事一定得做，恶势力必须得将它铲除。以这样的原则去办事的话没有不成功的，以这样的准则办事就不会有怨恨，若是这样，天下的人都会尽职尽责，国家就会安宁。《诗经·小雅·鹿鸣之什·皇皇者华》中说："马车快快地奔跑啊，我们要去向贤能的人请教。"

【故事】

伍子胥

伍子胥（？—公元前484年），春秋末年吴国的大夫。他的封地在申（今河南南阳附近），因地得名，故又叫作申胥。他本是楚国人，有勇有谋。然而，就在周景王二十三年（公元前522年），一场灾难降落到了他的家庭，他的父亲和兄弟因卷入了政治斗争而被楚平王给杀了。伍子胥也被迫逃到了吴国，逃跑的途中，为躲避追兵，他在昭关（今安徽含山）是夜行昼伏，今天的成语"昼伏夜行"就是出自这里。初到吴国的时候，无以为食，伍子胥只能够赤身叩头，嘴里吹着箫，在吴市的街头乞食，表示乞讨的成语"吴市吹箫"，说的就是伍子胥乞讨的故事。伍子胥到了吴国之后，经过自己的一番努力，逐渐得到了吴国国君的重用，参与国政。在伍子胥的辅弼之下，吴国很快就成了东南地区的一个强国。然而，伍

伍子胥

子胥出逃的目的是要为父兄复仇，这是他一直都未能够忘记的。在伍子胥的鼓动和策划之下，吴王阖闾一举灭掉了楚国，伍子胥将杀害其父兄的楚平王挖出来鞭尸三百下，这就是为后世所津津乐道的伍子胥复仇的故事。伍子胥的庙、墓有多处，其庙在全国各地都有，只是以杭州的最为著名，墓则在湖北监利、江苏苏州。历代文人、游客，凡是到伍子胥的庙或墓处祭拜参观的，多留有诗文，表达对伍子胥的敬意。以下仅录梁鲍机的《过伍子胥墓》一首：

忠孝诚无报，感义本投身。

日暮江波急，谁怜渔丈人。

楚墓悲犹在，吴门恨未伸。

包实夫孝心感虎

明朝洪武年间，江西省进贤县里，有一位名叫包实夫的读书人。他对父母亲非常孝顺，每天必定晨昏定省、嘘寒问暖。为了让父母的生活可以过得更宽裕些，他每天都得翻越一座山冈，到离家十多里外的私塾去教书。他的

学问与德行深受大家的推崇。

有一天，包实夫仍像平常一样，授完课回家。走了一段路程，来到一座山冈前，他四下环望，周围不见人烟，山冈上长满了树木，只有一阵阵山风吹得树叶沙沙作响。

此时，包实夫不由得打了一个冷战，正欲加紧脚步赶路，突然从路边的树林里蹿出一只老虎！一个躲闪不及，包实夫被猛扑过来的老虎咬住了衣服，瞬间就被拖到了树林里。老虎将包实夫放在地上，然后伏在旁边，一边喘气一边紧盯着包实夫，并露出一副即将要把他吞掉的样子。

在这性命危在旦夕的时刻，包实夫深知已无生还机会，也就不再妄想逃命，只是想到年迈的父母即将无人奉养，内心顿感万分难过，不禁泪流满面。

说来也奇怪，老虎好像体会到了包实夫的心情，只见它伏在原地一动不动，并不张口去咬包实夫。包实夫望着眼前的老虎，忍不住跪下去深深地拜了起来。一边拜，一边对老虎恳切地说："老虎啊！我让你吃了，就算是我前世欠你的，命该如此，我不怨你。但是我年老的爹娘，以后叫谁来奉养呢？倘若你允许我此次回去奉养父母，待此命完成后，假使我还活在世间，我一定把身体送给你吃，你看可不可以呢？"

老虎静静地看着眼前所发生的一切，似乎真的明白了包实夫对父母的真诚孝心，竟然默默地站起身来，径自离开了。

包实夫以至诚孝心，感动老虎，竟得全归的事情传开以后，人们无不称颂包实夫的德行。后人为了纪念此事并教育更多人勿忘孝养父母地做人本分，就把那个地方取名为"拜虎冈"。

汪廷美——因赦减租

汪廷美，宋朝婺源（今江西省婺源县）人。他是一个老实厚道的人，对父母孝顺有加，和族人相处得也非常融洽。他们族人一共二百多人，一起生活了数十年，关系都非常和睦。每天早上晚上吃饭的时候，如果有的族人没能按时前来，其他的族人也都不会先吃，而是等他来了之后一块享用。汪廷美生活节俭，为人朴实不虚荣。他常穿粗布衣服，没有祭祀活动是不吃肉的；为亲人办丧事时，他遵守丧礼要求，竭尽哀痛，也拒绝见客；每当祖父的忌日，他都不出家门，在屋里斋戒以此纪念祖父。后来朝廷减了老百姓十分之二的赋税，他也随即减去佃户十分之二的地租。村里有人把他们家的鹅偷走了，他问那个人为什么要偷，那人说是夏天快到了，要用鹅来祭祀祖先。他听后认为此人很有孝心，不但没有要回被偷的鹅，而且还送给他很多美酒。后辈人犯了什么错误，他不会用打骂教训，而是耐心地给他们讲古今做人的道理，启发他们自己醒悟过来。

赖禄孙——含唾呴母

赖禄孙，元朝汀州宁化人（今福建省宁化县），是个大孝子。当时贼寇作乱，他背着母亲，带着妻儿，和乡亲们一块到山里避难。中途，遇到了贼寇，乡亲们四处逃散，只有赖禄孙守着老母亲，寸步不离。贼寇举起刀要砍老母亲，赖禄孙一个箭步冲上去，用身体护住母亲，大声说："你们要杀就杀我，不要伤害我的母亲。"母亲这时口干舌燥，没有水喝，赖禄孙就用唾液给母亲止渴，以减轻母亲的痛苦。贼寇看到这个情景，很是感动，不忍心伤害他们母子俩，反而给他们端来了水。这时有个贼寇想抓走赖禄孙的妻子，却遭到其他很多贼寇的阻止："孝子的妻子，是不能侮辱的。"最后，他们一家人安然无恙地走了。

韩邦靖——谨侍兄疾

韩邦靖，字汝度，明朝朝邑（今陕西省大荔县）人。他小时候学习就很勤奋，与哥哥韩邦奇一块考中了进士，当上了山西左参议，守卫大同。当时赶上了荒年，老百姓吃不到粮食，饿死很多人。乡下出现了人吃人的现象。韩邦靖见此情景，很想帮助百姓度过灾难，于是他就上奏此事，请求朝廷赈济灾民，但是却没有被批准。他对朝廷失去了信心，因此就想辞官归隐，没得到批准，就要先动身上路。乡亲们知道后，自发组织起来，站在路旁痛哭流涕，劝他留下来。韩邦靖含着泪回到家乡，不久就病逝了。后来他的哥哥韩邦奇也做了参议，来到大同，乡亲们知道他是韩邦靖的哥哥，都纷纷出来迎接他，并激动地哭了起来。在此之前，韩邦奇曾经身患重病，卧床不起一年多。韩邦靖非常担心哥哥的身体，并亲自服侍哥哥。给哥哥吃的药，他都要先尝一下冷热；他还亲手送上哥哥吃的各种东西。后来，韩邦靖病重，哥哥韩邦奇也是不分昼夜地照顾他达三个月之久。韩邦靖去世后，哥哥只吃简单的饭菜，穿了五个月的孝服。乡亲们都很感动，并为他们立了一块孝悌碑。

小李寄义勇斩蛇

这是东晋时期干宝所著《搜神记》中的一个故事。

三国期间，东吴建安郡（今属福建省三明市）将乐县有座名叫庸岭的高山，绵延数十里。山深林密，西北部石缝之中有一条大蛇，长七八丈，经常出没危害人畜。地方官吏祭以牛羊，仍然未得安宁。传说蛇精每年须吃一个十三四岁的女童，当地才能平安无事。于是，当地官吏便四处搜寻贫苦人家和犯罪家庭的女孩，养到八月之时祭蛇，将该女孩送到蛇穴洞口，由蛇吞噬。年年如此，已有九个女孩葬身蛇腹。

这一年，地方官吏四处搜寻祭蛇童女，未有所得。

当是时，将乐县中有一个十四岁的女孩，姓李名寄，家中共有六个姐妹，她排行最小。她耳闻目睹多少家庭因骨肉葬身蛇腹所受的痛苦，多少父母因女儿命丧蛇口所造成的惨状，不禁义愤填膺，决心应招祭蛇，伺机为民除害。当她把这个志愿告知父母时，父母坚决不允。李寄便对双亲说："爹娘生育我们六个女孩，没有男儿，我等姐妹既无帮助父母的本领，又不能供养双亲衣食，只是成为父母的累赘，不如早死，把我卖去祭蛇，还能得到一些钱来供养父母，岂不更好。"但是父母疼爱女儿，怎么也不肯答应。

李寄为民除害之心已决，便偷偷离家外出，求得一把锋利的宝剑和一条凶猛的猎犬。到了八月祭蛇之时，李寄先将数石米麦用蜜糖拌好，置于洞口。不久，大蛇闻到香味便出来吃。但见蛇头大如笆斗，眼似铜铃，十分吓人。李寄毫无惧色，先放猎犬与大蛇搏斗，自己则从一旁挥剑猛砍，终于杀死了大蛇。而后，李寄进入蛇穴，见到面前九个童女的骷髅残骸，便痛心地说："你们怯弱，为蛇所食，实在可怜。"然后回家。很快，李寄斩蛇的义勇之事轰动全县，满城官民大为赞颂。

后来，南越王闻知李寄斩蛇为民除害的英雄事迹十分惊奇和敬佩，便礼聘册立李寄为王后，并封李寄之父为将乐县令，母亲和姐姐也都全部得到封赐。

茅容重母轻客

郭泰，字林宗，是东汉汉恒帝时期的一个大儒，学识渊博，能以德行感化别人。他曾经周游列国，与当时名士清流大夫李膺等人交好，在洛阳一带声望非常大，太学生都推他为领袖。官府多次召他当官，他坚决不肯就任，但却喜欢和读书人交往、谈论。他的足迹遍布四方。

一日，他在途中遇到大雨，就到路边一棵大树下避雨。大树就在田边，长得非常茂盛，郭泰看见，有几个刚才在田里耕作的农民从田里跑过来，三三两两的，随便地坐在地上，躲避大雨。其中有一个40多岁的人，却是正襟端坐，态度非常恭敬。这个人就是茅容。

郭泰非常会识别人，看到茅容第一眼就觉得此人不凡，想结识此人。于是他就向茅容借宿，有意与茅容交成好朋友。茅容很爽快地答应了。郭泰心想，怎么说自己也是大学者，到处受人尊敬，茅容一定会盛情款待自己的。没想到，茅容对自己彬彬有礼，但让他吃的却是粗茶淡饭。第二天，郭泰看见茅容在杀鸡，他想，这肯定是用来招待自己的。可是等到吃饭的时候，却还是和昨天一样的粗茶淡饭，那只鸡却没见到踪影。郭泰非常奇怪，鸡既然已经杀了，难道不是用来吃的吗？郭泰便问茅容：“你今天不是杀了只鸡吗？”茅容头也没抬，答道：“母亲已经很久没有吃肉了，今天杀了这只鸡，是给母亲吃的。”郭泰酸酸地问：“整只鸡都给你母亲吃了？你自己不吃吗？”茅容回答道：“今天给母亲炖了半只，另外半只我收藏在阁橱里，等过两天再给母亲吃。”

郭泰听了，肃然起敬。对待客人应该以礼相待，这是有德行的人应该做的。可是，当在条件不允许的情况下，孝顺父母与礼遇客人之间发生矛盾，能毫不犹豫地把母亲放在第一位，而把客人放在第二位，实在难得。郭泰感

叹地说："你真是孝顺啊！一般人都是把好吃的先用来招待客人，然后再用来供养父母，而你却宁愿慢待客人，自己和客人一起吃着粗劣的食物，也要首先孝敬母亲。你真值得我学习啊！"

张李氏乞讨奉养婆婆

孝敬自己的父母，是天经地义的。然而，很少有人能够像孝敬自己的父母那样孝敬公婆，而张李氏所做的，远远超过了这一切。

张李氏是唐朝人，品性非常贤淑，长得又很端庄美丽，本姓李，嫁给了一位张姓人家，所以人们叫她张李氏。这户张姓人家的家境十分贫寒，婆婆的脾气又很暴躁，一般人都无法忍耐，李氏嫁到这户人家来，忍受了别人无法忍受的苦处，而且没有半句怨言，只是尽心尽力地侍奉着长辈，照顾着丈夫。

雪上加霜的是，在婚后没多久，张李氏的丈夫便去世了，这个噩耗对这个家，特别是对张李氏，真是晴天霹雳。整个家庭失去了顶梁柱，就好像天塌下来了似的。张李氏失去了依靠，心里没着没落的。一个家，无田无产，甚至连吃的东西都没有，在矮破得难以避风的房子里，只剩下张李氏与眼盲的婆婆相依为命，她们的处境显得那么的悲凉。换了别的女人，早就改嫁，重新去寻找人生的幸福了。张李氏也动过这个念头，但看着家中那眼盲体衰的婆婆，实在于心不忍，就默默下定决心，再苦再难，也一定要赡养婆婆终老，尽她为人媳妇的责任。

因为没有别的生计，为了生存，张李氏只好扶着婆婆四处行乞。每次乞讨回来后，张李氏总是挑选出比较新鲜、好吃、柔软的食物，亲自喂婆婆吃下去。倘若讨来的食物，婆婆无法吃，她便会多讨几家，希望在自己能做到的范围内，尽量让婆婆吃得饱。每次，她都只吃那残羹冷饭。在那个时代，天下穷人多，有时候走了很久，讨了好几家，也讨不到什么食物。不够吃时，张李氏便会把仅有的食物全部喂给婆婆吃，自己纵然饿着肚子也不在乎。在她心中，只要婆婆能过得好，她就很满足了。张李氏的孝行，感动了许多人。在她来乞讨时，人们尽量给她一些好的食物，让她能很好地孝养婆婆。

虽然乞讨过活很苦，但张李氏对婆婆的照顾仍然非常周到，极尽心力，然而婆婆却是一个性子急躁又刚愎的人，每每不高兴时，就拿张李氏出气，不是大声责骂张李氏，就是用拐杖打她。面对婆婆的打骂，不管有理没理，张李氏总是默默承受，而且，张李氏担心婆婆生气会气坏身体，总是会好言安慰婆婆，甚至向婆婆跪下道歉，使她老人家能顺心，而她自己再苦再难也心甘情愿，不但脸上没有一点怨色，而且对婆婆更加小心侍奉。

有许多人对她的婆婆看不惯，为张李氏叫苦，劝张李氏改嫁，可张李氏始终都不动摇，只一心要尽自己媳妇的本分，照顾好婆婆，让婆婆好好度过晚年。因为张李氏年纪很轻，而且长得很美丽，品德又很好，敬重她的人越来越多。当地有一位富翁很喜欢她，趁着这个机会，拿了一百两银子去劝说，希望能把她娶来。张李氏听后，正颜厉色地对富翁说："我宁可和婆婆一起饿死，也不会再嫁人的。"以此打断了富翁的想法，使他不再抱有任何希望。

还有一些青年男子，拿着银子、首饰、衣裳前去送给她，以为她穷困潦倒，一定会上钩的。可是，当张李氏见了这些人，非常气愤，把他们大骂一顿后，将这些银子、首饰、衣裳全部都掷到地上，并把这些青年男子都赶走了。张李氏依然一如既往地尽心侍奉婆婆，不管多么穷苦，也不管婆婆如何打骂，仍不改颜色，细心照料，继续以乞讨来养活婆婆与自己，不离不弃。就这样，张李氏一直照顾到婆婆生病过世。婆婆去世后，她竭尽所能，把婆婆安葬好。因为她毫无牵挂，便削发为尼，到寺院中去修行念佛，在她八十八岁的那一年，端坐念佛，面貌安详地辞世了。

谢蔺敬父不先餐

谢蔺是晋朝时期陈郡的人，字希如，他小时候就很孝顺。

在他5岁那年，一次，他父亲外出办事很晚也没回家，他心中忧虑，坐卧难安，就跑到大门外等候，有时候坐在石头上张望，看看父亲的身影是否已经在巷口出现；天色越来越黑了，简直到了伸手不见五指的时候了，父亲依旧没有回来，谢蔺站在门口，着急得不得了。平时这个时间，家里人早就坐在一起吃饭了。所以，谢蔺母亲见她丈夫今天还没回来，怕小孩子受不了挨饿的滋味，就对谢蔺说："现在他还没有回来，不用再等你父亲了！他或许有公事忙着处理，我们还是先吃吧。"谢蔺执拗地摇了摇头认真地说："父亲没回来，我怎么可以自己先吃呢？父亲忙于处理公事，我自己却在吃饭享受，这是不对的，我一定等父亲回来一起吃饭。"时间慢慢地过去，直到深夜谢蔺的父亲才回来。母亲把今天发生的事情告诉谢蔺的父亲，谢蔺的父亲十分感动，三人一起高高兴兴地用了晚餐。后来，谢蔺的舅舅阮孝绪听说了这件事，十分感叹地说："这孩子年纪这样小，就知道守礼孝亲，就像古代的贤人曾子一样孝顺，将来长大后做官也必定会如蔺相如一样恪尽职守，尽忠报国的。"于是阮孝绪就为他起了"蔺"的名字，盼望他将来能够像蔺相如一样聪明能干为国出力，所以又给他改名叫"希如"。

过了不久，谢蔺的家人为他请来先生，教他读书写字。谢蔺聪明灵敏，往往是先生教过经史典籍之书，只要他看过一遍就没有记不住的。先生大为惊奇，有心考他，但是没有一回能够难住他的。谢蔺的舅舅夸赞说："这孩子真是我们家的希望啊！"

后来，谢蔺的父亲因病去世。谢蔺内心悲痛，时常在人后地哭泣，无心饮食，有时候一天水米不进，身体日渐瘦弱下来。他母亲见他这样，心里很难过，劝慰道："人死不能复生，你父亲无论怎样是不会回来了，你总得想想以后，也不能总是这样伤心。要是你父亲在九泉之下见你这样不爱惜自己，他也不会心安的。要是你听父亲的话，就要刻苦学习努力读书，这样才能长大做大事，才能不辜负你父亲的期望，才能养活一家老小啊！"听了母亲的话，谢蔺失声痛哭，令人不忍卒闻。自此之后，他果然不再像原先那样悲痛了，而是把悲伤化为动力，常常读书到半夜，手不释卷，学业逐渐有了很大进步。

由于谢蔺对父亲很孝顺，同时才华满腹，因此在当地很有声望。当时的吏部尚书萧子显听说了谢蔺的事情，非常赞赏他的孝行和才能，向朝廷举荐，让他做了地方的官员。

电影里的孝女源自生活中的真实写照

斯琴高娃曾经主演过一部电影叫《世上最痛的人去了》，在这部电影中，斯琴高娃真情演绎了自己扮演的女儿与智障母亲的一段温暖亲情。这部电影的很多情节和感情，都来源于斯琴高娃日常生活中对自己母亲无限的眷恋和深情，电影里的母子情深，也是她自己生活中爱母至深的真情流露。

斯琴高娃从小生活在一个特殊的大家庭里，给自己生命的是亲生父母，而把自己养育成人的却是继父母，而且家里姐弟6个，自己排行老大。似乎是"长姐若母"。由于家在农村，从小在斯琴高娃心目中孝顺父母就是要帮他们多干活，如拆洗被褥、浆洗衣服、缝补衣袜、推撵子拉磨、抹簸箕收粮食、挑水、劈柴、干农活……斯琴高娃12岁就能挑满桶水，只要力所能及，什么活都做。五个弟弟耳濡目染，也对父母非常孝顺。

斯琴高娃

参加工作以后，斯琴高娃不管多忙，都从未找任何借口来放松对母亲的照顾。愈是上了年纪，对母亲的依恋就愈深。每年她都把母亲接过来，陪母亲好好检查检查身体，看看病，唠些车轱辘转的家常话，母亲就会高兴得像孩子一样，似乎一下年轻了好几岁。平时到外地看到母亲或许喜欢的新鲜东西了，斯琴高娃都会留心买下来，等母亲过来和自己住的时候送给母亲。母亲嘴里不说，可女儿看得出她周身洋溢着幸福。参加活动或是拍戏准许的情况下，斯琴高娃都不忘带上母亲，看到女儿工作取得的成绩和荣誉，就是母亲最大的幸福和骄傲。在剧组，她就抓紧拍戏的间隙时间陪母亲到城市四处走走、转转，尽管还有很多城市没有一一去到，但女儿已经竭尽所能，了无遗憾。

母亲的年龄已经不小了，每次出门的时候，斯琴高娃有时背着母亲，有时也搀扶着母亲。斯琴高娃的腿不大好，母亲就舍不得女儿这样，说你也是需要人背负和搀扶的年龄了。每当这时，女儿就只是微笑着并不说话。就这样，一个小老太太和一个老老太太互相搀扶，互相提醒。斯琴高娃说对母亲好，并不需要回报，因为母亲已经付出太多，而且对于长辈的孝顺，我们的下一辈，甚至下一辈的下一辈，会看到，也会做到。

下跪的藏羚羊

在藏北的人们，经常能看见一个肩披长发，留着大胡子，脚蹬长筒藏靴的老猎人在青藏公路附近活动。他无名无姓，云游四方，朝别藏北雪，夜宿江河源，饿时大火煮牛肉，渴时一碗冰雪水。猎获的皮张自然会卖出一些钱，他除了自己消费一部分外，更多地用来救济路遇的朝圣者。每次老猎人在救济他们时总是含泪祝愿：上苍保佑，平安无事。

杀生和慈善在老猎人身上共存。促使他放下手中的猎枪的是这样一件事。

大清早，他从帐篷里出来，伸伸懒腰，正准备要喝一碗酥油茶时，突然瞅见两步远的草坡上站立着一只肥壮壮的藏羚羊。沉睡了一夜的他浑身立即涌上一股清爽的劲头，丝毫没有犹豫，就转身回到帐篷拿来了猎枪。他举枪瞄了起来，奇怪的是，那只肥壮的藏羚羊并没有逃走，只是用祈求的眼神望着他，然后冲着他前行两步，两条前腿扑通一声跪了下来，与此同时，两行长泪从它眼里流了出来。老猎人的心头一软，扣扳机的手不由得松了一下。藏区流传着一句俗语："天上飞的鸟，地上跑的鼠，都是通人性的。"此时，藏羚羊给他下跪，自然是求他饶命了。他是个猎手，不被藏羚羊的求饶所打动也是情理之中的事。他双眼一闭，扳机一动，枪声响起。那只藏羚羊便栽倒在地。它倒地后仍是跪卧的姿势，脸上的两行泪迹还清晰地留着。

那天，老猎人没有像往日那样当即将猎获的藏羚羊开宰、扒皮。他的眼前老是浮现着那只跪拜的藏羚羊。他有些蹊跷，藏羚羊为什么要下跪？这是他几十年狩猎生涯中唯一见到的一次情景。夜里躺在地铺上，他久久难以入眠……

次日，老猎人怀着忐忑不安的心情对那只藏羚羊开膛扒皮，他的手在颤抖。腹腔在刀刃下打开了，他吃惊得叫出了声，手中的屠刀咣当一声掉在了地上……原来在藏羚羊的肚子里静静地卧着一只小羚羊，虽已成形，却早已死了。这时候，老猎人才明白为什么藏羚羊的身子肥肥壮壮，也才明白它为什么要弯下笨重的身子向他下跪：它是在求猎人留下自己孩子的一条命啊！

当天，他没有出猎，他在山坡上挖了个坑，将那只藏羚羊连同它那没有出世的孩子掩埋了，同时埋掉的还有他的猎枪……

从此，这个老猎人在藏北草原上消失了，没人知道他的下落。

爱护自己的身体发肤

曾子作为一个孝子，很知道爱惜自己的身体，到死都念念不忘保持自己的体肤完好。曾子临死前，只是牵挂两件事，一件事就是易箦，箦就是睡觉的竹席。曾子是孔子的弟子，对于孔子所提倡的礼制很推崇。临终前，季孙赐给曾子竹席，曾子未来的换上就已经动不了了。按照当时的礼制，人死之时应当寿终正寝，对于曾子来说就是死在竹席上，表示死得很庄重。曾子当时就要求更换竹席，曾元认为不可，原因是曾子当时的身体翻动已经很困难了。曾子坚持要换，认为这样不更换竹席的话，就此死掉是违反礼制的。于是曾元、曾申和当时在旁边的他的弟子，将曾子移到了竹席上了。曾子经此一翻身就很快离世了。

另外一件让曾子牵挂的事就是临死前身体发肤要完好无损，他还为此感到欣慰。这也是当时作为孝子，必须做到的孝道行为之一。他对当时在他身边的学生说："启予手，启予手！诗云'战战兢兢，如临深渊，如履薄冰'"，曾子意思是要弟子掀开席子，看看作为老师的他在死时，身体依然是完好的。曾子这一辈子为保护好自己的身体一生都小心谨慎。为此他引用《诗经》中的名句，来表示自己这一辈子保护自己、爱惜自己，也借此告诉弟子作为孝子要至死都让自己的身体不被损害。他的弟子子春谨记他的教诲。后来当子春的脚受伤的时候，他很小心谨慎，连续多日不出家门，以至于连他的学生都感到不可理解。

以孝心和坚持打动和带动身边人

于学权家住内蒙古兴安盟突泉县永安镇，因在家排行最小，被称为"小权"。

1996年5月，小权70岁的母亲眼压突然升高，眼底出血，患上青光眼。小权四处求医问药，母亲病况未见好转。母亲失去光明，遭遇诸多不便，吃饭、上厕所之类最平常的事都要人伺候。她生性好强，继而情绪烦躁。

小权收入不多，当时每个月二百多元且常常不能及时到手。为了给母亲补充营养，小权和妻子总把不多的肉或菜夹给父母。

他带母亲先后去长春、张家口等地诊疗，以图让她重见光明，但效果不理想。母亲眼部肌肉严重萎缩，视网膜脱落。

半年后，女儿出生。小权既照顾妻女，又照顾母亲。从那时起，他没睡过一个完整觉。

一波未平，一波又临。1999年底，77岁的父亲患脑血栓，不到一年又脑出血，从此瘫痪，生活不能自理。

母亲着急上火，病情加重，也瘫痪在床。就这样，从2000年开始，小权担负照顾瘫痪双亲的繁重劳动，一晃十年。

父母长年缺乏运动，只能强行排便，用手指抠，每次耗费小权一二十分钟。

为避免老人生褥疮，小权给他们增加翻身次数，每天用热水擦身，经常洗澡。父母每天尿湿十几个垫子，冬天更多。小权家常年晾晒一绳子尿垫子，最多三十多个。

一名外地人想拜访这名孝子。问及地址，回答的人说："不用问，你就挨家挨户看，谁家院子里晾满尿垫子，那就是!"访客准确找到小权家。当时小权两口子正在洗尿垫子，大冬天用冷水。来人不解。小权告知，用凉水洗得干净，热水会渍住。

两老人大小便失禁，但小权家没有一点异味。访客临走时说："我真佩服你们。"

小权抽空就查找护理方面的书籍和老年人健康饮食食谱，存下不少医学书籍以及穴位图、血压计和体温计。一些人说，他可以当"半个大夫"。

天气暖和时，小权把父亲母亲抱到外面，晒晒阳光、换换新鲜空气。

俗话说："久病床前无孝子"!

可小权对父母无微不至，十年如一日，成为榜样。镇里谁家子女与老人发生矛盾或婆媳不和，会有人说："看看人家小权两口子!"

2004 年起，父亲常流口水，不再能吞咽和吐痰。小权每天必做事是用吸痰器吸痰，然后用注射器一小口一小口往父亲嗓子里送水。喂饭更烦琐。

父母已老年痴呆，对其他人似乎已陌生。看小权时，他们的目光才格外明亮。凡到过小权家的人，都成为小权夫妇的朋友。小权上课时，学生们听得认真，因为尊敬他。

用孝心慰藉着善行

朱媛媛的母亲是一个心地善良，喜欢做好事的老人，用朱媛媛的话说"她见不得人家有难处，看见一只流浪猫被抛弃，也会流泪。"这位山东老太太经常出现在街头巷尾，喜欢"管闲事"，爱好"打抱不平"。作为女儿的朱媛媛，从没嫌母亲没事找事。与之相反，她还全力支持母亲做好事，做母亲坚强的后盾，并以母亲为榜样，自己也加入"管闲事"的行列中去。

朱媛媛之所以如此支持母亲，原因有两个：一是她和母亲一样都心地善良；二是她是一个孝顺的女儿。

朱媛媛从小就很懂事，让父母很省心。小时候住在老家青岛的大院子里，父亲每天早上都要骑自行车送朱媛媛和姐姐去学校上学。因为从家到学校要爬陡坡，姐妹俩又都不会跳车，父亲一次驮不了两个人。于是父亲就送完姐姐再送媛媛。山东半岛的雪下得特别早，坐在单车后座上的朱媛媛看着父亲的耳朵冻得通红，头发上还挂着雪花，小小年纪的她便体会到了父亲的艰辛。

长大以后，每当母亲上银行将整钱换零钱、上超市买面包火腿肠接着在家煮面条的时候，朱媛媛便知道母亲又要开始行动了：将一沓沓的零钱送到街上乞讨的老大爷手中，以便他们更好地用零钱买食物；将面包火腿肠拿到天桥下穿着破烂行乞的小孩手中，还要监督他们吃完再走；母亲看着风中瑟瑟的小区保安受寒，就煮了热面条送给保安吃。每当这个时候，朱媛媛就会将自己身上的零钱掏出来和母亲一起做这些事。

大学毕业后，朱媛媛将父母接到了北京。在日常生活中，母女经常上演"斗智"的好戏。

朱媛媛在外地拍戏的时候经常会给母亲买几件衣服带回来，当母亲问起价格的时候，她会说得尽量便宜一些，有时甚至要少说一个零。久而久之，母亲就不会相信了，但最终也理解了女儿的良苦用心。母亲去外面办事常挤公交，而朱媛媛就会试用各种方法，让她坐出租车。母亲却和女儿玩起了"猫捉老鼠"的游戏，最后朱媛媛会索要打的发票以验真假，母亲却不知从哪里弄来些废旧发票，朱媛媛一看就知道母亲在糊弄自己，但她又不当场点破。事后，她就缠着母亲，讲自己让她不挤公交是因为她年纪大了，担心她的身体，母亲最后就被女儿的这份孝心说动了。朱媛媛说，自己跟母亲就是朋友般的关系。

有的演员一年到头总是在一直不停息地到处拍戏，而朱媛媛每年最多接拍两三部戏，她说，她要留出几个月的时间给家人，要待在父母的身边，好好地尽孝。

因敬亲而免于坐牢

陆续是东汉初期会稽人。也就是今天苏州一带的人。

陆续在年幼的时候就死了父亲，后来做了会稽郡的户曹吏，这是地方上的小官。掌管地方上的户籍、祭祀和农桑等。当时会稽闹灾荒，太守尹兴让陆续去负责赈济灾民，陆续能够把赈济过的灾民的名字一一报给太守，让尹兴感到很惊奇。后来被扬州刺史辟为别驾从事。但是因为身体原因，过了一段时间，陆续就回到了会稽。

在东汉明帝在位的时候，陆续被卷入了一场皇族的谋反案件。当朝皇帝的弟弟楚王刘英，被人告谋反，最后被逼自杀。朝廷在清理余党的时候，把陆续在内的五百人全部押解到京城洛阳，在严刑拷打下死了大部分，最后留下来的只有陆续等几个人。

陆续的母亲因为牵挂儿子，不远万里从遥远的江苏来到了京城。想见一下儿子，监狱使者不让他们母子相见，也不让陆续知道他的母亲来到了京城。陆续的母亲在客栈做好些饭菜请求看门的狱卒送给陆续吃。陆续见到饭菜后就哭了起来，悲伤不已。使者觉得非常奇怪，就问陆续为何要这样。陆续说道："母来不得相见，故泣耳。"使者听后非常生气，以为是看门的狱卒将陆续母亲到京城的消息告诉了陆续，打算审问狱卒。陆续知道了使者的意思后就说，我喝了汤之后，知道是母亲做的汤菜，也就知道我的母亲到了京城，并不是狱卒告诉了我什么，我母亲切的肉，是方方正正的，切的葱也是长短一致的，所以，我一看到这饭菜，就知道是我母亲做的，也就知道我的母亲到了京城。使者当即就派人到客栈去核实此事，果然在客栈中找到了陆续的母亲，并知道了事情的原委。于是，这位使者就暗中夸奖陆续地做人，将这事上奏给了皇帝，明帝就赦免了陆续等人，但规定陆续以后不得出来做官。陆续后来病死在家乡。

古人以为，将肉、葱切得方方正正的，这是礼制在日常生活中的体现，说明陆续的母亲在平日里教导陆续做人要懂得尊敬。陆续能够尝一下饭菜，就知道这饭菜出自母亲之手，对着母亲做的饭菜哭泣，也是敬亲的表现。

不孝加重刑罚

《宋书》卷五十四中，记载着一起典型的因不孝而加重刑罚的例子。宋孝武帝大明年间，安陆应城县（今湖北应城市）人张陵和他的妻子骂自己的母亲，说叫她死了算了。没有想到的是，他的母亲，被儿子儿媳一骂，想不开，就真的上吊死了。因为骂母亲而致母亲自杀，当时的法律没有明确规定要处以死刑；况且，这时正好是皇帝大赦天下，也就是说于情于理，张陵都会被免去责罚，最少罪不至死。然而，当时的孔渊之在讨论这件事的时候，认为张陵骂母亲实属不孝，这已经是最大的罪行了。对于不孝的子孙，就要严重处罚，以正风气，不该将其列入赦免的行列；同时量刑的时候就要比照最重的刑罚执行。最后，张陵被处以枭首，他的妻子吴氏因为孩子还小的缘故被免去了死刑。

在北朝北齐时，不孝被列为十恶之首。隋朝正式有了十恶罪名，不孝位列其中。唐朝将不孝罪列在十恶中的第七位，对此，《唐律疏义》中是这样规定的：

谓告言诅詈祖父母、父母及祖父母；父母在别籍，异财若供养有阙；居父母丧，身自嫁娶，若作乐释服从吉；闻祖父母父母丧，匿不举哀，诈称祖父母、父母死。

在明清两代的法律条文中，一字不差地照录唐朝对"不孝"的规定。而在中国两千多年的封建社会中，"不孝"的刑罚最高至死刑。从中可以看出中国古人对"孝"的重视程度。

短信传递亲情孝心

曹颖是家中的独生女，地地道道的北京女孩儿。进入演艺圈这么多年来，她从未放松过对父母的孝心。除了在物质生活上尽量让父母过得舒心外，曹颖也非常重视对二老的精神赡养。平时她一有时间就会带父母四处走走，拓展眼界，见识各种趣闻。有一年春节她在海南拍戏，没时间回家，曹颖就把父母从北京接到海南，陪他们一起在沙滩上看烟花，吃年夜饭，度过了一个令人难以忘怀的春节。

曹颖为了和母亲更多的沟通，让妈妈及时知道自己的行踪和近况，特意教会了妈妈怎样发手机短信。平时女儿的近况、心情、随想、照片等第一手资料都会发到母亲手机上，母亲每次收到女儿的信息就像捡到宝贝一样高兴。曹颖也把随时发短信作为孝顺母亲的独特手段，不管工作多忙多累，从没停止过。曹颖这样做的目的只有一个，就是为了让妈妈放心和哄妈妈开心。母亲原来只会回复一个"的"字给女儿，现在已经可以发"长篇大论"和流行语言了。为了和女儿更好地交流，母亲甚至爱上了发短信。

父母年纪越来越大，曹颖就觉得他们就都像小孩子一样需要呵哄。曹颖多次劝说爸爸戒烟，可爸爸已经习惯了几十年的吸烟生活，戒掉谈何容易。为了将吸烟的危害降到最低，曹颖每次从外地演出回来，都会为爸爸带几支烟嘴,这样就可以将吸烟的危害降到最低。曹颖将对父亲的爱凝聚到了最细微处。

曹颖多次担任大型青少年情感节目的主持和评委,每次遇到不孝顺的少年在父母面前出言不逊,曹颖都会站出来替那些父母说话,谴责那些不孝子女,善意地引导他们理解父母的一片苦心。曹颖不仅做到了孝顺女儿应该做到的一切,还言传身教,将孝道传统发扬光大,影响了一大批"曹迷"。

大白香象

在久远的过去,有两个国王,一是迦尸国王,一是比提醯国王。比提醯王因为拥有一只力大无穷的香象,总是轻而易举地就把迦尸王的军队打败,迦尸国王为了一雪前耻,便对全国下达命令:"若有人能为国王抓来强壮的香象,必定重赏。"

当时,在山里住了一只大白香象,被人发现了,国王立刻派军队上山围捕。这只强壮的大象竟然丝毫没有逃跑的意思,温驯的被带回了宫中。国王得到这头珍贵的白香象非常欢喜,为它盖了一个漂亮的屋子,里面铺了非常柔软的毯子,又给它上好的饮食,还请人弹琴给他听,可是香象却始终不愿意进食。

迦尸国王非常着急,亲自来看这头香象,问道:"你为什么不吃东西呢?"香象回答:"我的父母住在山里,年纪又老,眼睛也瞎了,无法自己去找水草来吃,一定饿坏了,只要想到这里,我就难过得吃不下东西。大王,您能不能放我回去孝养父母,等将来父母老死了,我会主动回来为陛下效命。"

迦尸国王听了深受感动,便放这头香象回到山中,同时颁令,全国皆要孝养、恭敬父母,若不孝者,将处以重罪。

过了几年，老象往生了，大香象依约回到王宫，迦尸王高兴极了，立刻派它进攻比提醯国。但是，香象却反倒劝国王化干戈为玉帛，并愿意前往比提醯国，作和平的使者，果然，香象真的化解了怨结，使两国人民都能安居乐业。

孝敬父母，"所有问题都自己扛"

银幕里的陈好是观众熟知并喜爱的"万人迷"。生活中的陈好却是出生在一个普通家庭里的普通女孩。无论是求学他乡，还是一个人在外工作，笑称自己"运气好"的陈好都从来没有让父母操心过。

还在中央戏剧学院读书的时候，陈好就是同龄中最忙碌的一个。生于工薪阶层的她把学习以外的所有时间都用来打零工挣学费了。接拍广告、电视剧，陈好样样不误，一年辛苦下来，攒下的钱不仅交学费绰绰有余，还把多余的带回家孝敬父母。尽管平时学习、工作时间都安排得满满的，陈好却从来都不忘每周一、三、五晚上在固定的时点给父母打电话，报平安。那是当时远在他乡没有亲人在身边的陈好，寄托对父母思念的唯一方式。在电话里，孝顺的陈好每次都是报喜不报忧。学习之余工作的辛苦，陈好从来都没在父母面前提过，父母每次听到的都是女儿在北京的喜讯。这一习惯陈好一直延续到现在。有一年，陈好拍一部戏的时候，高烧39度多，一个人躺在医院里打吊瓶。都说母子连心，就在这个时候母亲打来了电话。躺在病床上的女儿接到母亲的电话，眼泪一下子就涌到了眼眶。为了不让母亲担心，陈好立刻控制了自己激动的情绪，缓和地和母亲说正在拍戏，现在讲话不怎么方便。放下电话，陈好顷刻间泪如雨下。

对于家庭的留恋，陈好从小就特别深刻。除了想尽一切办法减轻父母的经济负担之外，孝顺的女儿更懂得用爱去填充他们的心灵。现在无论工作多忙，陈好都会留下春节的假期和父母一起度过。遇到和工作安排相冲突的时候，她几乎都是选择主动放弃工作。和工作比起来，陈好认为与家人在一起，尽到儿女的责任更重要。毕竟工作机会以后还会有很多，而孝顺父母是不能等待的。每每提及此事，父母的眼睛里都会闪现着骄傲和荣耀的光，这对女儿来说是难以用语言表达的欣慰。

父母虽然没有带给陈好富裕的家庭，显赫的背景，却给女儿留下了巨大的精神财富，教育女儿懂得乐观积极地面对生活。如今女儿几乎拥有了让人羡慕的一切，而在陈好心中，乐观积极的秉性始终是自己的有益助力，这也是带给自己"好运气"的真正来源。在有些人看来奢华浮躁的演艺圈里，陈好一直不忘父母的教诲，好好拍戏，认真做人，兢兢业业地经营着属于自己的快乐人生。父母说，这就是女儿孝敬他们的最好方式。

十一块五毛钱

一天中午，一个捡破烂的妇女，把捡来的破烂送到废品收购站卖掉后，骑着三轮车往回走，经过一条无人的小巷时，从小巷的拐角处，猛地窜出一个歹徒来。这歹徒手里拿着一把刀，他用刀抵住妇女的胸部，凶狠地命令妇女将身上的钱全部交出来。妇女吓傻了，站在那儿一动不动。

歹徒便开始搜身，他从妇女的衣袋里搜出一个塑料袋，塑料袋里包着一沓钞票。

歹徒拿着那沓钞票，转身就走。这时，那位妇女反应过来，立即扑上前去，劈手夺下了塑料袋。歹徒用刀对着妇女，作势要捅她，威胁她放手。妇女却双手紧紧地攥住装钱的袋子，死活不松手。

妇女一面死死地护住袋子，一面拼命呼救，呼救声惊动了小巷子里的居民，人们闻声赶来，合力逮住了歹徒。

　　众人押着歹徒搀着妇女走进了附近的派出所，一位民警接待了他们。审讯时，歹徒对抢劫一事供认不讳。而那位妇女站在那儿直打哆嗦，脸上冷汗直冒。民警便安慰她："你不必害怕。"妇女回答说："我好疼，我的手指被他掰断了。"说着抬起右手，人们这才发现，她右手的食指软绵绵地耷拉着。

　　宁可手指被掰断也不松手放掉钱袋子，可见那钱袋在妇女心中的分量。民警便打开那包着钞票的塑料袋，顿时，在场的人都惊呆了，那袋子里总共只有十一块五毛钱，全是一毛和两毛的零钞。为十一块五毛钱，一个断了手指，一个沦为罪犯，真是太不值得了。一时，小城哗然。

　　民警迷惘了：是什么力量在支撑着这位妇女，使她能在折断手指的剧痛中仍不放弃这区区的十一块五毛钱呢？他决定探个究竟。将妇女送进医院治疗以后，他就尾随在妇女的身后，以期找到答案。

　　令人惊讶的是，妇女走出医院大门不久，就在一个水果摊儿上挑起了水果，而且挑得那么认真。她用十一块五毛钱买了一个梨子、一个桃子、一个苹果、一个橘子、一个香蕉、一节甘蔗、一串葡萄，凡是水果摊儿上有的水果，她每样都挑一个，直到将十一块五毛钱花得一分不剩。

　　民警吃惊地张大了嘴巴：不惜牺牲一根手指保住的十一块五毛钱，竟是为了买一点水果尝尝？

　　妇女提了水果，径直出了城，来到郊外的公墓。民警发现，妇女走到一个僻静处，那里有一座新墓。妇女在新墓前伫立良久，脸上似乎有了欣慰的笑意。然后她将袋子倚着墓碑，喃喃自语："儿啊，妈妈对不起你。妈没本事，没办法治好你的病，竟让你刚13岁时就早早地离开了人世。还记得吗？你临去的时候，妈问你最大的心愿是什么，你说，你从来没吃过完好的水果，要是能吃一个好水果该多好呀。妈愧对你呀，竟连你最后的愿望都不能满足，为了给你治病，家里已经连买一个水果的钱都没有了。孩子，妈妈昨天终于将为你治病借下的债都还清了。妈今天又挣了十一块五毛钱，孩子，妈可以买到水果了，你看，有橘子、有梨、有苹果，还有香蕉……都是好的，都是妈花钱给你买的完好的水果，一点都没烂，妈一个一个仔细挑过的，你吃吧，孩子，你尝尝吧……"

纪孝行章第十①

【题解】

本章具体论述了孝行的内容，并对孝子侍奉父母时提出了具体要求，即要做到致敬、致乐、致忧、致哀、致严的五致，同时戒除骄、乱、争。此章反映了儒家对思想精神的重视。

【原文】

子曰："孝子之事亲也，居则致其敬②，养则致其乐，病则致其忧，丧则致其哀，祭则致其严③。五者备矣，然后能事亲。事亲者，居上不骄，为下不乱，在丑不争④。居上而骄则亡，为下而乱则刑，在丑而争则兵。三者不除，虽日用三牲之养⑤，犹为不孝也。"

【注释】

①纪孝行章：此章纪录孝子侍奉父母的孝行，故以"纪孝行"为名。

②致：尽。

③严：指斋戒沐浴一类事情。实际上"严"也是敬。

④丑：通"俦"，指同辈。

⑤三牲：谓太牢。牛、羊、猪三牲具备，谓之太牢。在古代，太牢属于最高规格的食品。

【译文】

孔子说："孝子侍奉父母，平时要尽量地尊敬他们，奉养时要尽量地使他们高兴，父母生病时孝子要整个身心地陷于忧虑，去世时要表现出最大的悲哀，祭祀时要表现出最大的严肃。这五条都做到了，然后才算是能够侍奉父母。侍奉父母的人，身居上位而不骄傲，身居下位而不捣乱，在同事中间不争强好胜。身居上位而骄傲，就会招致灭亡；身居下位而捣乱，就会招致受刑；在同事中间争强好胜，就会招致动武。如果以上三条不改掉，即令每天都用山珍海味来供养父母，也仍然是个不孝之子。"

【解析】

日常起居，对父母应该抱持尊崇的心意和态度。子女的内心敬不敬，可以从外表的行为态度看出来，所以要丝毫不苟且怠忽，并且保持和悦的颜色。西洋人讲爱，我们讲敬。爱是感情的，很容易变化；敬是理智的，比较容易持久。敬可以包括爱，反过来，爱不一定能包括敬。要维持家庭的长期和谐安乐，敬比爱来得可靠，也高明得多。

供养父母时，要想办法使父母感到快乐。人人都喜爱快乐，但是真正的快乐必须发自内心的喜悦。现代人搞错了方向，盲目追求外在的刺激，结果越追求感觉越迟钝，反而得不到快乐。要挑战人类的极限，就孝道而言，除了极少数负有特殊任务的人以外，最好适可而止。

父母生病，必须请可靠的医师诊治，并且日夜伺候，时刻尽其忧虑的孝心。但最好的方式，则是在未病之前便要察言观色，用心了解父母的生理状态，并与家庭医师保持密切的联系，请其加以适当调理。因为预防重于治疗，在未病时就能细心调养，当然比发病时才着急为宜。不过，千万不要盲信广告或者未经证实的秘方，以免反受其害。

人的寿命，终究是有限的。父母仙逝时，应该尽力办理丧事。生前倘若有所交代，务必遵照办理，以慰在天之灵。如果没有交代，可与长辈商量，务求节哀尽孝，才叫作致哀。有人为了凸显财富，不但排场讲究，普邀达官贵人，而且大行法事，声音大得隔好几条街都听得到。甚至请五子哭墓代哭，最后还要有松弛心情的余兴节目，实在是不伦不类。对生者和亡魂来说，都是十分不利的事情。孝道的要旨，说起来非常简单，就是凡事以德为主。让亡者早日入土为安，治丧应该庄严简朴。有钱人若能捐出一笔葬丧费用充当公益，才是对亡灵最大的尊重，也最具实际的功效。

世俗认为，人死后要做七七四十九天的法事，这主要来自此说：人的魄借血气的灵生出来之后，需要七七四十九天而后全，因此推论死后也需要同等的时间而后灭。不同宗教，各有不一样的说法。我们认为，不能为了满足生者的安全感和虚荣感而增加亡者的业障和罪恶。

父母在世，我们为父母祈福的最好方式，便是"居则致其敬，养则致其乐，病则致其忧"，使父母对我们，除了生病以外没有什么好担心的，那才是好子女。父母亡故，子女不可能不怀念。我们为父母祭祀，一定要诚心诚意。因为人对鬼神是否尊敬，内心自然有所感通。祭祀的仪式，即在诱发我们培养虔诚谨慎的情怀。诚则灵，将自己的精神从幽冥不可知的地方拉回来，转而自主自律，端正自己的行为，这就是通鬼神，而不是向鬼神有所祈求。由于生命有限、资源有限、精力也有限，我们无法将父母对我们的期待完全实现。所以藉着祭祀自我反省、自己激励，务求再接再厉，持续朝着正道大步迈进。

【生活智慧】

1. 居家"五致"，也就是居致敬、养致乐、病致忧、丧致哀、祭致严，把事亲的孝道，从生到死都说得十分周全。目标远大，使我们取法乎上，看看能不能得乎其中。不要一开始便认为时代变了，条件不同不可能做到。因为这五个大原则，并没有严格地规定要达到什么标准，大家可以依据各自不同的情况，做出弹性的应变。只要合理，也就心安理得了。中华文化的艺术性，在这里充分展现。

2. 五致是孝行的五项基本原则，子女还应该向外推展，把这五致化为三不，由内转外，成为出外工作的必守礼制。一方面表示家教良好，不负父母的教诲；另一方面也防止祸害，避免父母担心受辱。子女在外表现欠佳或者有所缺失，那就是大不孝。孝为德之本，又获得印证。

3. 子女在外，坚守三不法则："居上不骄，为下不乱，在丑不争。"从这里可以看出，大多数情况，刚好相反。往往是居下不骄，居上必骄；居上不乱，居下必乱；在独处的时刻保持不争，一旦有了他人，必然争斗。人类天生具有偏道的倾向，所以需要不断加强品德修养，才能返回正道。这"三不"，正好针对一般人的偏道而言，因此以"不"为戒。

4. 中华文化值得我们自豪，却不应该因此而骄傲。自豪是看得起自己，骄傲即为看不起别人。现代人大多刚好相反，看不起自己却盲目地吹捧别人。这种内心空虚，并不是真正知己知彼的现象，反而很容易妄自尊大、自以为是。于是，谦虚的美德，就成为现代人尤为重要的必修科目。

5. 在下不乱，是作为一个现代文明人所必须具备的基本修养。不乱，便是遵守秩序。我们遵守秩序，并不是怕违法，也不是担心被罚，而是心目中有父母，不敢让父母蒙羞受辱。一个人在外为非作歹、扰乱秩序，我们的习惯总是骂他的父母，很多人不明白其中的道理原来和孝道有关。古圣先贤设想周到而用心良苦，我们却不知道。

6. 处于众人之中，若存心竞争而引起大家的恐慌，或用心戒备甚至于互相残杀，这是人与人之间缺乏信任感所致。做人讲信实，要比竞争、残斗来得安全、和谐而快乐。人可以互助，未必一定要竞争。非争不可，也要采取和缓的态度、和平的手段，最好由情入理而不必据理力争。自古皆有死，民无信不立，应该是千古不变的公理。

【建议】

人群社会的最小构成单位，不应该是个人，而应该是家庭。因为个人单打独斗，实在很难生活。家人同心协力、彼此互助，不但方便、有效，而且安全、可靠。孝是齐家的根本，是中华文化的特色。孝不但有爱，而且有敬。孝敬父母，是孝道的要旨。我们听到西方少年直呼父母的名字，实在很难接受。把父母养育子女当作应尽的义务，却主张子女长大成人、各自独立后，可以不必对父母尽孝，难怪西方社会是老人的坟场。想想西方的老人，仅能维持衣食，过着悲苦孤独的残年，总让人觉得于心不忍。孝敬父母，是中华儿女的优良品德，值得自豪，更不能轻易放弃。

【名篇仿作】

《女孝经》纪德行章第十

【原文】

大家曰："女子之事夫也，缅缅笄而朝，则有君臣之严；沃盥馈食，则有父子之敬；报反而行，则有兄弟之道；受期必诚，则有朋友之信；言行无玷，则有理家之度。五者备矣，然后能事夫。居上不骄，为下不乱，在丑不争。居上而骄，则殆；为下而乱，则辱；在丑而争，则乖。三者不除，虽和如琴瑟，犹为不妇也。"

【译文】

曹大姑说："女子服侍自己的丈夫，早上起来帮助丈夫束发加簪，这之中体现了夫妻间的君臣之意；服侍丈夫洗漱饭食，体现了夫妻间的父子般的敬意；出进都得向丈夫打个招呼，这体现了夫妻间兄弟般的情分；答应的事情，必须得遵守诚信，这体现了夫妻间的朋友一般的信任；言行诚恳的话，那么管理家庭就必然有法度。只有这五个方面都具备，之后才能服侍好自己的丈夫。作为女子，要身居高位不骄傲，身处下层不为乱，不争先。身处高位而骄傲的话，就很危险；在下而作乱的话，就是一种羞辱；喜欢争先的话，就是不依顺。这三个方面不铲除的话，即使夫妻间和睦相处，这样的女

中华传世藏书

孝经诠解

《孝经》原典详解

三〇九

人仍然是缺乏妇德的。"

《忠经》保孝行章第十

【原文】

夫惟孝者，必贵本于忠。忠苟不行，所率犹非其道。是以忠不及之，而失其守，匪惟危身，辱及亲也。故君子行其孝，必先以忠，竭其忠，则福禄至矣。故得尽爱敬之心，则养其亲，施及于人，此之谓保孝行也。《诗》云："孝子不匮，永锡尔类。"

【译文】

孝之本源来自忠。臣下对君王要是不能够尽忠的话，说的和做的事情就会不符合道义。臣子不能够尽忠，就会疏于自己的职守，这样不仅会危及自身安危，也会让自己的亲人受到影响。所以，君子行孝，首先要从忠开始，只有对君王尽忠，才会有福禄。臣子应当有爱敬之心，孝养自己的父母亲，由己及人，这样就能够做到因孝而忠。《诗经·大雅·生民之什·既醉》是这样说的："孝子是一代接着一代，请将幸福赐给他们。"

【故事】

孝子皇帝

提到朱元璋，都知道他是一个杀大臣最多的皇帝，他也的确是中国历史上少有的狠毒的皇帝之一，虽然史学界普遍认为政治上的屠杀有其特殊性。朱元璋作为至高无上的皇帝，动辄用斩杀、廷杖来惩罚大臣，但同时，他又是一个颇有孝心的人。朱元璋在登基的第二年，就下了诏书，规定皇帝只能够称孝子皇帝。至于皇太子，则要称孝元孙皇帝或孝曾孙嗣皇帝。朱元璋每年都要参加主持太庙的祭祀活动，有几次，朱元璋竟不能够自持，在大臣面前流下了眼泪，参与祭祀活动的其他大臣，因受到朱元璋的感染，也流下了眼泪。朱元璋为了教育子孙，叫人绘制了《孝行图》，让子孙朝夕观览此图，牢记前辈的孝思、孝行。朱元璋讲孝，竟至于将自西周

《孝行图》

以来流行了二千多年的丧礼也给修改了。洪武七年（1374 年），朱元璋的妃子成穆贵妃孙氏去世，死时年仅三十二，无子。按照《仪礼》的规定，孝子的父亲若是还活着的话，只能够为母亲服丧，对于庶母，则不需要服丧。依照这个规矩，则成穆贵妃孙氏就会没有孝子为她服丧。朱元璋认为这个规定是不合理的，就叫太子的师傅宋濂在历史上去找依据。宋濂不愧为知识渊博的学者，他很快就在历史资料中找到了四十二个孝子自愿为庶母服丧的记录，其中，自愿服丧三年的有二十八人，愿意服丧一年的有十四人。朱元璋见历史上有先例可以遵循，就说，既然历史上自愿服丧三年的比服丧一年的多出一倍，那说明这些孝子们是出自天性，为庶母服丧三年应当立为定制。于是，他当即叫朝臣们做《孝慈录》一书，做了一些新的规定，规定子为父母、庶子为其母，都得服丧三年；嫡子、众子为庶母，都得服丧一年。于是，朱元璋就把周王朱肃过继为死去的成穆贵妃孙氏的儿子，为她服丧三

年，其他诸王，都得为成穆贵妃孙氏服丧一年。

戚继光牢记父训

戚继光，字元敬，号南塘，是明朝著名的抗倭将领。嘉靖七年，戚继光出生。父亲戚景通在老年喜得贵子，高兴不已，希望这个孩子能够继承祖业，成为有用的人才，于是为其取名为继光。

戚景通不仅严于律己，同样也严格要求戚继光，希望他将来能继承自己的事业。他经常教育戚继光：武将须有舍身报国的高尚气节，打起仗来应有身先士卒的勇猛精神。有一次，戚景通问儿子戚继光："你还记得宋朝岳飞那句名言吗？"

"文官不贪财，武官不怕死，天下就能太平。"

"对，你要终生记住这句话，认真读书，苦练武艺，才能为国立功，干一番大事业！"

嘉靖十七年，戚继光继承了父亲的爵位，官至四品。按照规定，授爵之后，戚继光要乘坐马车来返于私塾和家之间，不能再徒步去上学了。但是家里实在是太穷了，负担不起雇佣车马的费用，所以他被迫辍学了。但戚继光不忘父训，刻苦自学。有位先生被戚继光的刻苦精神所感动，自愿免费到他家中施教。在老师的悉心教诲下，戚继光的文武课程更加精熟。历史上英贤人物的光辉业绩，深深激励着年轻的戚继光。于是，在一个秉烛苦读的夜晚，戚继光挥笔写下了一首题为《韬铃深处》的五言律诗，抒发自己保家卫国的志向：

小筑渐高枕，忧时旧有盟。

呼樽来揖客，挥尘座谈兵。

云护牙签满，星含宝剑横。

封侯非我意，但愿海波平。

几年后，戚继光成为一名文武双全的青年军官。这时，晚年的戚景通热心军事，终日埋头著作兵书，无心过问家事，又因早年为官时很是清廉，所以家境不是很富足。有人劝他晚年要多置办些田产以留给后代，戚景通听了后对戚继光说：

"你知道父亲为什么给你取名'继光'吗?"

"要孩儿继承戚家祖业，光耀门第。"

"孩子，我一生没有留给你多少产业，你不会感到遗憾吧?"

"父亲教我从小读书习武，还教我做一个品德高尚的人，这是您给孩儿的最宝贵的产业，孩儿从没想过贪图安逸和富贵，我只想早些让父亲看到孩儿像岳飞建'岳家军'一样，创立一支'戚家军'。"

戚景通听了心中十分宽慰，笑着对儿子说："我在军中为官多年，虽没立下什么奇功，却也恪守本分。多年来，我一直遗憾没能为国家彻底驱除外敌！将来你一定要替父完成心愿，报效国家啊！"

戚继光跪在地上，说："不管将来遇到什么艰难险阻，我也不会忘记父亲一生的志愿！"

不久，戚景通患重病去世。戚继光在父亲坟前痛哭道："继光一定继承您的遗志，为国尽忠，赴汤蹈火，在所不辞！"

明嘉靖二十三年，戚继光袭父职上任，为登州卫指挥佥事。嘉靖三十二年，戚继光任都指挥佥事，备倭山东。嘉靖三十四年，他又调任浙江都司佥事，负责抗倭。当时浙江倭患严重，而旧军素质不佳。戚继光招募农民和矿徒，组成了一支新军，纪律严明，赏罚必信，并配以精良战船和兵械，精心训练；戚继光还针对南方多湖泽的地形和倭寇作战的特点，审情度势，创造了攻防兼宜的"鸳鸯阵"战术，以十二人为一队，配以多种长短兵器，因融因地变换队形，灵活作战。这支"新军"在六年抗倭战役中威震中外，世人称为"戚家军"。

阮孝绪随鹿得参

阮孝绪，字士宗，南朝梁陈留尉氏（今河南省）人，目录学家。长年隐居，不去做官。写成目录学著作《七录》。他从小时候起，就特别喜欢学习，熟读并精通《五经》。阮孝绪小时候被过继给他的堂伯父做儿子，照理来说，他应该得到伯父遗留下来的百万家产，可是他全部给了伯父的姐姐。他非常的孝顺。有一次，他在钟山听人讲经说法，他母亲王氏在家里，忽然生了病，兄弟们就要去把他叫回来。母亲说："你们不必去叫他，孝绪有悟性，心里会有感应的，他一定能自己回来！"果然，阮孝绪觉得心惊肉跳，联想到可能是母亲有病，果真回到了家里。邻居和村里的人都觉得非常奇异。医生说，他母亲的病必须用一味新鲜的人参医治。阮孝绪听老一辈的人说，钟山出产人参。于是，他就亲自到山里去寻找，踏遍了偏僻和危险的地方，可却一无所获。数天后，他忽然看见前面有一只鹿，他就跟着鹿走。不久，那只鹿不见了，面前则出现了母亲需要的新鲜人参。后来，他母亲的病也就痊愈了。

神泉洗目

杨噪，元朝扶风（今陕西省扶风县）人，是一位生性至孝的大孝子。他的母亲牛氏得了重病，很难医治。杨啸没有任何办法，只得向老天祈求保佑，每天焚香膜拜，祈求母亲的病能够早日康复。可能是他的孝心感动了上天，母亲的病竟然真的奇迹般得好了。可是好景不长。母亲又双目失明，行动十分艰难。杨啸看在眼里，急在心中，遍寻神医，可是却于事无补。一次，他不经意间听说只有太白山的神泉水能治眼疾，就二话不说地启程去往太白山了。历尽千辛万苦，终于登上了太白山，找到了神泉，并取回神泉水，每天都亲自为母亲擦洗双眼，从不间断。终于皇天不负有心人，母亲的视力恢复了正常。

后来母亲去世了，那时家乡四处天降大雨，许多地方都被淹没了，可是却唯独杨啸母亲的墓地前后数里范围内只有乌云笼罩，却不降雨。人们对此感到很惊奇，认为这是杨啸用孝心打动了天地，他用孝心守护着母亲。

雪天得瓜

王荐，元代福建福宁人，父亲体弱多病，而且病得很严重。王荐每天晚上都向上天祈祷，宁愿减少自己的寿命，以延续父亲的生命。父亲在病入膏肓时突然醒过来，告诉朋友说："在我生命最危险的时候，来了一位穿着黄衣服、手拿红帕子的神仙，告诉我：你的儿子非常孝顺。所以上天恩赐我再活十二年。"此后，父亲身体马上恢复了健康。十二年后，父亲果然去世了。后来王荐的母亲也得了奇怪的病，口干舌燥，就想吃瓜。可正值寒冬，大雪纷飞，根本没有瓜可吃。王荐想尽了办法，求助乡亲也是毫无结果。他只身一人来到了深山野岭，在树下避雪的时候，想到母亲吃不到瓜病就不能好，心里焦虑难受，不由得仰天长叹，痛哭不已。忽然，他看到对面的岩石之间露出了几根青色的枝蔓，上面结着两个鲜瓜。他高兴得拿回家供母亲食用。

母亲吃后，病很快好了。

赵王辟疫

明朝有姓赵的人家，媳妇姓王，她的公公和丈夫都外出了。婆婆周氏听了小姑的谗言，常常虐待她，可是王氏一切顺受，没有一句怨言，恰巧有个女邻居来劝解婆婆。婆婆疑心是媳妇去叫她来的，就把媳妇赶回了娘家。哪里晓得恰巧瘟疫流行很严重，婆婆和小姑都染上了很危险的病，亲戚们都怕传染，不敢到赵家去问讯。王氏得知婆婆和小姑生病连忙赶回来，在灶前跪着，割下了股肉，煮了汤给婆婆和小姑吃。忽然间听见鬼说："孝顺媳妇头上有一丈高的红光，有诸位神明保护，我们快走快走。"以后就一点声息也没有了，于是她的婆婆和小姑的病也好了。

带着病父求学

张九精，出生在河南农村一个贫困家庭，后随父母到辽宁葫芦岛谋生。一家生活来源全靠父母拾废品。

尽管从小生活贫苦，但张九精在老师、同学眼中却一直是个乐呵呵的男孩。谁想在他初三开学的第一天，母亲被火车轧死。张九精顿时觉得天都要塌了，在他心目中，"妈妈是我最佩服的人，从她身上我学会了坚强！"

母亲的坚强深深留在他童年的记忆里。2002 年 9 月张九精揣着全家仅有的 3000 元钱来到海南师范学院政法系学习。他还没从进入"象牙塔"中的喜悦回过神来，父亲张玉美又患了糖尿病。由于并发症，张九精给父亲打电话，任凭他怎样大声喊，父亲就是听不见。于是他想：我无论如何要把父亲接过来，至少在身体上能够照顾他，使他在感情上也不再那么孤单。

2003年8月，张九精拿到暑假做家教挣来的2000元后，便以每月60元的租金在校外租了间房，把父亲接到了海口。

当看到儿子靠勤工俭学的微薄收入来维持学习和生活时，父亲张玉美到海口第七天就决定去拾废品贴补家用。刚开始，他很担心这样会给儿子丢脸，最初收破烂是偷偷摸摸的，因为租的房子就在海师旁边，生怕被儿子的同学看见，所以晚上才出来捡。

张九精察觉到爸爸的顾虑后，于是劝爸爸："咱们用双手靠劳动挣钱，有什么丢人的！"一有空他就和爸爸一起捡废品。在捡废品的路上，张九精遇上老师、同学也不躲避，还热情地打招呼，父亲弯不下腰时他就帮着捡。

平时一下课，他就到父亲租住的小屋中洗衣做饭，天气冷了，他就把学校发的被子让给父亲用。听说苦丁茶对治糖尿病有好处，他就经常给父亲沏苦丁茶。在儿子的悉心照料下，父亲的身体逐渐有了好转。

带着爸爸上大学并不是一件容易的事。由于患病，父亲不能干重活，每天收废品卖的钱基本够自己吃饭，但每个月至少要花60元的药费。生活重压下，张九精勤工俭学一份接着一份做：家教、电器促销员、床上用品促销员、建筑防水工程小工，生活也比以前更加节俭，中午只花一块钱吃碗面。

同学们知道张九精的困难后，都主动在宿舍楼里帮他收废品。全班50多位同学，每个宿舍，都开始收自己平时随手丢掉的废品，如矿泉水瓶、旧书报等。通过这样的形式，班里同学帮他收集废品卖了200元。

可同学们万万没想到，张九精却把这200元打到了班会费里。

同学赵瑞强记得，大一时他和张九精一起去找家教。两人在市区最热闹的天桥上举着牌子，从早上八点半一直站到中午一点，最后只谈成了一份家教工作。张九精毫不犹豫地把机会让给了他，说："你来做吧，因为你家里比我家里困难。"

更有一次，张九精把自己近一个月的生活费给拿去"玩"了。那是班里组织去三亚旅游，由张九精负责联系旅行社，出发前一天旅行社突然变卦，要加200元才能带团出发。为了不扫同学的兴，张九精悄悄从生活费中拿了200元垫进去。

张九精的这些做法一些同学很不理解：他为何如此"大方"？

因为他忘不了小学四年级时，一场大火烧掉了他们租来的房子，这时当地矿区的叔叔阿姨伸出了友爱之手，帮助他家渡过了难关；忘不了妈妈去世时，他长时间不能走出丧母的悲痛，就在自己准备放弃学业时是常文兰老师给予了他母亲般的温暖，让他与自己的儿子同桌，经常给他带好吃的；忘不了大一时肾结石发作，室友们在半夜全部出动背着他找医院；也忘不了那位卖面的阿姨，给他一块钱的面里偷偷加量，再加放一些肉。

那些曾经给过他帮助的人们，张九精一一铭记在心。他说："我也许永远不能给予同等的回报，但会时刻怀揣一颗感恩的心，尽自己的绵薄之力帮助身边需要的人。"

几乎每一顿饭都靠自己挣来的张九精，却从来没有抱怨过父母把自己生在一个贫穷的家庭。他给大家的印象永远是爽朗、自信。"我之所以能够较容易找到勤工俭学岗位，主要是由于自信。自信又是缘于亲身实践和对自身能力的了解。"张九精如是说。

四年来，张九精的学习成绩一直在全班名列前茅，并多次获国家奖学金、省"优秀大学生奖学金"。从大二开始，他先后担任生活委员、班长、院系党支部副书记，校团委干部。繁忙的社会工作使他勤工俭学时间大大减少，但他始终没有放弃为同学们服务的责任。

2005年海南师范学院正经历前所未有的"欠费风波"。在校生仅这一年时间就欠下学校1700多万元，其中恶意欠费占大部分。于是学校要求学生必须在缴清所欠学费、住宿费后方可办理注册手续。而此刻张九精虽欠学校6000多元学费，学校考虑到他品学兼优，家里经济条件又太差，便决定给他资助。面对学校的资助，张九精婉言谢绝了，他第一个向学校申请休学。

"学生欠费太多了，我不想给学校、给系里老师添麻烦。我自己有能力攒足学费再复学。"张九精一脸自信地说。于是他到一家建材公司当了一名临时雇员。

休学期间，面对海师庞大的贫困生群体，张九精草拟了《关于做好贫困生帮扶工作的几点建议》，并于4月11日交到校领导手中，系统地向学校提出建立解决贫困生问题的长效机制，比如统一回收随处可见的矿泉水空瓶、发动毕业生捐出废旧书籍、办公部门统一回收废旧报纸杂志，将所得用于帮助贫困生等等。

后来张九精在学校"爱心助学基金"帮助下，学费有了着落，又重新回到了学校。

将父母的教诲扛在肩上

吕继宏是著名军旅歌唱家，他的名字红遍大江南北，他的歌声嘹亮动听，深受老百姓和军人喜爱。但是出了名的吕继宏从没拿自己当明星看，他依旧抱着平凡人的心态，过着平凡人的生活。接触过他的人都认为：吕继宏身上丝毫没有一点的"明星味"。而吕继宏之所以能够如此，是因为他始终将父母的教诲扛在了肩上。父母教他的"不可以"三个字，常常使他心存敬畏。

《孟子·万章》里说道："孝子之至，莫大于尊亲"，吕继宏一直都没违背父母的教诲，时常用"不可以"三个字约束自己。小时候起，父母就教育小继宏不可以随便占有别人的东西，不可以白拿别人的东西，不可以没有礼貌，不可以不务正业，吃饭时不可以在大人面前先动筷子……父母严格的家教给吕继宏列出了很多的"不可以"，从那时起，他就懂得那些事情是该做的，那些事情是不该做的，在自己以后的人生道路中，他始终恪守父母的教诲，从没违背过。

吕继宏脑中经常出现这样的问题，"成名后怎么保持普通人的心态？""事业上取得成绩了，怎么约束自己？"吕继宏这时就会用"不可以"三个字来拒绝一些所谓的名利，在取得鲜花与掌声之后，他总是静下心来思考，始终保持一种清醒。不是自己的坚决不要，不可以让自己在原则的边缘徘徊，不可以接受一些虚华的表象与浮夸……吕继宏说每当有诱惑在眼前晃动的时候，他都会想起父母的教诲，告诫自己"不可以"。他说这么多年以来，自己始终将父母的教诲扛在肩上，印在心中。可以说，"不可以"仨字已经成为吕继宏的座右铭。

在事业上取得成功的吕继宏，连续十几年登上央视春晚，母亲以在除夕夜听到儿子的歌声为自豪。1993 年父亲患病去世后，吕继宏全心照顾母亲。他坦言自己在春节期间是最忙的，不能跟母亲团聚在一起，但即使是在海外慰问演出，他都要打电话给母亲报平安问好。

作为军人的吕继宏以服从命令为天职，而他也将父母的教诲当作命令一样，始终坚贞不渝地恪守，这也映衬出他那颗纯洁的孝心。

捡垃圾的老头和发廊女

近来街边那家"夜来香"发廊又开张了。不过换了个主儿，是一个俏丽清纯、楚楚动人的乡下妹，叫刘晓翠。发廊的名字改成了"清纯妹"。

不过，"清纯妹"发廊左邻右舍的人，甚至过路的人，都鄙夷不屑地说："什么清纯妹，还不是拉客卖那肉体的！"原来，此房原来叫"夜来香"的那个人主人是个妖艳女人，性格十分放荡。后来，此妖艳女被公安局收进去了，空下的房子就被这个叫刘晓翠的女孩租来又开发廊了。这怎不叫人猜疑，再说现在许多女人开的发廊都名声不好。

说来也怪，爱情这东西就是说不清也道不明。自来水厂章华的儿子章飞竟然就对此刘晓翠一见钟情。照说，章飞长得浓眉大眼、英俊潇洒，一个月工资八九百，要人品有人品，要条件有条件，啥俏丽女孩找不到，他却偏偏爱上了一个如今名声不太好的发廊女孩。

章华对儿子章飞说也说过："嗯，你怎么这么没脑子，去爱一个发廊女，你不怕染病！"章飞却暴喝一声："您不懂爱情！"章华对儿子打也打过，边打边骂："我打死你这个王八羔子！"可章飞还是往发廊跑，甚至上班时间听人说有吊儿荡当的人去"清纯妹"发廊，他也跑去照看着，怕刘晓翠受引诱与别人发生不正当的关系，坐在那儿他就机警地狠狠地盯着人家。甚至他都与别人发生了冲突，刘晓翠却不领情，说："关您什么事，管得宽！"章飞一时气走了，刘晓翠便嘤嘤地哭。可一会儿章飞又去了"清纯妹"发廊，刘晓翠又冷脸相对，他还能默默地坐下去。

这几日竟然出了个奇事，一个老头竟然背着被絮床单之类床上用品，在"清纯妹"门口外的左边大石条上铺开，就这样露宿街头了。这老头还不时转到"清纯妹"发廊门口去张望。四周的人都暗暗骂道:"这个老不正经的东西,也想老牛吃嫩草!"还有人叹道:"这世道咋说呀!"不断地摇头慨叹。

有一天,章飞终于与老头发生了冲突,章飞大骂:"您这个老不要脸的,您朝里面张望什么!"老头竟然从石条下抽出一条铁铲,要砸章飞,吼叫着让他今后再别进发廊去。章飞捡了一块砖块,差点真的和老头打起来。幸亏,章华及时赶到,才算把章飞强行拉走。这下议论纷纷了,都说章飞这伢子中了爱情的毒,竟然和一个破老头子争风吃醋。可章飞还往发廊里照去不误。他的父母都无奈地叹息,直摇头说就没当生养这个孩子。

说来这老头子也是"瘾"蛮大的。天气渐渐变冷了,冬天已来临,行人都冻得脸发红。这老头子竟然也不卷起被盖去找一个暖和的地方。还是露天坐着。冷风阵阵吹来,他都冻得脸发紫了,他还是坐在那儿。有人笑话他,比守在边疆风雪中的战士还坚强。一日下起了雨,风雨交加中,老头冻得瑟瑟发抖,牙齿打咯咯,他也不走。这下人们又摇头叹息且怜悯了,这死老头子是何苦呢,为了那一会儿的快活,连老命都不要了,在这里受冻。

不久,又传言深更半夜,刘晓翠竟拉老头子进去吃肉炖藕。还有一晚,路上几乎没有行人时,外面冷风冷雨的,刘晓翠竟然把他往发廊中拉。一些好事的人便议论开了。难道这老头与这乡下女玩出感情来了不成?也说不定吧,老头老练,知寒知暖,打动了她的芳心。

这下受不了的是章飞了,他疯了似的在发廊门口大骂老头不要脸,还揪着老头要打。

这时,脸早已涨得通红的刘晓翠打了章飞一耳光,一语惊人地说:"要您扯屁蛋,他是我爸!"

章飞一时愣住了,醒悟过来时,不禁发笑,捂着被打得发热的脸开心地憨笑了。

　　捡垃圾的老头竟然是刘晓翠的爸爸。这下四下哗然了。很快人们弄清真相了。原来，刘晓翠原本和爸爸刘福贵在乡下种田。刘晓翠平素有剃头的手艺，在乡下替几个村的人理发，剃头的手艺堪称一绝，无人不一坐在椅子就闭上眼睛，满脸惬意地细细享受那种舒坦，人们都说她要进城理发，肯定发了。后来，她想到城里来见见世面，也好多赚点钱，便来开发廊。其实他爸爸早听说城里一些发廊妹名声不好，便一直阻拦她进城。可刘晓翠是个倔妹子，要做的事谁也拦不住，她才不管流言蜚语呢。他爸爸无奈，但爱女心切，偏要示范给女儿看，进城也可以，但不可以堕落，捡垃圾一样可以生活。但他坚决不准她喊自己爸，开发廊实在丢人现眼啦。因此他也不肯进发廊。父女俩一直较着劲儿哩。这下人们恍然大悟了，原来冷风冷雨的，他也不走，是怕女儿一失足成千古恨呀！可怜天下父母心啊。原来，晚上深更半夜刘晓翠拉老头进屋，是担心自己的爸爸。人们感慨万千地说："父女情深啦，都是发廊的恶名惹的祸。"

　　很快，刘晓翠与章华的儿子章飞结婚了。据说先前捡垃圾的老头刘福贵婚前认这个女婿，笑呵呵地说："女儿，那天我故意假装要用铁铲砸他，试试他，吓吓他，他还是不怕死要来，他对你是真心的，人又憨实，他做你丈夫可得！"

不孝儿媳遭天谴

　　清代嘉庆二十三年，江苏省无锡县北乡曹溪里，有王姓的儿媳，是一个泼辣凶悍的逆妇，平日懒于操作家事，一切煮饭洗衣，乃至打扫等杂务，都要老态龙钟的婆婆动手。可是婆婆年老力衰，对于家事的操作，当然不能做得理想，或是房屋打扫得不够整洁，或是菜肴烹调得不够味儿，因此时常遭受逆媳的恶言咒骂。那逆媳的丈夫，亦即婆婆的儿子，是一个懦弱无能的人，坐视妻子忤逆自己的母亲，不敢加以劝导，更谈不上管教。邻居的人，有时看不顺眼，偶尔从旁劝解，总无法遏制逆媳的恶性，至于婆婆本人，为了爱护孙儿，竟甘受逆媳的凌辱，逆来顺受，日子一久，逆媳益发肆无忌惮。

有一天，婆婆带着孙儿玩，不知怎的，孙儿跌了一跤，跌破了头。逆媳认为是婆婆太不小心，以致跌伤了自己的儿子，竟对婆婆破口大骂。正在咒骂得凶狠，使婆婆痛心万分的时候，忽然乌云四布，大雨倾盆，不一会儿，房屋内外，都积满了水，逆媳两脚踏在泥地上，因泥地被洪水冲得很松，逆媳竟陷入泥土中，越陷越深，她不禁惊慌起来，急忙大呼："婆婆救我！婆婆救我！"婆婆看到媳妇陷入危急状态中，虽已忘了平日的怨恨，很想救她，但在狂风暴雨中，束手无策，逆媳身体的大部分，都已陷入地下深泥中了，放声痛哭起来，可是哭也无用，不到一小时，全身灭入地中。

狂风暴雨过后，邻居们把逆媳从泥地中挖掘起来，已经窒息毙命。这样的惨死，好像是被活埋一样，远近的人，看到逆媳死得如此的奇，都说显然是忤逆的现身恶报。当时有人作了一首诗说："大地难容忤逆人，一朝地灭尽传闻。婆婆叫尽终无用，何不平日让几分！"

孝心是一条流淌的河流

电视屏幕上的王姬楚楚动人，绰约风情。公众眼里的王姬，是一位有着传奇经历的女人。大家为她精湛独到的演技而佩服得五体投地，为她心酸伟大的母爱而心生感动。被无数观众崇拜的王姬，她也有自己的偶像，那就是她的母亲。

相比较别人而言，王姬更能体会到一个母亲的爱。为了给智力有缺陷的儿子治病，她不停地拍戏赚钱，到处寻找良方。作为一个母亲，王姬令人肃然起敬。

1988 年，王姬赴美留学，身上揣着国家发的 60 美金和一条手绢。那条手绢是母亲在临行前给她买的，手绢上印着一休的卡通形象，妈妈希望她像一休一样勇敢、积极地去面对一切事情。这条手绢一直陪伴着王姬，每当孤独的时候，她总会掏出来看看，想念大洋彼岸的父母。

在美国留学期间，王姬是靠自己打工挣钱来养活自己，所以生活过得异常艰辛。为了给父母买件像样的礼物，她向同学借了 1200 美金后，买下了洗衣机、冰箱、电视机、录音机。其中两件送给了自己的父母，另两件送给了未来的公公婆婆妈。在给母亲通电话时，她撒了一个善意的谎言，说买"四大件"的钱是自己打工赚来的。直到现在，那台老旧的电视机依旧摆在家中，成了母女俩温馨的回忆。

自从自己当了妈妈以后，王姬更体会到了母亲的不易。每天，她都要将母亲打扮得漂漂亮亮，她说母亲穿得漂亮舒心，生活开心，做儿女的也跟着开心。她经常会给母亲买衣服以及小礼物，逗母亲开心。

王姬在戏中扮演过母亲的角争，也经常会有哭戏，她说自己演哭戏有一个取之不竭的资源。当时王姬在美国安定下来后，母亲放弃国内所有福利也去了美国帮她带孩子。后来，外婆突然离世时，母亲连她最后一面都没见上。每当想起这件事的时候，王姬总是很伤心，也明白自己要尽可能多地陪在母亲身边。

受母亲的影响，王姬对孝的理解很深刻，这种源自长辈孝的教导，在王姬这里得到了很好的传承，而她的言行又影响着自己的孩子。如果说孝心是一条永久流淌的河流，那么王姬对父母的爱就是河面泛起的浪花，从母亲那里顺流而下，又从自己这里顺流而去，最终停靠在儿女的港湾，美丽而又飘远。

天底下最伟大的父亲

从记事起，布鲁斯就知道自己的父亲与众不同。父亲的右腿比左腿短，走路总是一拐一拐的，不能像其他小朋友的父亲那样，把儿子顶在头上嬉戏奔跑。父亲不上班，每天在家里的打字机上敲呀敲，一切都显得平淡无奇。布鲁斯很困惑，母亲怎么愿意嫁给这样的男人并和他很恩爱呢？母亲是个律师，有着体面的工作，长得也很好看。

小的时候，布鲁斯倒不觉得有个瘸腿的父亲有何不妥。但自从上学见了许多同学的父亲后，他开始觉得父亲有点窝囊了。他的几个好朋友的父亲都非常魁梧健壮，平日里忙于工作，节假日则常陪儿子们打棒球和橄榄球。反观自己的父亲，不但是个残疾人，没有正经的工作，有时还要对布鲁斯来一顿苦口婆心的"教导"。

像许多少年人一样，布鲁斯喜欢打橄榄球，并因此和几位外校的橄榄球爱好者组成了一个队伍，每个周日都聚在一起玩。那个周日，和往常一样，布鲁斯和几个队友正欢快地玩着，突然来了一群打扮怪异的同龄人，要求和布鲁斯他们来一场比赛，谁赢谁就继续占用场地。这是哪门子道理？这个球场是街区的公共设施，当然是谁先来谁用。布鲁斯和同伴们正要拒绝，但见其中两个将头发染成五颜六色的少年面露凶光，摆出一副不比赛你们也甭玩的样子。布鲁斯和同伴们平时虽然也爱热闹，有时甚至也跟人家吵吵架，但从不打架。看到来者不善，他们勉强点头同意了。

比赛结果，布鲁斯他们赢了。可恶的是，对方居然赖着不走。布鲁斯和同伴们恼火了，和一个自称头儿的人吵了起来。吵着吵着，对方竟然动手打人。一股抑制不住的怒火像火山一样爆发了，布鲁斯和同伴们决定以牙还牙。

争斗中，不知谁用刀子把对方一个人给扎了，正扎在小腿上，鲜血淋淋，刀子被扔在地上。其他同伴见势不妙，一个个都跑了，就剩下布鲁斯还在与对方厮打，结果被闻讯而来的警察抓个正着，于是布鲁斯成了伤人的第一嫌疑犯。

很快，躲在附近的布鲁斯的几个同伴也相继被找来了，他们没有一个承认自己动了手。事情也几乎有了定论，伤人的就是布鲁斯。虽然对方伤势不重，但一定要通知家长和学校。布鲁斯所在的中学以校风严谨著称，对待打架伤人的学生处罚非常严厉。布鲁斯懊恼不已，恨自己看错了这些所谓的朋友。然而，布鲁斯越是为自己辩解，警察就越怀疑他在撒谎。

一个多小时以后，布鲁斯的父母和学校负责人在接到警察的电话通知后陆续赶来了。第一个到的是父亲。布鲁斯偷偷抬眼看了看父亲，马上又低下了头。父亲显得异常平静，一瘸一拐地走到布鲁斯面前，把布鲁斯的脸扳正，眼睛紧紧盯着布鲁斯，仿佛要看穿他的灵魂。"告诉我，是不是你干的？"布鲁斯不敢正视父亲灼灼的目光，只是机械地摇了摇头。

接着校长和督导老师也来了，他们非常客气地和布鲁斯父亲握手，并称他为韦利先生。父亲不叫韦利，但韦利这个名字听上去很熟悉。

布鲁斯的父亲和校长谈了一会儿后，布鲁斯听见父亲对警察说："我养的儿子，我最了解。他会跟父母斗气，会与同伴吵嘴，但是，拿刀扎人的事他绝对做不出来，我可以以我的人格保证。"校长接口说："这是著名的专栏作家韦利先生，布鲁斯是他的儿子。布鲁斯平时在学校一向表现良好，我希望警察先生慎重调查这件事。有必要的话，请你们为这把刀做指纹鉴定。"

父亲和校长的那番话起了作用。当警察对布鲁斯和同伴们宣布要做指纹鉴定时，其中一个叫洛南的终于站出来承认是自己干的。那一刻，布鲁斯抑制不住的泪水夺眶而出，第一次扑在父亲怀里，大哭起来。此刻的他，觉得父亲是如此的伟岸。哭过之后，母亲也赶来了。布鲁斯迫不及待地问母亲："爸爸真是那位鼎鼎大名的作家韦利吗？"母亲惊愕了一下，说："你怎么想起这个问题？"布鲁斯把刚才听到的父亲与校长的对话告诉了母亲。

母亲微笑着点了点头："这是真的。你爸爸曾是个业余长跑能手。在你两岁的时候，你在街上玩耍，一辆刹车失灵的货车疾驰而来。你被吓呆了，一动不动。你父亲为了救你，右腿被碾在轮下。你父亲不让我透露这些，是怕影响你的成长。也不让我告诉你他是名作家，是怕你到处炫耀。孩子，你父亲是天底下最伟大的父亲，我一直都为他感到骄傲。"

布鲁斯激动不已，他没料到，自己引以为耻的父亲，曾经被自己冷漠甚至伤害的父亲，会在自己最需要的时候，给予自己无比的信任。他知道，从扑到父亲怀里大哭那一刻，自己才真正明白父亲的伟大。

郭巨孝心得善报

郭巨，字文举，是东汉时期一位著名的大孝子，原籍河南省林县，后来因为家贫，流落到河北省内邱县。

郭巨一点都不贪求富贵名利，是个非常淡泊的人。郭巨在兄弟三人中排行老大，还有两个弟弟。父亲过世的时候留下了一些财产，但是郭巨想到自己已经成年，有独立生活的能力，而弟弟们还年幼，生活能力弱，更需要照顾，于是就把钱财全部分给两个弟弟，自己分文不取。父亲留下来的钱财郭巨主动放弃了，赡养母亲的重任他却一心一意地承担了起来。

他们一家流落异地他乡，举目无亲，过着贫寒的生活。夫妻二人勤勤恳恳，以帮佣为生，赚取微薄的收入来奉养母亲，千方百计地使母亲吃得好，穿得暖。而夫妇俩却节衣缩食，极其节俭，吃的是最粗陋的食物，穿的是补丁摞补丁的衣服。尽管生活条件很差，但在菽水承欢中，郭家总是欢声笑语不断，从早到晚，洋溢着母慈子孝的温馨，一家人享受着天伦之乐。

过了一段时间，郭巨添了个儿子，多了一张吃饭的嘴，生活更加拮据。舐犊情深，人人都是这样，郭巨夫妇当然也不例外。可是，郭巨依然把所有好吃的东西，统统留给母亲享用。然而，郭巨的母亲非常疼爱小孙子，担心孙子吃不饱，长不大，因此每一次郭巨奉养母亲的食物，老人都会把孙儿叫过来一起分享。看到孙儿那么可爱，老人十分愉快，宁可自己少吃一些，也要把最好的留给孩子。如果郭巨和妻子阻拦，老人就推说没有胃口，要么就说牙齿咬不动，不爱吃，一定要亲眼看着孙儿香香甜甜地吃下去，才心满意足。

郭巨看在眼里，疼在心里。他想到生活这么拮据，即使把所有的食物都奉养母亲，数量也是十分有限，何况一家人都要吃，因此奉养母亲的食物自然很有限，郭巨觉得自己没有尽孝，十分愧疚。由于母亲非常喜欢自己的儿子，宁愿减少每餐的饭量，也要留给孙子吃，郭巨更感到对母亲尽孝不够。为了让母亲安心用餐，每一次给母亲呈上食物之前，郭巨一定先让儿子到外面玩耍，这样才不会跟奶奶分食。

离郭巨家不远的地方，有个小水塘，郭巨的儿子常去那里游玩。有一天，郭巨的儿子在外面玩耍，不小心跌到池塘里溺水死了，等到他们发现的时候，儿子已双眼紧闭，脸色苍白，没有了呼吸。妻子抱着失去知觉的孩子，悲痛欲绝，号啕大哭。俗话说，骨肉连心，看着死去的儿子，郭巨当然也非常难过。但他强忍着悲痛，让妻子别哭。此刻郭巨唯恐惊动母亲，他知道母亲非常疼爱这个孩子，如果一下子知道孙子落水而死的噩耗，恐怕没有办法承受这样大的打击，会伤心过度而损害身体。郭巨对妻子说："儿子可以再生，母亲只有一个，一旦失去了母亲，永远不能复得，所以千万不要惊动母亲。"妻子忍住了哭泣，决定挖坑把孩子给埋葬了。

夫妻俩含着眼泪，开始挖坑。当妻子挖到三尺深的时候，突然传来"轰隆"一阵巨响，半空中打了一声惊雷，儿子竟然被震醒了。夫妻俩还看到土坑旁边多了一釜黄金，上面还盖着一块绢布，绢布上写道："孝子郭巨，天赐黄金，官不得夺，民不得取。"原来，这是郭巨的孝心孝行感动了天地，上天让他的儿子复活，并且赐给他一釜黄金，让他脱离贫穷，能够更好地奉养母亲。夫妻俩破涕为笑。郭巨能更好地照料母亲，母亲也可以含饴弄孙，颐养天年了。一家人终于又快快乐乐地生活了，郭家恢复了往昔的欢乐。这真像俗话说的那样：善心有善报。

王祥感化后母

王祥，字休征，西晋琅琊（今临沂）人，历汉、魏、西晋三代，东汉末年隐居20年，仕晋官至太尉、太保，以孝著称，为二十四孝之一。

王祥年少的时候母亲就过世了。他的父亲给他娶了后母，姓朱。后母很不慈爱，对王祥非常不好，经常在他父亲面前说王祥的坏话，破坏他跟父亲的关系，父亲也渐渐疏远了他。后母还对他百般地挑剔刁难，甚至叫他做一些没有办法做的事情，这姑且不说，甚至想害死他。王祥自己一个人睡在一个又黑又小的房间里。有一夜，后母朱氏竟然亲自提刀，悄悄摸到他的卧室，用刀向他睡的被子上刺去。幸运的是，当时王祥正在上厕所，躲过了一劫。王祥上完厕所回来，发现被子被刺穿了，知道后母要杀自己。第二天起床后，他就跪在后母面前请死，后母矢口否认。王祥虽然受尽了委屈，但他非但没有和后母作对，反而对后母更好，更加地敬爱，希望能化解后母对他的恶意，所以对后母就更加孝顺。

后母朱氏很喜欢吃鱼，而且要吃新鲜的活鱼。一年隆冬季节，朱氏要王祥去抓鱼。可是当时正是三九天，所有的江河都冻结了，哪里还有鱼呢？王祥不敢违背后母的命令，还是顶着严寒来到河边。河面早已冰封，人在河面上可以走路，哪来的鱼呢？王祥想了想，毅然脱掉衣服，光着上身，在凛冽的寒风中凿冰。他的双唇变紫了，浑身颤抖，他还是不停地凿。冰突然自己裂开，竟然有两条鲤鱼跃了出来。原来，他的善心感动了天帝，天帝让神仙把鱼送给王祥。王祥非常高兴，就拿回家烹调好给后母吃。

后母一计不成，后生一计。她要王祥捕黄雀烤给她吃。这是多么困难的事情！王祥硬着头皮去捕捉黄雀，这时，竟然有好多黄雀飞到王祥的身边，让王祥顺利地抓到黄雀。

后母非常恼怒，想着法子刁难王祥。家里有棵果树，在果实成熟快要落地时，她让王祥去守树，不允许一颗果子掉在地上。王祥只得照办。每遇到风雨，别人都在家里避雨玩耍时，王祥只能站在风雨中，抱着树哭泣着，祈求这些果实不要掉落下来，而这些果子也竟然没有一个落下。

王祥受到后母如此恶毒的迫害，然而始终如一地孝敬后母。后来，后母终于醒悟过来，痛改前非，对王祥也同亲生儿子一般对待了。

杨乞甘愿乞讨奉双亲

　　杨乞是唐朝人，他家里很贫穷，什么都没有，但他为人十分孝顺，靠讨饭赡养他父母，所以人们给他取了这个名字。

　　每次，他乞讨到一点食物，都带回家去给父母亲吃。如果父母亲那天没有吃饭，他即使肚子很饿，也自己绝不先吃一口，一定要等到父母亲吃过了，他才肯吃，每天都是这样。有一天，杨乞来到路边一家酒馆乞讨，里面有位客人看见了，就问起店家。店家就把杨乞的情况告诉了他。客人听了非常感动，就和店家说："我已经吃好了。我这里还有酒。你把这些东西全拿去给他吧！"杨乞没想到居然还能讨到酒，高兴极了，赶紧跑回家去。一进门，杨乞就捧着酒跪在父母亲面前，大声说："父亲，母亲，今天有酒喝了！祝你们健康长寿！"父母亲也很高兴，就接过酒杯。杨乞站起来，又是唱又是跳的，像个孩子一样，把他的父母亲也逗乐了。

　　当然酒不是天天都能讨到的，有时连饭也讨不到。杨乞的日子一直过得很艰难。大家都很怜悯他，也都想帮助他。有一天，杨乞又到街上去讨饭。有人给他出主意说："你这样穷困，为什么不去给大户人家做做工？这样你既不用天天乞讨，又有钱来赡养父母了啊！"杨乞低着头想了一想，回答说："其实我也想过去给大户人家做工，这样我就能得一些钱，也不用天天讨饭了。可是，不行哪！"那人很奇怪，就问："为什么不行呢？"杨乞抬起头来，说："如果我要给人家做工的话，就要离开我的父母亲了。他们年纪已经很大了，我要是离家太远，万一出了什么事情，就不能及时赶回来照顾他们了，那可怎么办呢？"那人听了这话，叹息了一声，说："你实在是个孝顺的人啊！"

后来，杨乞的父母亲去世了，杨乞又乞讨到棺木，好好地安葬了他们。每逢初一、十五，杨乞都要拿着食物去坟地，哭着拜祭父母亲。

沈季铨舍身救母

沈季铨是唐代洪州豫章人。他从小丧父，母亲凭一己之力把他养大。

因为家境贫困，沈季铨很早就开始懂事，不仅知道关心母亲身体、体贴母亲心意、听母亲的话，而且主动承担家务，做力所能及的事情。母亲见他如此懂事，深感欣慰。

沈季铨为人宽厚，从不和人斤斤计较，有时有人借此寻衅滋事，若不关涉原则，他也从不放在心上，往往一笑了之。时间长了，有人非常不解，好奇地问他："你也不是没有力气，为什么这样懦弱无能呢？"他淡淡一笑，回答说："为人老实不好吗？我觉得很好啊！"那人觉得沈季铨不可救药，叹口气说："你怎么这么不争气啊！"沈季铨见他真的是为自己着想，就把自己内心的想法都告诉他："我为人是很老实，不轻易与人计较，但不是真的懦弱，可以任人欺负。我只想与人相处保持一团和气，避免不必要的是非，免得母亲为我操心。母亲辛辛苦苦一辈子，养大我真的很不容易。我想，不让母亲为我操心就是对她的孝敬。假如，我和人家因一点鸡毛蒜皮发生争吵，我说人家的错了，人家相应也会说我的不是；若是你骂了别人，别人也会骂回来，最终是会使母亲受到侮辱和伤害，这不是太不孝顺了吗？要想做到孝敬父母，子女就先要自尊自爱。你说，我这样做能被单纯地看作懦弱无能吗？"

那人听了思考良久，很受启发。他没想到沈季铨年纪不大，思考问题倒很深入。后来，这些话被那些招惹沈季铨的人知道了，感到十分惭愧，不仅不再招惹他，反而对他敬重了，有的人还依照他的做法去做，重新做人了。

贞观年间，沈季铨跟着母亲去亲戚家串门。在沈季铨陪同母亲过江时，大风突起，船只摇晃，失去了控制，母亲不小心掉到江里。"母亲！"沈季铨大叫一声，便已跳入江中。风大浪急，他拼命朝母亲游去。在他抱住母亲之后，曾几次将母亲托出江面。但终因环境恶劣，体力不支。母子二人一起沉入了江里。

第二天，岸上的人才看见在江面有尸体在漂浮。等到打捞上来时。沈季铨的双臂还死死地抱着他母亲，分都分不开。

当地都督谢叔方听说这件事后，也赶来查看打捞上来的尸体，他见到沈季铨的姿势，非常感动。他派人置办棺材和祭品，岸边的父老也来帮忙，一同把母子葬在江岸的高处，名之为"孝子坟"。

沈季铨跳江救母、至死不息的孝行感动了一代又一代的人，他的故事被人千古传诵。

五刑章第十一

【题解】

此章指出天下的罪行千千万万，而不孝是最大的罪行。劝导人们要尽力行孝。

【原文】

子曰："五刑之属三千①，而罪莫大于不孝②。要君者无上③，非圣人者无法④，非孝者无亲⑤，此大乱之道也⑥。”

新二十四孝图（一）

【注释】

①五刑之属三千：五刑，古代五种轻重不同的刑罚，即墨、劓、剕、宫、大辟。墨者，鲸面。劓者，割鼻。剕者，刖足。宫者，男割势，下蚕室，女闭幽宫中。大辟者，斩首。

②而罪莫大于不孝：罪行没有比不孝更大的。唐玄宗曰：“条有三千，而罪之大者，莫过于不孝。”《孟子·离娄》：“世俗所谓不孝道者五：惰其四肢，不顾父母之养，一不孝也；博弈，好饮酒，不顾父母之养，二不孝也；好货财，私妻子，不顾父母之养，三不孝也；纵耳目之欲，以为父母戮，四不孝也；好勇斗狠，以危父母，五不孝也。”《曾子·大孝》：“身者亲之遗体也，行亲之遗体，敢不敬乎？故居处不庄，非孝也；事君不忠，非孝也；莅官不敬，非孝也；朋友不信，非孝也；战阵无勇，非孝也。五者不遂，灾及乎身，敢不敬乎？”《尚书·大禹谟》：“汝作士，明于五刑以弼五教。”又《皋陶谟》：“天命有德，五服五章哉；天讨有罪，五刑五用哉！”《吕氏春秋·孝行览》：商书曰：“刑三百，罪莫重于不孝。”

③要君者无上：要，要挟，胁迫。《论语·宪问》：子曰：“臧武仲以防，求为后于鲁，虽曰不要君，吾不信也。”这句话的意思是用武力威胁君王的人在他的心目中就没有君王的存在。

④非圣人者无法：非，诽谤，诋毁。这句话的意思是用言语诋毁圣人的人在他的心目中就没有法理的存在。

⑤非孝者无亲：范祖禹云："人之善莫大于孝。故圣人制刑，不孝，则不道先王之法言，而无法，于是乎敢非圣人。不孝，则不爱其亲而无亲，于是敢非孝。故曰此大乱之道也，明其当为莫大之罪也。"这句话的意思是不孝敬父母的人他心目中就没有父母的存在。

⑥大乱之道：大乱的根源。道，根源。

【译文】

孔子说："古代有五种刑法：墨指在脸上刺字并涂以墨色；劓指割掉鼻子；刖指砍断脚；宫指割掉男女生殖器，使其不能再有后代；大辟指处死。能够被处以这五种极刑的罪名可能有三千项，但在这三千项罪名中，没有什么罪比对父母的不孝还要大。以武力威胁君王的人心中根本就没有君王的存在，用言语来诋毁和反对圣贤明道是一种无视法规的做法，不守孝道的人就是不把父母当作自己的亲人。这些都是促成大乱的根源所在。"

【解析】

人有人情，喜怒哀惧爱恶欲，都是不学而能的人之常情。为人民服务，不论站在什么样的立场，实际上都离不开顺着人情的好恶来加以引导。现代所流行的市场导向，就是这种方式的实践。政府面对众人，必须用赏来"利而行之"，用刑来"勉强而行之"。所以为政之道，必须利用人情，并且以刑赏为手段，这是政治和教育最明显的差异。教育可以劝人为善、戒人为恶，政治却应该赏人为善、罚人为恶。

古代的刑罚轻重不等，看起来都比现代严苛，而且众多的刑罚项目中，以不孝的罪责最为重大，也是现代所不及的。古代藉重刑来吓阻，使子女不敢不孝。现代人靠自觉，倘若能够自动自发地孝敬父母，反而更为珍贵。现代人重自觉固然是好事，但是中华儿女最要紧，应该是自觉为一个中华儿女。因为文化是自然孕育而成的，几千年来已经溶入我们的血液，成为我们的文化基因。大家对于中华文化，即使再不愿意也只能无奈地承受。这不是信仰，由不得自己抉择。儒家是中华文化的主流，也有其长久的历史渊源，不承认也不行。实际上，发扬中华文化、维护儒家的主流地位，不但是孝道的一部分，而且是大孝。

《论语·学而篇》记载："父在观其志，父没观其行。三年无改于父之道，可谓孝矣！"父母在世时，子女应该学习父母的正当志向，等到父母逝世以后，还应该保持父母所教导的正当行为。现代人不可能守丧三年，但是孔子对于孝敬父母的要求，迄今仍具体可行。中华文化在求新求变方面，有非常独特的主张，那就是"不可不变，不可乱变"，必须"以不变应万变"，也就是"坚持原则不可变，然后才来求变"，这就是我们常说的"持经达变"。可惜近百年来，大家受到西方文化的冲击，这一道关卡，似乎已经快被冲垮了。我们必须牢牢坚持住，否则经济再发展，物质生活再富裕，教育再普及，也是得不偿失的。

【生活智慧】

1.《中庸》说："事死如事生，事亡如事存，孝之至也。"侍奉死者如同侍奉生者，侍奉亡者如同侍奉现存者，可谓尽孝到了极点。对现代人来说，表现在自己的有生之年，不敢忘记父母的教诲，也不敢忘记父母的大恩大德，使自己无中生有，能够存活下来。更不敢忘记父母的期望，随时力求精进、持续改善，务求继往开来，从旧有的开拓出崭新的成果。中华文化在全世界古文化中，得以持续不坠、绵延不断，全靠这种继旧开新、持经达变的不易精神。

2. "要君者无上，非圣人者无法，非孝者无亲"，这三件事情，是大乱的基本原因。不治本而治标，表面上好像上轨道了，不乱了，实际上用不着多久又来了，又乱了。想要治本，必须明白本在哪里。这三件乱源，一是心目中没有君王，二是心目中没有圣人，三是心目中没有亲长。我们已经看出一个共同的原因，便是心目中无人，只有自我。所以，自我意识太强，很可怕；心目中没有别人，很可怜。我们中国人都在乎：你的心目当中有没有领导？有没有圣人？有没有父母？其中以父母为最根本的根基，只要心目中没有父母，大概圣人、领导也都没有了。

3. "无亲"就是看不起父母。小时候不敢，愈长大愈乱来。除了不孝之外，还加上投机、圆滑、无情、奸诈等罪名。这种兄弟，你要吗？这种朋友，你敢交往吗？这样的部属，你带起来安心吗？这样的老板，你跟随他有前途吗？可见无亲的人，大家对他都有疑虑而不敢信任，因为迟早会出问题。而最可怕的是，迟早会被他出卖掉。

4. 我们的心目中要有别人，同样希望别人的心目中也有自己的分量。这已成为炎黄子孙一生努力的目标，并时时刻刻通过这样的测试和考验，不断地改善自己和影响在一起工作的人。但是，什么都好换，只有父母兄弟是换不掉的。采取法律没有效，上电视哭诉也只有惹人笑话。血缘关系切割不了，只有从自己做起，逐渐改变别人的观感。换句话说，多做给人家看，人家自然相信。嘴巴说得天花乱坠、甜甜蜜蜜，骗得了一时，却骗不了永远。多做少说，做了才说，甚至于只做不说，好像效果更好。中国人个个心中有数，有什么数？我不说，你猜猜看。明明猜对了还要说：不是这样的啦！这才叫艺术的人生。

【建议】

现代有些人对于孔子思想抱有怀疑甚至于反对的态度，认为已经不适合现代的需求，很可能成为现代化的绊脚石。实际的原因是，长久以来我们解释得不妥当以及传承时出了差错，使得孔子的原本意思遭受误解、扭曲或者断章取义。孔子既不主张复古，也不偏重保守，更没有轻视功利，他喜欢大家做活泼、灵巧、有弹性、能应变，而且朝气蓬勃的人。我们务必正本清源，从自己做起，恢复孔子原本面目。最好从孝道做起，使自己的根基稳固，然后再谈其他，才会更加安全、可靠而有效。

【名篇仿作】

《女孝经》五刑章第十一

【原文】

大家曰："五刑之属三千，而罪莫大于妒忌。故七出之状，标其首焉。贞顺正直，和柔无妒；理于幽闺，不通于外；目不狗色，耳不留声；耳目之欲，不越其事；盖圣人之教也，汝其行之。《诗》云：'令仪令色，小心翼翼；古训是式，威仪是力。'"

【译文】

曹大姑说："就女子来说，刑罚有很多种，罪恶最大莫过于妒忌。丈夫在休妻的七种情况中，将妒忌列为第一种。圣人是这样教导我们女德的，作为女子，要贞顺正直，要温柔不要好嫉妒；谨守闺房，不要关心外界的事；眼睛不要好色，耳朵不可听淫声；听到的和看到的，都要有规矩，你们一定要勉力为之啊。《诗经·大雅·荡之什·蒸民》中是这样说的：'他（周宣王的贤臣仲山甫）总是仪态优美，与人交往总是和颜悦色，做事的时候，总是显得小心翼翼。他总是遵守先王的遗命来做，始终保持着作为臣子的礼节。'"

《忠经》广为国章第十一

【原文】

明主之为国也，任于正，去于邪。邪则不忠，忠则必正，有正然后用其能。是故师保道德，股肱贤良。内睦以文，外威以武，被服礼乐，提防政刑。故得大化兴行，蛮夷率服，人臣和悦，邦国平康。此君能任臣，下忠上信之所致也。《诗》云："济济多士，文王以宁。"

【译文】

明主在治理国家的时候，必须扶正祛邪。臣下要是邪恶的人，必定不会忠于君王，忠君的臣子必定正直，只有正直的臣子才能够任用。所以，作为帝王的老师应当是道德高尚的人，国家的股肱大臣都是贤良之臣。明主治国，必须要文武兼治，要礼乐、政刑兼施。因此，当道德教化兴盛的时候，蛮夷必定会表示臣服，臣下也会和悦，国家就会太平安康。这是明君能够任用贤臣，臣忠于君、君信任臣、上下齐心的必然结果。《诗经·大雅·文王之什·文王》是这样说的："人才济济，周文王很是安心。"

【故事】

赵咨护母迎盗

赵咨字文楚，汉代人。他的父亲赵畅，曾做过朝廷的博士，但是在赵咨很小的时候，他就去世了。赵咨事母至孝，名声很大，被州郡推举为孝廉，但是他念及家有老母要照顾，拒绝到任。

延熹元年，大司农陈奇看赵咨既孝顺又很有学识修养，便举荐赵咨袭他父亲的职位，做了博士。灵帝初年，太傅陈蕃、大将军窦武被宦官杀害，赵咨称病辞职。后来太尉杨赐特别征召，请他参与讲论经典。赵咨几度被举荐，官至敦煌太守。赵咨非常痛恨朝中宦官弄权、为非作歹，却也无能为力，只好称病告老还乡，亲自率领子孙回乡耕田种地，奉养老母。

有一夜，一帮流窜的盗贼到赵咨家抢劫，惊动了睡梦中的赵咨。赵咨害怕惊吓到老母亲，于是自己先到门口去迎接强盗，接着又给他们准备饭菜请他们进食，并道歉说："我的老母亲已经八十岁了，又生着病，需要静养。我的家中贫困，请求你们稍微留下一点儿衣服和粮食，使我可以供养母亲就可以了。"强盗们听了他的话，都非常惭愧，又很敬佩他的孝心。于是，强盗们都跪下赔罪说："我们太不成样子了，打扰了府上，侵扰了你这位贤人君子，真不应该啊！"说完都跑出门去，赵咨连忙追上去，想把东西送给他们，但是早已不见了这帮贼人的身影。

从此，赵咨仁孝的名声更大了，朝廷征召他做议郎，他却称病推辞不到任。州郡官员都纷纷上门劝说，如此再三，他才不得已应召，被封为东海相。

赵咨不仅孝顺，而且为官很清廉，在当时被世人奉为楷模。赵咨赴东海上任时，途经荥阳。荥阳市令为敦煌人曹暠，是赵咨过去举荐的孝廉。曹暠在路旁迎接赵咨，赵咨为了不给地方增添负担，没有停留。曹暠追送赵咨到亭次，赵咨还是不停留。曹暠望着车辆过后的尘土，对主簿说："赵君德高望重，现在经过我的县界我不拜见他，一定会被天下人耻笑！"于是他丢掉印绶，一直追到东海，拜见赵咨。

方观承千里探亲

清朝时，安徽桐城的方观承是一位出了名的孝子，他千里探亲的故事，至今被人们传为美谈。

方观承的祖父、父亲都曾做过朝廷命官，他们因《南山集》一案而被流放黑龙江。祖父和父亲流放之时，观承与哥哥观永尚在幼年，免于发配。他们本是生活优裕的官宦世家子弟，本有一条由科举而入仕的人生坦途，但是一夜之间，却成了不得不寄居在南京清凉寺、靠僧人接济为生的孤儿。方观承兄弟逐渐长大了，他们非常思念祖父和父亲，于是徒步万里，去黑龙江探望他们。一路上，他们风餐露宿，跋山涉水，忍饥挨饿，搀扶相行。十余年内，方观承一共七次北上探亲。

有一年，方观承正在北上探亲的路上独行，遇到沈廷芳和陈镳乘车赶往京城应试，这两个人看到方观承徒步而行，衣冠不整，面容疲惫，但举止仍然端严，不由停车相问。二人了解了方观承的身世和经历后，深表同情，于是邀请他一道乘车赶路。可是车厢狭小，仅能容两人，于是，他们决定一路上每人轮流步行三十里，乘车六十里。如此，三个人一路风尘，终于到达京城。沈、陈二人与方观承分别时，又送给方观承新衣毡笠，以御道途风寒。几十年后，已经身为封疆大吏的方观承得知沈廷芳、陈镳赴京述职途经其驻地，便立即派人将沈、陈二人请到府上。故人相见，万分感慨，忍不住涕泪纵横。

祖父和父亲相继在黑龙江病故，贫困至极的方观承流落京城，在东华门摆了小摊，靠给人测字为生。一天，王爷福彭上朝途经东华门，看到了方观承的测字招牌，他不禁为招牌上的书法所吸引，于是下轿询问。这才发现，方观承是个学问见识都非同等闲的世家子弟。福彭立即请方观承到他的王府中做幕僚。后来，福彭被任命为定边大将军，出征准噶尔。福彭上奏要方观承随军出征。雍正皇帝奇于方观承的经历，召见了他，经过交谈，对方观承非常满意，当即赐予中书之位。

忏悔难灭不孝罪

张义，是一个六十多岁的老翁。从表面上看来，张义这个人，还算忠厚老实，生平务农，克勤克俭，并没有做什么缺德的事，可是人非圣贤，孰能无过，纵然一般人认为并不太坏的人，在一生之中，也难免有或多或少的过错，张义岂能例外。好人与坏人不同的地方，就是好人有了过错，能知道反省，自己认错；坏人做了恶事，不知反省，绝不认错。张义是有良心的好人，反省自己的生平，深深地感觉过错很多，因此他常在菩萨面前痛切忏悔，诚心改过。他年老多病，精神衰惫，有一年病重，他被两个冥使，带到冥府去，冥王拿出黑簿给他看，在那本黑簿上，把他生平的罪孽，记载得巨细无遗，历历如画，像残杀生禽啦，虐待动物啦，欠缴官税啦，调戏妇女啦，借钱不还啦，恶口骂人啦，挑拨是非啦，妒忌贤能啦，诽谤好人啦，等等过错，都已记得清清楚楚。可是由于张义晚年痛切忏悔，诚心改过，以上种种罪过，簿上都已一笔勾销。他看了那本黑簿，一则以惊，一则以喜，惊的是冥间对于人们的罪恶，竟记载得如此详细；喜的是幸而晚年诚心忏悔，勾销了许多的罪恶。可是当他再仔细看下去时，不由得使他吓得冷汗直出，原来黑簿上还记有一件恶事，独独的没有勾销。为什么其他许多的罪恶都已勾销，独有一件恶事不能勾销呢？那件恶事不是别的，就是他曾对父亲忤逆不孝。说起张义的忤逆不孝，那要追溯到他的少年时代了。在大约五十年以前，张义只有十七岁，还是个血气方刚的少年。他的家庭，世代务农，父亲是一位耕作十余亩田地的自耕农，那时科学不发达，在农业收获的季节，从割稻以至打谷等过程中，一切全靠人力，没有现代化的机械农具，所以旧时代的农夫，胼手胝足，是异常辛苦的。有一年秋收的季节，农夫们都忙着在田中割稻，秋天的气候，普通说来，应该是凉爽的，可是有时到了秋天，气候的炎热，有时反而胜过夏天，俗语形容秋天炎热，称为"秋老虎"。那一年的秋天，气候就特别的炎热，火伞高张，偏偏又没有风，人们坐在家中，尚且汗流浃背，何况在烈日下的田中割稻呢？可是成熟的稻，倘不收割，会受到牲畜践踏和鸟类啄食的损害，所以不论天气如何的炎热，农夫们都要尽快地收割。张义的父亲，在那农忙的季节，十分紧张忙碌，不在话下，当时张义已是十七岁的大孩子，农忙中应该尽力帮助父亲，本是理所当然。岂知当他父亲命他帮助割稻时，他非但没有欣然受命，反觉得父亲不该在炎热的气候中命他做事，竟对父亲怒目而拒，好像要打骂父亲的样子。使他父亲受了很大的气，胃痛发作，饭也吃不下。张义不仅没有帮父亲的忙，且连父亲的工作效率，也因生气而受到不良影响了。就是为了这件事，在张义本人的账簿上，记下了一笔染污极深的黑账。张义看到黑簿上，记下了上面一笔黑账，尚未勾销，正在惊骇失色的时候，冥王对他解释说："罪恶好比衣服上染了污色，忏悔好比用肥皂洗涤。浅的污色可用肥皂洗涤得掉，深的污色是无法洗除的。你生平所犯其他罪恶，都是不深的污色，得因痛切忏悔而洗除。但忤逆不孝，其罪最重，是极深的污色，虽经忏悔，亦不易洗除。这是你的黑簿上，其他罪恶都已勾销，独有不孝罪孽尚未勾销的原因。好在你晚年诚心改过，所作功德很多，虽未能勾销不孝恶业，尚能延寿，让你回阳去吧！"说罢，冥差把张义的肩膀一拍，张义就苏醒回阳来了。从此以后，张义把冥间所见所闻的经过，逢人讲说。使人们都知尽心尽力的孝顺父母，千万不可犯忤逆不孝的恶业。

贬恐惊亲

曹王皋，唐朝衡州刺史，政绩突出，深受百姓爱戴。朝中另一位官员嫉妒他取得的成就，设计诬陷他触犯王法，于是他被贬到潮州。杨言知道了曹王皋为人耿直，是一位治国人才，做了宰相之后又提拔他做了衡州刺史。在曹王皋被贬官之时，因担心母亲年纪大，经受不起打击，于是对母亲隐瞒了实情。他白天在外面穿着囚服，回家马上换上官服。他把被贬官说成是被提升，假装高兴地向母亲辞别。这次官复原职，他还没来得及告知家人，消息就已经传到了母亲那里。母亲祝贺他时，他跪在地上，才对母亲说出了真相。

孝勇卢氏

唐朝年间，河北幽州范阳县有一女子卢氏，广涉经史书籍，又因服侍公公和婆婆孝顺而出名。卢氏嫁与郑义宗为妻，自从过门之后，对婆婆极尽孝道，深受夫家上下称赞。

一天夜里，一伙强盗闯入郑家，逢人便杀，见物就抢。郑府家人吓得魂飞魄散，各自四散逃命。卢氏本可逃过此厄，但想到婆婆年迈体衰，无法走动，恐遭强盗伤害，便毅然转回家中，冒险陪伴婆婆。

这时，正值强盗四处翻箱倒柜，来到里屋，提刀威胁婆婆说出家中暗藏的财产，恰逢卢氏进屋，上前挺身挡住婆婆，与贼众对峙。强盗大怒，立时刀杖齐下，把卢氏砍打得体无完肤，昏倒在地，幸好尚未当场丧命。

事后，卢氏经过数月医治，伤势痊愈。人们问她那时为何不及早逃命，卢氏说："人与禽兽之别，在于知晓孝义。婆婆临危之际，作为儿女却弃之不顾，自管保全性命，如此所为，尚有何颜立于人世。"婆婆为其壮举感动得潸然泪下，人们皆钦佩和赞颂卢氏之孝勇。

忏悔难灭不孝罪

区嘉华，是一个六十多岁的老翁。从表面上看来，区嘉华这个人，还算忠厚老实，生平务农，克勤克俭，并没有做什么很缺德的事，可是人非圣贤，孰能无过。纵然一般人认为并不太坏的人，在一生之中，也难免有或多或少的过错，区嘉华岂能例外。

好人与坏人不同的地方，就是好人有了过错，能知道反省，自己认错；坏人做了恶事，不知反省，绝不认错。区嘉华是有良心的好人，反省自己的生平，深深地感觉过错很多，因此他常在菩萨面前痛切忏悔，诚心改过。他年老多病，精神衰惫，有一年病中，他被两个冥使，带到冥府去，冥王拿出黑簿给他看，在那本黑簿上，把他生平的罪孽，记载得巨细无遗，历历如画，像残杀生禽啦，虐待动物啦，欠缴官税啦，调戏妇女啦，借钱不还啦，恶口骂人啦，挑拨是非啦，妒忌贤能啦，诽谤好人啦，……等等过错，都已记得清清楚楚。

可是由于区嘉华晚年痛切忏悔，诚心改过，以上种种罪过，簿上都已一笔勾销。他看了那本黑簿，一则以惊，一则以喜，惊的是冥间对于人们的罪恶，竟记载得如此详细；喜的是幸而晚年诚心忏悔，勾销了许多的罪恶。可是当他再仔细看下去时，不由得使他吓得冷汗直出，原来黑簿上还记有一件恶事，独独没有勾销。为什么其他许多的罪恶都已勾销，独有一件恶事不能勾销呢？那件恶事不是别的，就是他曾对父亲忤逆不孝。

说起区嘉华的忤逆不孝，那要追溯到他的少年时代了。在大约五十年以前，区嘉华只有 17 岁，还是个血气方刚的少年。他的家庭，世代务农，父亲是一位耕作十余亩田地的自耕农，那时科学不发达，在农业收获的季节，从割稻以至打谷等过程中，一切全靠人力，没有现代化的机械农具，所以旧时代的农夫，胼手胝足，是异常辛苦的。有一年秋收的季节，农夫们都忙着在田中割稻，秋天的气候，普通说来，应该是凉爽的，可是有时到了秋天，气候的炎热，有时反而胜过夏天，俗语形容秋天炎热，称为"秋老虎"。那一年的秋天，气候就特别的炎热，火伞高张，偏偏又没有风，人们坐在家中，尚且汗流浃背，何况在烈日下的田中割稻呢？可是成熟的稻，倘不收割。会受到牲畜践踏和鸟类啄食的损害，所以不论天气如何的炎热，农夫们都要尽快地收割。

区嘉华的父亲，在那农忙的季节，十分紧张忙碌，不在话下，当时区嘉华已是 17 岁的大孩子，农忙中应该尽力帮助父亲，本是理所当然。岂知当他父亲命他帮助割稻时，他非但没有欣然受命，反觉得父亲不该在炎热的气候中命他做事，竟对父亲怒目而拒，好像要打骂父亲的样子。使他父亲受了很大的气，胃痛发作，饭也吃不下。区嘉华不仅没有帮父亲的忙，且连父亲的工作效率，也因生气而受到不良影响了。就是为了这件事，在区嘉华本人的账簿上，记下了一笔染污极深的黑账。

区嘉华看到黑簿上，记下了上面一笔黑账，尚未勾销，正在惊骇失色的时候，冥王对他解释说："罪恶好比衣服上染了污色，忏悔好比用肥皂洗涤。浅的污色可用肥皂洗涤得掉，深的污色是无法洗除的。你生平所犯其他罪恶，都是不深的污色，得因痛切忏悔而洗除。但忤逆不孝，其罪最重，是极深的污色，虽经忏悔，亦不易洗除。这是你的黑簿上，其他罪恶都已勾销，独有不孝罪孽尚未勾销的原因。好在你晚年诚心改过，所作功德很多，虽未能勾销不孝恶业，尚能延寿，让你回阳去吧！"说罢，冥差接着把区嘉华的肩膀一拍，区嘉华就苏醒回阳来了。

从此以后，区嘉华把冥间所见所闻的经过，逢人讲说。使人们都知尽心尽力的孝顺父母，千万不可犯忤逆不孝的恶业。

让母亲幸福着自己的幸福

李琛的妈妈生活在陕西的一个偏僻的农村，同中华民族千千万万个勤劳质朴的农村母亲一样，用勤劳的双手把李琛和姐姐含辛茹苦的养大。如今一提到母亲，成了名的李琛依然饱含深情，眼中满噙着泪花。

李琛 7 岁那年，父母离异了。在那段最艰难的日子里，母亲依旧咬紧牙关把一双儿女抚养长大，这也使得李琛从小就特别懂事，暗下决心：一定要好好努力，早日为母亲减轻负担，扛起家庭重担。15 岁那年，李琛凭手艺打工赚了 25 元钱。除了犒劳了一下小伙伴外，他把剩下的 15 元钱全部都放到了母亲手里。母亲接过儿子辛辛苦苦挣来的血汗钱，一句话也说不出来，娘俩抱在一起，失声痛哭。

刚到北京发展时候，李琛的日子依旧艰难。一个人在外打拼，困难重重，脑子里时常萌出放弃的念头，每到这时候母亲从老家寄来的一封封家书便成了李琛渡过难关的精神食粮。而每封回信，李琛却总是自己一个人扛所有的难题，对远在家乡的母亲从来都是报喜不报忧。"妈妈，我一个人在北京生活得很好，有很多好心人帮助我，给我机会，我的事业正往好的方面发展呢，您就放心吧"这是李琛经常在信里安慰母亲的话。积劳成疾，本来身体就不好的母亲在一次生病后，由于没钱，并未痊愈，就停止了服药，因此留下听力下降的后遗症，年岁越大，听力就越弱。有一次母亲来北京看望儿子，李琛用省吃俭用的生活费，花了 3000 元给母亲买了一个助听器。母亲舍不得让儿子买这么贵的，就是不肯收下，让李琛退回去。可李琛却执意要母亲戴上，他说："妈妈，您操劳一生辛辛苦苦把我和姐姐养大，这个助听器和您几十年为儿女的付出相比又算得了什么？我会发奋，好好唱歌，再也不让您吃苦受累了"。

1999 年，李琛的成名曲《窗外》红遍了大江南北。儿子事业的成功，成了母亲最大的欣慰和骄傲。工作再忙，李琛每年都会特意回家，看望一下日夜思念的母亲。每次回家，李琛除了会在生活上给母亲增加存折上的数字，还会给母亲添置各种各样的衣食用品。同时，他怕母亲担心自己，每次回家，都向母亲讲述自己在外的风光快乐，从不吐出自己的一丁点儿辛苦。他说知道母亲最渴望的就是看到儿女健康、平安、快乐的，所以打电话给母亲报平安成了李琛的家常便饭。为了不让母亲担心自己，李琛甚至把善意的谎言时常挂在了嘴边。无论在外地还是国外，只要是母亲的电话打来，李琛这头都会回答："妈妈，我人在北京，一切都好，您老注意身体，不用牵挂我"。

关于孝道，李琛还有自己的独到见解。他说和母亲聊天的时候，不妨和母亲撒撒娇，将自己的一些本可以解决的小困惑请教母亲一下。这时母亲一定会认真对待儿子的问题，想尽一切办法替儿子出招，为儿子分忧。当"困难"迎刃而解的时候，母亲脸上露出的富有成就感的笑容就是对李琛煞费苦心孝敬母亲的最好回报了。

拔掉心里那一根刺

在成长的岁月里，她的心底，扎着一根刺，一根心刺。

在乡间，金黄的稻田一眼望过去无边无际的，沉甸甸的稻穗随着风声掀起阵阵波纹，少时的她没有见过大海，小小的瘦弱的身子站立在被镰刀割倒的稻子间，迎着炽热的骄阳，仰起遍布汗湿的脸颊，怔怔地想着：所谓大海不外如是了，只是，那是蓝色的，漫漫的、自由自在的蓝色，她梦里、梦外向往了一次又一次的蓝色。田垄里，传来母亲气急败坏的声音："发什么愣？没见到天快暗下来了吗？快点给我割！学习不好，干活也不给我利索些，看你以后怎么过活？"她回神，侧前方的田垄里，母亲手起镰刀落，又一沓的稻子倒下，而她已远远地被母亲抛在了身后。她咬咬牙，没有言语，蹲下身子，细弱的手臂随着镰刀的起落上下挥舞。心里却是别有洞天，或是默念课文，或是重新过滤一遍课堂上老师讲过的知识。是不应该有所怨恨的，因为，乡村的孩子，十一二岁已是半个劳动力，农闲时，喂猪喂鸭；农忙时，随着大人下地。

在乡村，即使是 1980 年代初，老祖宗遗传下来的重男轻女观念还是根深蒂固地存在着，如同村口枯井旁的老银杏树般扎地生根、盘根错节。于是，有了姐姐，有了她，然后，盼来了弟弟。接踵而来的超生罚款、爷爷重病医治及至去世后的隆重发丧，使得原本并不宽裕的家庭愈加的困苦、清贫。于是，父亲去了远方打工，寻求出路；于是，母亲成了田里地里家里的指挥官，而木讷、沉默的她，是母亲手下唯一的兵。因为，弟弟尚且年幼，因为比她年长一岁半的姐姐自小聪慧，在同龄人中脱颖而出的连跳两级。在昏暗的厅堂里，母亲说："你们姐妹俩，谁有能耐读好书，我就是砸锅卖铁也要供你们念书。"聪慧的姐姐让母亲看到了希望，所以，下定决心送姐姐去条件好的市区上学，姐姐所要做的除了学习还是学习。是不应该有所怨恨的，因为，她还能读书。但是，还是有着诸多的委屈在小小的心底一点一滴的积淀，沉默的至深处是一颗急欲长大远飞的心。

幼小的弟弟哭了，她急匆匆地放下作业本，还是慢了，弟弟的裤子一片尿湿。下地归来的母亲边为弟弟擦洗屁股边恨恨地说："一边去！一边去！看着就来气，笨手笨脚的，怎么就生了一个你出来？……"她默无声息地拿着弟弟的湿裤子蹲在河边清洗，洗着洗着，鼻子就微微的酸，酸得眼睛发呛，眼泪一滴一滴的悄无声息地没入河水里，却是波澜不惊。

她恨恨地想着，让你骂，让你骂，等我长大了，我一定会走得远远的，看你还能骂多久。铆足了一口气，如豆的灯火下，她赶着作业，作业本的封面她一笔一画地写着：寒门子弟，唯有奋斗。往往是深夜，夜深人静的时候，她合上书本，总会看见冒着热气的一碗溏心蛋。她想着，明天可以热一热，给弟弟当早饭，将溏心蛋放回橱柜里，草草地喝下一碗稀饭充饥。

还是考上了高中，不是很好的学校，但也不算差。有人劝母亲，三个孩子都上学，哪里供养得起？除非有金山银山。她站在晒谷场上，认真地翻晒谷子，心却是忐忑不安的。母亲不语，照旧带着她下田地干活，活儿干慢了，照旧是劈头盖脸的一顿骂。其时，姐姐在省重点高中读高二，很少回来，往往是母亲隔一段时间寄钱过去。她偷偷地见过母亲写给姐姐的信，看到"好好学习，别饿了肚子，要吃饱穿暖。钱不够，家里寄……"少时的心涌起薄薄的苦、酸酸的涩，说不出、压不下，自始知道有一种滋味是嫉妒。也曾在黑夜的床上幼稚地想过，她是否是母亲抱养的？然后，自己摇头，在乡村，谁会抱养人家的女儿？又有谁会供人家的女儿念完小学与初中？想起那一碗从未尝过滋味的溏心蛋，她的心渐渐安定，在微微的暖意中睡去。

还是念了高中，一路下来，念到大学毕业。应了少时的愿望，在离家千里之外的都市，她努力地读书、努力地赚钱养活自己，很少回家。很多人说，从没见过她这般坚韧、能吃苦的女孩子。她笑，比起十一二岁的年龄，严冬里河岸上洗着衣裤，骄阳下割着稻麦，这又算得了什么？她有一本记事簿，清晰地记载着从初中开始读书所用的每一笔钱。

那一年，村边的枯井旁，她接过母亲给她的钱，即将去念高中，她说："我会还给你们的。"坚定的语气，执着的表情。

母亲大怒："还？你还得起吗你？生来就是赔钱货。快走快走，看着就心烦。"勃然大怒的语气，没有一丝温情的表情。

她攥紧手心里的纸币，沉默地转身向村外的世界走去，不曾回头。会还的，终有一天会加倍偿还的。

工作后，每一个月，她留下足够一个月的花销，也只是一两百块钱，其余的全部寄往老家，寄给母亲。生活还是一如既往的清苦，但是，她甘之如饴，因为自由。

读博士生的姐姐来看她，说："回去看看吧！爸爸妈妈都挺想你的。"她不语，只是笑，笑容里只有她感受出的苦涩与沧桑。想她？有什么好想的呢？她只是一株杂草，顽强地凭着一口气存活至今。

姐姐叹气，说："妹妹，妈妈一直都说，你心里憋着一股子的气，怨她的偏心，恨她对你的苛刻。所以，你去离家千里之外的地方念大学；所以，你很少回家；所以，你大把大把的钱往家里寄，就是要还清所用的学费……"

她依旧不语，这么多年了，明摆着的事实，说来又有何用。

"当年，你上高中的学费是妈妈去省城的医院献血凑齐的。"

她倏忽瞪大了眼睛，嗫嚅："不是的，不是的，爸爸不是寄钱回来了吗？"

姐姐摇头："爸爸寄来的钱，妈妈早已分了几份，一份给我做了生活费与学费，一份给弟弟交学费，余下的还得寄给外公外婆，他们就妈妈一个女儿，需要妈妈寄钱给他们养老。"

她涩着嗓子，笑，说："你的，弟弟的，外公外婆的……都是预备好的，都是在预想中的。我的，终究是意料之外的，终究是要让我心存愧疚的……"是的，终究是让她心存愧疚的，终究是如母亲所言，她是偿还不起的，再多的钱也是偿还不了的。

姐姐叹气，临走前说："没有爱，哪来的恨？"

她没有恨，只是委屈，只是心上有根刺。为了怕刺痛，所以学会以坚硬的外核去掩饰脆弱的内心。

终于还是决心要回家了，却在购买礼物的途中被车子撞上，一场不大不小的车祸，足够她在病床上躺上一两个月了。

母亲还是赶来了，坐在病床前，依然是一阵劈头盖脸的好骂："死丫头，要不是你姐姐告诉我们，你是不是就瞒着了？你怎么就不让人少省几个心啊你？生来就是让人生气的，还不如当初不养你……"

但是，按摩她腿部的动作却是轻柔的。她说："不碍事的，躺个把月就好了。"

母亲不信，问完护士，又问医生，一遍又一遍："我女儿的腿真的没问题吗？真的能和受伤前一模一样？"

她躺在病床上，静静地听着，心忽然间就热烘烘的。她想起了那些的深夜，那一碗热乎乎的溏心蛋，问道："妈妈，溏心蛋是什么滋味？"

母亲给她倒茶的手明显的一颤，随后淡淡地说："能有什么滋味？不就是一碗蛋茶吗？想吃了？赶明儿给你做一碗。"

"妈妈，你还气我吗？"

"气，怎么不气？自小就是一副不声不响的样子，人家都说，女儿是妈妈的贴心小棉袄。你呢？……"

"不是有姐姐吗？"及至今时今刻，她还是嫉妒的。她也只是一个孩子，一个渴望母爱，渴望温情的孩子。

母亲怔怔地，长长地叹一口气，幽幽地说："三个孩子，妈妈是亏欠你了。总以为，你学习不中用，总得干地里的活儿拿手，将来也不至于饿肚子。那时，家里的状况，总得有个人给妈妈做帮手。现在想来，那个时候，少了你，妈妈一个人也不会照应到家里家外的，你爸爸也不可能安心地在外面打工了。妈妈一忙起来，累了，就想撒脾气，身边也只有你，所以，你也没少受气……"

母女俩第一次有说有谈的，回味那些逝去的年岁，那些她曾不忍回味的少时。忽然间，她就明白了，如果没有母亲那时的"苛刻"，又怎么会有今日的她，稳定的工作、良好的学识修养、坚韧的个性。也许，穷其一生，她会是一个忙忙碌碌，奔走于田地间的普通农妇；或是一名工厂女工，没有学识，没有理想，只是碌碌无为地走过这一生。

回家修养一段时间后，她得回去上班了。走出村口老远，她回头，第一次回头，蓦然看见母亲站在高高的土堆上，向着她的方向张望。她想，也许，每一次她离家上学，母亲都曾如此遥远地张望着她越走越远的身影，只是，她从不曾回头，也不肯回头。

再后来，她有了自己的孩子，她自始明白，不管母爱以何种形式呈现，或许精致，或许粗糙，它的本质终究只是无穷尽的、无私的爱。

感恩报恩当及时

成方圆生于 20 世纪 60 年代，是那个年代家中比较少见的独生女。自小父母就把她当作儿子看待。尤其是父亲身体不大好的时候，十几岁的成方圆就承担了所有的家务，但她也认为这是理所应当的事情。尽管那个时候自己还是需要照顾和呵护的年龄。

作为家中唯一的孩子，特殊的家庭环境使得成方圆很早就特别的懂事。在对父母的孝顺方面更是比其他同龄人都早了一步。15 岁的时候，她就能一个人给母亲换好煤气罐。至今，拖着煤气罐磕磕绊绊上楼的样子她都历历在目。然这一切都是背着母亲做的。怕母亲知道心疼。当时，液化气站离成方圆家有好几站地远，她得一个人骑车到液化气站把煤气罐拖回来。重重的煤气罐挂在自行车一边，常常使成方圆幼小的躯体把握不住方向。一路上就这样跌跌撞撞、扭扭歪歪地回到了家门口。从车上把煤气罐费力地摘下来，还有二十几节楼梯要上。成方圆没有喊妈妈，她要用自己的行动告诉母亲，女儿已经长大，可以帮她分担了。煤气罐和 15 岁的她体重相差无几，她一手紧紧抓住煤气罐的牙口，一手紧扶楼梯的把手，一步一步地往前挪着走。走了三、四个三四个台阶，小方圆就得依靠在栏杆上喘几口气，歇歇，然后再往上走。推开房门的那一刻，成方圆的心里就别提多开心了，她自认为帮妈妈做了一件"大事"，小脸蛋因此憋得通红。母亲见此情形，一把把女儿搂在怀里，母女俩紧紧地拥抱在一起。

成方圆的母亲在 2007 年因患白血病去世了。回想老人家住院的那段日子，成方圆心里涩涩的，她尽了自己最大的努力，让母亲在住院期间减少痛苦，尽量让母亲能够舒心地走完人生的最后一程。联系最好的医院，最好的医生，寸步不离地在病床边陪伴母亲。连病房里的护士都说成方圆的母亲有福气，生了这么出息、懂事的女儿。

特别值得一提的是成方圆小时候是被一位她唤作"大大"的阿姨带大的。在成方圆幼小的内心，大大就像妈妈一样，是生命中最亲密的人。参加工作以后的成方圆更是找一切机会孝敬家住湖南的大大。有一次大大从北京回湖南老家，正赶上成方圆在湖南演出。她充分利用演出的间隙时间想方设法为大大联了一辆从火车站到山区大大家的面包车陪大大回家。"母女俩"一路上有说有笑，开心得不得了。成方圆紧紧拉着大大的手，久久舍不得松开，大大欣慰而感动。

2009 年中秋节，方圆还了自己多年来的一桩心事。她设法联系到了曾经教授自己二胡的两位老师，把老师全家聚在一起，过了一个特别有意义的团圆节。

母亲之歌

哥伦比亚最大的毒枭米斯特朗最近快气疯了。他有数批总价值上千万的冰毒在海关被缉毒警察一网打尽，不但使他损失了几名得力的干将，还失去了许多老主顾的信任。

毒品接连被查获，米斯特朗开始怀疑沿用了多年的运毒方式。米斯特朗的制毒工厂建在太平洋上的一座小岛，名义上它是一处专供富翁休闲的疗养胜地，实际上岛下是一座规模庞大的毒品基地。米斯特朗用渔船将制毒原料运到岛上，加工成冰毒后，再用渔船运往各地，销售给当地的贩毒黑帮。

以前米斯特朗会让手下将毒品塞进鱼肚，伪装一番后从海关蒙混过去。如今海关动用了先进的缉毒仪器，再用鱼肚藏毒，风险很大。于是，米斯特朗不惜血本，用潜艇直接躲过海上缉毒警察的缉毒快艇，在近海抛出装满冰毒的浮筒飘走了，三个月后才在一千海里外的海面被一艘捕鱼船捞了上来，米斯特朗的把戏也因此被揭穿了。后来米斯特朗尝试过用人体藏毒、把毒品溶入牛奶、制成假药片等方法运毒，效果都不好，损失更惨重。

眼见一批批毒品打了水漂，米斯特朗疼得心尖子都在颤抖，他忍不住冲手下大发雷霆："你们这些饭桶，连一个好一点的办法都想不出来，脑袋让狗吃了。"

米斯特朗的手下一个个垂头丧气，一声不吭。这时米斯特朗的儿子敲门进来，向父亲推荐了一个叫艾德华的人。

"艾德华？他是干什么的？"米斯特朗压下火气问。儿子说："他是个动物学教授，曾因走私罪被判了两年刑。"

米斯特朗不屑地说："我还以为是什么了不起的人物呢。不过是一个穷疯了的老学究。"但儿子告诉米斯特朗，可不要小看艾德华，他能用鸽子走私。他事先把走私品绑在鸽子身上，然后偷偷地放飞，这样鸽子就会神不知鬼不觉地飞过边境，将走私品带到他指定的地点。由于从来没有人怀疑过鸽子身上还有玄机，他从中大捞了一笔，后来由于妻子的揭发，这才落入法网。

米斯特朗一听，大感兴趣，马上让人把艾德华带来。艾德华是一个五十多岁的瘦老头儿，形象猥琐，一口黄牙，一双眯缝小眼射出贪婪的目光。

经过一番讨价还价，米斯特朗答应艾德华，只要他帮自己贩毒，每成功一次，就付给他毒资的百分之十作为酬劳。"可如果你失败了，不但一个子都捞不到，我还要把你丢进海里喂鲨鱼。"米斯特朗凶狠地说。

"放心，如果不是我老婆出卖我，我早已是亿万富翁了。"面对米斯特朗的威吓，艾德华不以为然。

按照原计划，米斯特朗要为艾德华购买一批脚力强劲的信鸽。可鸽子运来了，艾德华却皱着眉头说暂时不能用这些鸽子。米斯特朗问为什么，艾德华说："鸽子飞行是靠地球磁场的引力指引方位的，因此它们记性很好，并且十分依赖自己的旧巢。你弄来的这些鸽子虽然品种优良，但没有经过训练，一旦放飞，它们不但不会听话，还会背叛我们，飞回自己的旧巢。"

米斯特朗忙问那该怎么办。艾德华说："我要先训练它们半年，才能让它们乖乖听话。"半年？米斯特朗摇头说不行。他心里明白，那些已付了现金的买主正等得心急，别说半年，再有半个月不给他们送去毒品，他们就会翻脸不认人。米斯特朗命令艾德华十天内训好那些鸽子。

"十天？别开玩笑了。"艾德华摇着头说那不可能。米斯特朗阴沉着脸说："不是开玩笑，十天之内不把货送出去，我完了，你的日子也别想好过。"艾德华考虑了半天，向米斯特朗提出可以用海鸥代替信鸽。他会在海鸥的中枢神经上植入一种遥控装置，十天之内保证把毒品安全送给买主。米斯特朗听后，马上命人去捉海鸥。果然，海鸥比信鸽听话，而且它们身上能绑更多更重的毒品，十天后买主满意地收了货。米斯特朗大喜过望，问艾德华怎么办到的。艾德华得意扬扬地说："这全靠我设计的那套遥控装置。那些带有电磁脉冲的遥控装置。一旦植入海鸥的中枢神经，它们就得乖乖听我指挥，不然我一摁手里的遥控器，它们的身体就会剧烈疼痛，异常痛苦。因此就算我下令让它们自杀，它们也会毫不犹豫地一头扎进海里。"米斯特朗听后，拍案叫绝。

连续几次用海鸥送货成功后，米斯特朗的野心开始膨胀起来。他命令地下工厂夜以继日地生产毒品，他要把以前的损失尽快地赚回来。正当米斯特朗野心勃勃地想扩大工厂规模时，艾德华却跑来告诉他海鸥出现了异常情况。

米斯特朗来到海鸥笼前，只见那些海鸥毛发杂乱，双目赤红，在笼子里焦躁不安地乱扑腾，还不时发出凄惨的叫声。米斯特朗问："这些畜生出了什么事？"艾德华说海鸥们到了产卵期，要飞回海岛上产卵，孵化后代，因此性情变得十分焦躁。米斯特朗不假思索地说："我明天要运一批价值一亿的毒品，你必须让这些海鸥安静下来，乖乖地为我送货。等做完这了趟生意，就把它们全部杀掉，另换一批雄海鸥。"艾德华还想说什么，米斯特朗却头也不回地走了。

第二天，海鸥们上路了。可不久，接货地点的人就打来电话，说海鸥今天格外不听话，只在天空盘旋尖叫，却不肯降落，他们无法取下毒品。那可是一亿美元的毒品呀！米斯特朗不敢怠慢，与艾德华一起坐快艇赶到了接货地点，果然发现海鸥们全部都盘旋在半空中，没有一只肯降落下来。"给我开枪打下来。"米斯特朗咆哮道。可枪声一响，海鸥们全都一惊而散。

米斯特朗急了，一把拽过艾德华说："快把这些畜生给我弄回来，不然我宰了你。"艾德华手忙脚乱地摁动手里的遥控器。受到控制的海鸥又都飞了回来，可仍旧不肯降落。米斯特朗大怒，冲着艾德华吼道："你不是说用遥控器可以让海鸥乖乖听话吗？"

艾德华无辜地辩解："我说的全是真的。你看那些海鸥，虽然不肯降落，但它们的身体正在经受着折磨，可我不知道它们为什么会如此坚强。"米斯特朗见那些海鸥痛苦地抽搐着。可他们为什么宁肯忍受巨大的痛苦，也不肯屈服呢？

就在这时，远处的天空突然出现了一片乌云，艾德华定睛一看，脸色都变了："天啊！雌海鸥的惨叫引来了海鸥群。"不一会儿，遮天蔽日的海鸥拥了过来，围绕在米斯特朗一伙周围，向他们发起进攻。

米斯特朗与手下拔出枪，不停地射击，可数不清的海鸥怎么杀也杀不完。他们抱头鼠窜，但成千上万的海鸥堵住了他们的退路。不到十分钟这群人的身上、手臂上、脸上到处被海鸥啄得鲜血淋漓。米斯特朗惨叫着揪过吓傻了的艾德华，用劲力气大叫："快，把这些海鸥赶走！"

可艾德华早已自顾不暇。很快米斯特朗便与手下瘫倒在海鸥的轮番攻击下。米斯特朗临死还喃喃自语："想不到我……竟然输给了这些海鸥……"

艾德华的衣服被海鸥啄得七零八落，身上体无完肤。这时，他猛然想起一件事，不禁用最后的声音说："米斯特朗先生，我忘记了……一件最重要的事情。怀了孕的……海鸥，就算你砍断它的翅膀，它也会义……义无反顾地飞回自己的巢穴……生育后代，我们输给的是母亲……"

丁兰刻木孝亲

《论语学而》说："曾子曰：'慎终追远，民德归厚矣。'"意思是，慎重地办理父母丧事，虔诚地祭祀远代祖先，那么民风就能厚淳，就能少做错事。丁兰的故事就说明了这个道理。

丁兰是汉朝河内人，他有感于"羔羊跪乳"和"乌鸦反哺"的情形，对自己未能趁父母健在时尽孝而痛悔不已，越发思念已故的父母。后来，他终于想出了一个办法。他根据自己的记忆，用木头雕刻出父母的形象，供在家中堂上敬奉，俨然如对活着的父母，在生活点滴之处都不失恭敬。

有一天，置邺县一位名叫张叔的人，跑到丁兰家借东西用，恰巧丁兰外出了，只有他妻子在家。妻子当时不知道是否借给张叔，犹豫了起来。她想起平日里，自己和丈夫遇到难以决定的事情，都是先在父母的像前问卜，然后遵照卜到的"父母意见"再作决定。其实在丈夫的影响下，妻子也已经在不知不觉中，将木像视为活着的公公婆婆，十分孝敬。

妻子赶紧洗净双手，整理仪容，点燃香烛，然后在木像前躬身礼拜，虔诚地问卜，结果得到的答案是"不借"。于是，她将结果如实地告诉了张叔。哪知道张叔刚刚喝过酒，在酒精的刺激下，一时失去理智，当场发作起来，对着木像大骂，并且还动手打了木像几下，然后才愤愤离去。

丁兰回来后，像以往一样，首先到父母的像前恭恭敬敬地禀告。当他瞻仰父母的面容时大吃一惊，看见父母的脸色好像很不高兴，心中深感不安，急忙向妻子询问，才得知是张叔对木像有过无礼的打骂行为。

父母过世后，在丁兰的心目中，木像就是自己的父母，他从未曾有丝毫的轻慢，如今有人居然如此非礼自己双亲的木像，他内心宛如刀割。情急之下，他跑去找张叔理论。不料张叔根本无法理解丁兰的感受，觉得丁兰很荒唐，出言更加不逊。丁兰觉得张叔竟然污辱自己的父母，忍不住和他争执起来，情急之中，还把张叔痛打了几拳。张叔见丁兰为了两个木像，竟然责打自己，心里更感到愤愤不平，就向衙门告状。

由于证据确凿，衙门便派衙役捕捉丁兰归案，丁兰也供认不讳。丁兰被捕走前，心里十分伤心难过，他要求向父母禀告。衙役同意了。他来到父母的木像前，双膝跪下，一边流着眼泪，一边忏悔地说："儿子不孝，没有照顾好二老，不但使你们受了委屈，现在又不理智地动手打了人，将要受到官府的惩罚。这样不仅让你们为孩儿担忧，还使二老蒙受羞辱，实在是罪过！"这时，一件不可思议的事情发生了：人们看见两尊木像的眼睛里竟然缓缓流出了泪水，而木像的神情，是那么痛苦难当，在场的所有人，无不为之惊奇。

地方官得知这一情况后，也为丁兰的孝心而感动，于是就向皇上奏明了情况，不但免除了对丁兰的处罚，还举荐他为孝廉。皇上知道这个情况后，特意传下诏令，命人把丁兰的孝行事迹画成图画，以彰显他的孝道德行，号召大家都来学习。

卢氏舍身救姑

唐朝人郑义宗的妻子卢氏，是幽州范阳人，自幼深明礼仪。嫁到义宗家后，她与全家的长辈晚辈、上上下下都相处得十分融洽，对义宗的母亲更是恪尽妇职，所以全家人都对她非常满意，没有不称赞新媳妇贤惠的。

有一天夜里，全家人都正熟睡，忽然外面人声嘈杂。一群彪形大汉举着火把，拿着武器，翻墙进院，气势汹汹。卢氏起身向外一看，满院几十个劫匪，都用手帕包头、手里拿刀，十分凶恶。家里人都从睡梦中惊起，不顾性命地往外跑，一时间全都跑光了。只有郑义宗的母亲因年老体弱，举步艰难，还没有出屋。卢氏就冒死跑到婆母房里，陪在她身边，保护婆母不受劫匪伤害。匪徒到各屋翻箱倒柜地搜刮财物，最后闯到郑母房里，以刀棒相逼索取钱财。郑母吓得说不出话，卢氏高声说道："家里大小事情由我来掌管，我婆母什么都不知道，何况你们想要的不过是钱财罢了，何必逼迫老人呢？你们有什么事，找我好了！"贼人听了不禁大怒，一时间刀棒交加，把她打得体无完肤，昏倒在地。恰好外边营救的人来了，一声呼哨，众匪徒四下逃散。

劫匪离开之后，家人都回来了，问卢氏为什么不逃走。卢氏说："人与禽兽的不同之处就是，人知道仁义。平时邻里有什么急事，咱们还要出手援助呢，更何况是我的婆母，我哪能弃之不顾呢？要是万一遭到什么伤害，我做儿媳的还有什么脸面独自活在世上呢！"众人听了，都叹服不已。婆母感动得哭着说："人都说天气寒冷而后才知道松柏最后凋谢，还说路险知马力，事变见人心。我现在更知道儿媳的贤惠和她的孝心了。"

《孝经》原典详解

马居三三踏孝顺坡

大宋年间有个叫马居三的人，身居高位，为人至孝，他的孝行广为人知，以至宋高宗都对他赞赏有加。

有一年的三月，正是马居三父亲七十大寿，马居三特意请假回到马家村，要为父做寿。说来也巧，马居三刚到马家村，村后的山上就出现了一件奇事。原来，因为前几日马家村下起了倾盆大雨，导致后山发生了泥石流，谁知道泥石流过后，后山上出现了一道斜坡。斜坡上书三字"孝顺坡"，三字之旁也有几个小字，"孝父母者，可上可下；不孝者，寸步难行"。后来村子里的人纷纷走上斜坡去看。正如所写，孝顺父母的人能轻松地走上；而不孝者往往脚底疼痛，难以走路。

马居三回家之后，天气晴好，阳光普照。马居三忙着为父亲办寿宴，忙得是不亦乐乎。

酒过三巡有的官员想要奉承马居三，就谈到了后山的"孝顺坡"，并派人找了不孝子，且对马居三说："马大人，马家村后山新出现了一道'孝顺坡'，'孝父母者，可上可下；不孝者，寸步难行'。大家都去看过，而且是屡试不爽。要不，我们也去孝顺坡看看，据说在坡上能够看到仙山胜景。"

马居三十分高兴，带领着许多达官要人，向孝顺坡走去。

来到孝顺坡后，众人都称奇道异，刚才那官员见到这种情景，知道自己的好机会来了，于是，让那几个不孝子走上孝顺坡。那几个不孝子，有的不供养父母，有的虐待父母。他们一上孝顺坡脚心就疼痛难忍，就赶紧跳下来捂着脚底，哭爹喊娘。

马居三很是奇怪，又找来孝子走孝顺坡。那个孝子曾经善待父亲，父死又为父守孝三年。上孝顺坡果然轻轻松松。一会儿，那孝子下来向大家叙述看到的仙境美景。马居三是有名的孝子，自信自己也能轻松上去，于是整理了衣襟就向孝顺坡走去。谁知马居三刚踩到石板，一阵要命的疼痛，就传遍全身。马居三抱着脚大叫："疼死了，疼死了！"大家面面相觑：马居三可是有名的孝子，怎么走不上孝顺坡？

下属扶住惊魂未定的马居三。再让那几个孝子上去，仍是轻轻松松自在得很。过了一会儿，管家打个圆场说："方才，马大人旧日的腿疾犯了，所以他今天上不了孝顺坡，现在，大家回去继续喝酒吧。"一瞬间，大家才好像明白过来了。

晚上，马居三却睡不着了。虽然找了个"腿疾"的理由糊弄过去，但毕竟对自己的孝名有妨碍，没办法做万民的表率不说，以后的官场也可能因此无法如意了。可是自己该怎么办呢？自己以前做过对不起父母的事情吗？马居三辗转反侧，不停地回想。他突然爬了起来，使劲敲着自己的头哭道："孩儿不孝啊！孩儿不孝啊！"原来，马居三的母亲，曾想让他修建一条通往山下的道路，但他没有做到。于是第二天马居三马上召集官员，彻夜赶工，给马家村修了一条宽阔的大道。

大道修成之后，马居三对着孝顺坡祈求："母亲啊！我已经完成了您的遗愿，现在，希望您保佑我登上孝顺坡吧！"说完，他就往坡上走。但他依然感到一股钻心的疼痛。他很伤心。

第三天，马居三就离开家乡回到京城。马居三回到京城就出事了。最后，他被贬到一个县城里当县官。临走之时，寇准语重心长地对他说："一定要为民做主，不贪不贿，只有这样才能对得起自己的良心啊！"马居三在任期间时刻为民办事，使得老百姓丰衣足食、安居乐业。听到百姓对他的赞许之声，就感到十分的快乐。闲时，马居三便听高僧谈人生、谈禅事。

有天晚上，马居三做了一个梦，梦到一个老人说："马大人，您现在可以登孝顺坡了。"醒过来后，马居三很高兴，于是再回老家，独自一个人去了后山的孝顺坡。

马居三大步向前，走向孝顺坡。奇迹出现了。马居三一接触石板，身心就感到一种前所未有的轻松，三步两步就到了山头。站在孝顺坡上远望，但见仙山胜景展现在眼前，云雾缭绕，繁花似锦。马居三看着坡上的美景，十分高兴。只是不明白为什么从前他孝顺父母之时，不能登上孝顺坡，而现在父母去世了，他却能登上孝顺坡。这时候，天空出现一行大字："民者，官之衣食父母也"。

马居三恍然大悟：为官者，若是把百姓当作自己的父母，对待百姓像是对待自己的父母，才算是真正的孝顺啊。回顾以前，他从没有真心为百姓考虑问题，也从来没有好好替百姓办事，这样为人做事，怎么能登上孝顺坡呢？想到此处，他对上天说："从今以后，我一定好好为百姓做事，鞠躬尽瘁，死而后已！"

广要道章第十二①

【题解】

本章进一步论述如果能将首章的先王"至德要道"加以推广，进而达到天下天平。

【原文】

子曰："教民亲爱，莫善于孝。教民礼顺，莫善于悌②。移风易俗，莫善于乐③。安上治民，莫善于礼④。礼者，敬而已矣。故敬其父，则子悦；敬其兄，则弟悦；敬其君，则臣悦；敬一人，而千万人悦。所敬者寡，而悦者众，此之谓要道也。"

新二十四孝图（二）

【注释】

①广要道章：在《开宗明义章》已经提到"先王有至德要道"，但没有对什么是"要道"进行展开说明，本章要完成这个任务，所以以"广要道"为名。

②悌：弟弟无条件顺从哥哥的一种道德。

③乐：古人所说的乐，包括音乐和舞蹈。

④礼：礼可以用来规定君臣、父子之别，明确男女、长幼之序，所以可以"安上治民"。

【译文】

孔子说："教育百姓相亲相爱，最好的办法莫过于孝。教育百姓顺从君长，最好的办法莫过于悌。改变旧的、不良的社会风气和习惯，最好的办法莫过于乐。安定上边和治理下边，最好的办法莫过于礼。礼的根本问题，不过是个'敬'字罢了。所以，你尊敬人家的父亲，人家的儿子就觉得高兴；

你尊敬人家的哥哥，人家的弟弟就觉得高兴；你尊敬人家的国君，人家的臣子就觉得高兴；尊敬一个人，就能使千万人觉得高兴。所敬的人很少，而觉得高兴的人却很多。因此，孝才被称作非常重要的道。"

【解析】

有一种说法："父要子死，子不敢不死。"完全没有根据，不知道从哪里蹦出来的，根本不合乎人性，也不符合自然规律。一笑置之，不需要加以理会。我们虚拟一下，很容易发现那是出于某一朝代，在某种特殊的情境下，出自某一位臣子的话："君要臣死，臣不敢不死。"当时情况危急，基于增强君王的信心，也激起自己的壮志，完全是非常时机的特殊用意。此乃纯属例外，不应该把它视为常态或当作例行事务处理，以免误导子孙产生不正当的观念，害人又害己。既然有这样的说法流传，我们更应该及时更正，让它到此为止。

所有伦理道德的出发点必然是善的，对每一个人都有好处，大家才乐于遵循。凡是片面要求、偏重一方的，应该都要重新加以检验。是不是误传了？还是以讹传讹、解释错误却广为宣扬？也可能是少数心有不善，故意加以曲解的小人，用以图谋自己的利益所编造出来的。所以，必须用心明辨，依据自然规律来判断，及时加以扬弃或改正。

对于伦理，定位不同，就要承担不一样的责任，但是也必须兼顾并重地照顾到每一个人，对大家都有助益才符合人性，也才可长可久。孝道当然也是如此。任何人敬爱父母，都会获得父母的喜爱和关心，因而得到更好的照顾，自己也因此而得到喜悦。同样的道理："敬兄则弟悦，敬君则臣悦。"单凭一个敬字，就可以产生这么良好的效果，所以我们常说："敬人者人恒敬之。"这是双向的，并不是单向的。孝和慈是互相感应的，没有不通的。我们前面说及"只有孝是单向的"，用意在加强子女的责任。因为子女永远在年龄方面赶不上父母，所以在各种经验都不如父母的情况下，必须一心一意地孝敬父母，才能逐步明了父母的处境和真正的用意。

儒家思想以修己为基础。凡事先反求诸己，不要老是怨天尤人。子女年幼时，不明白修己的道理，这时候，孝敬父母便成为修己的第一步。用孝敬父母来修己，获得父严母慈的教养，以奠定人生的坚实基础，当然最为有利。

【生活智慧】

1. 相亲相爱才有和谐快乐的人生。但是，和任何人都要相亲相爱，未免过于天真无邪。因为人一多就形形色色，有可以信赖的，便有不能相信的。所以，先由一家人相亲相爱做起，累积丰富的经验，再逐渐向外扩展，应该是最为可行的途径。"孝"是和父母相亲相爱，"悌"即兄弟姊妹之间相亲相爱。从孝顺做起，当然是最好的方式。

2. 风俗是自然孕育而成的，随着时间的流转，难免有愈变愈好或愈变愈坏的可能。所以，因时制宜就成为移风易俗的正当途径。只有在愈变愈好的前提下，才能够与时俱进，做出合乎当前时空条件的合理调整。最有效的方法，则是通过音乐来教化。可惜我们的《乐经》已经失传，使得原本最懂得音乐的中华儿女，也不得不走上萎靡、低俗、毫无教化作用的"现代音乐"之路，实在既可怜又可笑！

3. 为什么要安上？因为居上位的人倘若不能安心，所有工作人员就无法尽心尽力把事情做好。明明是好意，却可能被扭曲为存心不良；把事情做好，也可能被误解为向上级挑战。历史上多次发生杀害功臣的事件，令人不得不当心"顶头上司安不安心"和"对自己相信与否"的问题。

4. 安上的目的，在为人民服务。治民不是管老百姓，而是为人民服务。这时候，要用礼制来促使大家自动自发地遵循，以便在互动中找出合理的平衡点。所以，我们不说法治而说礼治。因为法是死的，难以赶上时代变迁的脚步，往往执行完毕才发现法根本是不对的，必须加以修正才能让大家心服。礼便是理。我们参考法令，依据实际状况做出合理的调整，因而称为礼治，即为合理的处置。这当然更有弹性，更能应变，也更令人心悦诚服。

5. "广要道"的意思是推广孝道，使其成为至德的要道，也就是打好仁之本的基础。孝敬父母，因心目中有父母，而产生强大的自律力量。知道怎么安上治民，明白礼乐的教化作用，自然收到"所敬者寡，而悦者众"的宏大功效，对己对人，都有莫大的助益。这就是为人处事最要紧的道理！

【建议】

我们重礼，却不能造成繁文缛节、虚伪、做表面功夫的不良风气。《论语·雍也篇》记载："质胜文则野，文胜质则史。文质彬彬，然后君子。"质就是实质，文便是形式。实质良好，倘若没有合理的仪节来表达，不免流于简陋，好比货品良好而包装不佳，并不受顾客欢迎。仪节繁重而没有良好的实质，那就是虚浮，有如现代广告华而不实，令人失望。文质彬彬即指形式与实质相符，这才合乎理想。礼若没有配上仁心，就算不得合礼。法治需要制衡，是因为法是死的，很容易僵化、落伍，而为存心不良的人所利用。礼治的最大制衡来自仁心，所以孝道的推广，是礼治的必要基石。孝敬父母的人必有仁心，这时候推行礼治就可以安心。

【名篇仿作】

《女孝经》广要道章第十二

【原文】

大家曰："女子之事舅姑也，竭力而尽礼。奉娣姒也，倾心而馨义。抚诸孤以仁，佐君子以智。与娣姒之言信，对宾侣之容敬。临财廉，取与让，不为苟得，动必有方，贞顺勤劳，勉其荒怠。然后慎言语，省嗜欲，出门必掩蔽其面。夜行以烛，无烛则止。送兄弟不逾于阈。此妇人之要道，汝其念之。"

【译文】

曹大姑说："女子出嫁之后侍奉自己的公公婆婆，应当做到有礼制。对待自己的姒娌，也应当尽心尽力。要以仁爱之心抚养遗孤，以自己的聪明智慧辅助丈夫。对待自己的姒娌要讲信誉，对待宾客要有礼貌。不要贪财，取让财物要有度，不要得过且过，做事情要有规矩，勤劳治家，不可懒惰。不要终日闲言碎语，要清心寡欲，外出的时候，应当将自己的面部遮盖起来。晚上出门的时候，一定得带上蜡烛，没有蜡烛的话，就不要出门。送自己的兄弟的时候，不要越过门槛。这些都是做女人应当懂得的道理，你们可要记住了。"

《忠经》广至理章第十二

【原文】

古者圣人以天下之耳目为视聪，天下之心为心，端旒而自化，居成而不有，斯可谓至理也已矣。王者思于至理，其远乎哉！无为，而天下自清；不疑，而天下自信；不私，而天下自公。贱珍，则人去贪；彻侈，则人从俭；用实，则人不伪；崇让，则人不争。故得人心和平，天下淳质，乐其生，保其寿，优游圣德，以为自然之至也。《诗》云："不识不知，顺帝之则。"

【译文】

古代的圣人以天下人所看到、听到的作为自己得到信息的途径，天下人所想到的，当然也就是他所想到的，国家自然地就会得到政治教化，这样的话，国家就没有不可治理的，这是治理国家的最好方法。作为王者在思考治理国家的方法时，意义真是深远呀！君王要是能够做到无为而治的话，国家自然就会清明；君王如果不猜忌多疑的话，整个国家都会讲诚信；君王如果能够做到不自私的话，子民们自然地就会以天下为公。君王如果看轻珍宝的话，那么子民们也就不会贪财；君王如果能够做到节俭的话，则子民也会跟随着俭朴；君王如果推崇诚实的话，子民们也就不会欺诈；君王讲求谦让的话，子民也就不会争强好胜。君王治国，以得人心为上，只有天下淳朴，子民们才会幸福地生活，健康长寿，推崇圣德，以自然质朴为最高准则。（《诗经·大雅·文王之什·皇矣》说："谦让、温顺、忠厚、淳朴、顺从是天地间的规则。"

【故事】

老虎引路

李长者是唐朝人,一生不爱名利,最喜欢的就是《华严经》,以《华严经》为终生之业。他学佛多年,有一次离开自己住的地方,想要专心地为《华严经》注述。把行囊整理好后,就离开家里,在路上遇到了一只老虎,而这只老虎仿佛就是在那里等候他一样,遇到他非常的驯服、温顺。李长者就跟它讲:"我想请你帮我找一个安静的地方,让我在那里安心写释论。"于是就把行囊挂在老虎的背上,老虎似乎听懂了李长者的话,缓缓望着他,就这样一路走了过去,走了约二三十里路的时候,老虎就在一个土坎上面停留下来,这时李长者知道老虎的用意,是把他带到这个地方给他栖身住宿之处。这个土坎非常光亮明洁,旁边还有一口泉水,在他到来的前夕,有一阵暴风雨把一棵古松连根拔起后,就涌出了泉水。所以,后来这口泉水就被称为"长者泉"。李长者就在此地住宿有五年之久。五年当中,每天到傍晚时,这口泉水中就有一道射白光出来给他当烛光,让他能顺利在晚上有灯光来写作,还有两个年轻女子来伺候他,煮饭给他吃。等到五年写完释论后,这两个女子也不见了,其实这两个女子是天上派来的。

郑板桥责行孝道

被誉为"扬州八怪"之一的郑燮,是清代著名书画家,字克柔,号板桥，也称郑板桥。郑板桥是康熙年间的秀才，雍正时的举人，到乾隆时期终于考中进士，官至潍县县令。

郑家本是书香门第，但到郑板桥父亲这一辈的时候，家道中落。郑父虽然有些学识，但只考得个廪生，在破败的家中开设了一个小型学堂。教几个幼童读书，生活相当清苦。郑板桥出生时，郑家由于祖上积累的家资早已耗尽，生活十分拮据。板桥三岁时，生母就去世了，郑板桥便由继母抚养。板桥的继母贤惠而有爱心，可惜体弱，禁不住饥寒的煎熬，在板桥十四岁时也去世了，对未成年的板桥来说，这又是一个很大的打击。板桥只好依靠乳娘费氏抚养，这位乳娘是他祖母的侍婢，为感谢主人多年对她的恩情，一直与郑家共患难。乳母费氏是一位善良、勤劳、朴实的劳动妇女。每日清晨，她都带着瘦弱的板桥，到市上做小贩，宁愿自己饿着肚子，也要先买个烧饼给板桥充饥。乳娘费氏给了郑板桥悉心周到的照料和无微不至的关怀，成了少年郑板桥生活和感情上的支柱。长大后的郑板桥一直牢记继母和乳娘无私的养育之恩，无奈她们都已过世，自己没机会向她们再尽孝道。他便决心以在世间传播孝道为己任，身体力行大力弘扬孝道，使人们都孝敬自己的父母亲人，促进家庭和睦。

郑板桥在山东潍县做县令时，喜欢微服私访体察民情。有一天，他领着一名书童走到城南一个村庄，见一民宅门上贴着一副新对联：

"家有万金不算富，命中五子还是孤。"

郑板桥感到很奇怪，现在不是过年过节，这家贴对联干什么？而且对联写得又十分含蓄古怪。他便叩门进宅，见家中有一位老人。老人强颜欢笑将郑板桥让进屋内。郑板桥见老人家徒四壁，一贫如洗，便问道："老先生贵姓？今日有何事？"老人唉声叹气说："我姓王，今天是老夫的生日，便写了一副对联自娱，让先生见笑了。"郑板桥似有所悟，向老王头说了几句贺寿的话，便告辞了。

郑板桥一回县衙，便命差役将南村王老汉的十个女婿叫到衙门来。书童纳闷，便问道："老爷，您怎知那老汉有十个女婿？"郑板桥给他解释说："看他写的对联便知：小姐乃'千金'，他'家有万金'，不是有十个女儿吗？俗话说'一个女婿半个儿'，他'命中五子'，正是十个女婿。"书童一听，恍然大悟。

老汉的十个女婿到齐后，郑板桥不仅给他们讲了孝敬老人的道理，还规定十个女婿要轮流侍奉岳父，让他安度晚年。最后又严肃地说："你们中如果有哪个不善待岳父，本县肯定要治你们的不孝之罪！"第二天，十个女儿和女婿都上门看望老人，并带来了不少衣服、食品。王老汉对女婿们一下子变得如此孝顺，有点莫名其妙，一问女儿、女婿，方知昨日来的是郑大人，心中不禁感激万分，连连称赞郑大人是个好官。

林大钦

林大钦（1512—1545 年），字敬夫，号东莆。广东省潮州府海阳县东莆都山兜村（今潮安区金石镇仙德村）人。

林大钦从小家境贫寒，却非常孝敬父母。天资聪敏的他，每门功课对答如流，在潮州一带称之为"神童"。他设法向藏书万卷的族伯借书学习，博览诸子百家经典著作，十二岁时的文章习作，竟与苏东坡的文章风格近似。当时，澄海区隆都陇美村的黄石庵先生曾到山兜村任教，见林大钦聪颖出众，又虚心好学，十分器重，便带林大钦回陇美村就读。

林大钦十六岁时，父亲去世，家境更为困苦。为谋生计，他到附近塾馆任教，并经常帮人抄书以补贴家用。成家之后，林大钦与妻子竭尽孝道，用心奉养母亲，深受邻里赞扬。

明朝嘉靖十年（1531 年）秋，林大钦得中省试举人。

次年春，林大钦上京赴考，名列榜首，得中状元，深受嘉靖皇帝器重，授职为翰林院编修。

他刚任职于翰林院，就把母亲和恩师黄石庵接到京城奉养。恩师黄石庵也因此被皇帝钦赐为进士。为进一步报答师恩，林大钦请旨在陇美村建造"状元先生第"（至今宅第基本完好）。大门石匾上镌刻"黄氏家第"，并有"门人林大钦题"的落款，门联为"状元先生第，进士世范家"，均为林大钦手笔。

再说林大钦母亲到京不久，便因水土不服，一病不起。林大钦尽心尽力遍请名医为母诊治，却毫无起色。

嘉靖十二年（1533 年），揭阳县进士翁万达（后官至兵部尚书）出任广西梧州知府，常与林大钦书信往来，林大钦曾在信中对翁万达说："老母卧病，侵寻已七八月，此情如何能言。今只待秋乞归山中，侍奉慈颜，以毕吾志尔。"在《与卢文溪编修》的信中说："老母体较弱，北地风高，不可复出矣，只待乞恩归养。"

是年秋后，林大钦终于以"老母病较弱，终岁药石"，奏请"乞恩侍养"，而被获准护送老母返回潮州。

林大钦初回归潮州时，没有安居之所，经常向人借宅暂居。后来为老母安享晚年而为母建造府第。然而，又恐"土木之华，豪杰所耻"，再加上能力有限，导致工程迟迟没有进展。

在此期间，朝廷多次召唤林大钦回朝复职，林大钦始终"视富贵如浮云，温饱非平生之志；以名教为乐地，庭闱实精魄之依"，而屡辞不就。母病数年之间，林大钦事母至孝，有明朝天启年间户部侍郎林熙春对其形容说："母安则视无形，听无声，纵寒暑不辞劳瘁；母病则仰呼天，俯呼地，即神鬼亦尔悲哀。"

1540 年，林母病逝。林大钦悲痛至极，万念俱灰，由于哀伤过度，随后一病不起。至于母亲的府第也就视为废物，半途停建，落得个"府存墙而无堂屋，门存框槛而无扉"的凄凉景象。

而后数年之间，林大钦基本是在病榻度过。他哀母的情景，林熙春形容为："母死则骨立支床，吊人殒泪；母葬而跪行却盖，观者蹙眉。"他本人在《复翁东涯》信中也说："自失承欢，忧病漂泊。杜鹃之愁，日夜转深。望云兴悲，对鸟泪下。居则若有所望，出则侗然不知所往。"时之揭阳县进士，官拜行人司司长的薛侃和潮阳县进士、官拜户部主事的林大春皆为他所作传，都提到他在葬母归程中因悲伤过度咯血而病倒。

林大钦卧病期间仍十分关注当地民生，他不止一次地给潮州知府龚缇去信，不厌其烦地要龚知府顺时令，重民事，申孝悌，崇节义，省器用，恤孤寡，治沟渠，修传舍，清径路……

当时，蒙古俺答部侵略北部边境，战事连年未息。1544 年 2 月，翁万达由四川按察使调任都察院右副都御史，巡抚陕西，赴西北前线指挥战事。林大钦对此又担忧，又兴奋，特此去信表示慰问，并大谈用兵之道。可见其关心时政之心未泯。

1545 年农历八月十二日，林大钦病逝。

他的故事，也因他的遗著《东圃文集》等，一直在潮汕民间流传。

待弟成名

鲁恭，字仲康，东汉陕西人。父亲曾任光武帝时的武郡太守多年，后因病谢世。鲁恭当时只有十二岁，弟弟鲁丕仅七岁。他们从早哭到晚，拒绝接受官府的救济。回老家把父亲安葬之后，两个孩子全心全意地为父亲守丧。极尽礼节之仪，甚至有很多事情比大人们想得还要周全。乡亲们都很佩服这两个孩子。服丧三年期满，鲁恭已经十五岁了，他和母亲、弟弟三人相依为命，住在太学，闭门读书。兄弟俩学习认真、勤奋，因此，进步都很快，也受到人们的普遍赞扬。官府得知鲁恭的才华出众，多次请他做官，但鲁恭因有自己的考虑而屡屡拒绝。他认为，弟弟年纪尚小，如果自己先奔赴功名，那就不能每天鞭策弟弟进取，会影响弟弟的进步。所以他想等到弟弟成名立业那一天，再施展自己的抱负。所以，每次都借口自己身体不好，不能胜任官府工作。

母亲知道其中缘由，要求他必须去当官做事。无奈之下，鲁恭只好去新丰教书。终于等到弟弟鲁丕被举办孝廉的那一天，鲁恭才改变以往的态度，到官府作了一名郡吏。

收鸡奉母

茅容，字季伟，东汉河南陈留人。茅容四十岁时，还只是个耕田种地的农夫，靠自己辛勤的劳作奉养母亲，风雨不误。有一天，在耕种时，突然天降大雨，他被困在了一棵大树下。其他来躲雨的同龄人都站没站相，坐没坐相，谈吐粗俗，只有茅容一人穿着整齐，坐姿端正。这时，名士郭林宗路经此地。郭林宗博通经典，广收门徒，有弟子千人。他发现茅容气质不凡，就主动与茅容交谈，结果二人非常投缘，相谈甚欢，不知不觉天就黑了，于是随茅容回家住宿。次日清晨，郭林宗见茅容杀鸡炖汤，以为是要款待自己，没想到茅容却把炖熟的鸡分成两份，一份给他的母亲吃，另一份则收了起来，用来招待自己的只是山肴野蔬。郭林宗感受到茅容把好东西留给母亲的孝心，深受感动，并大加赞赏："真是一位难得的贤人啊！我要和你做朋友，以后常常来往。只要你愿意，就可以跟我学习圣贤之道。"后来茅容在郭林宗的指导下，成为一名学问品行并重的人。

半钱寻母

杨成章，明朝道州人。父亲杨泰是浙江长亭巡检，因妻子何氏没有孩子，所以纳丁氏女为妾，并生下了杨成章。成章四岁的时候，杨泰就去世了。丁氏的父亲把成章交给何氏，带走了女儿丁氏。丁氏走之前把一枚银钱一分为二，自己和何氏一人留一半，等成章长大之后，好让何氏把那一半给他。六年过去了，何氏临死前，把半钱的来历告诉了成章，并交给了他。成章悲伤地接过那半枚银钱。长大成人后，成章结婚后一个月，就拿着半个银钱到浙江去寻找生母丁氏。生母已经改嫁到了东阳郭家，并生有一子郭珉。成章不知道此事，到处寻找原来的丁氏，自然找不到了。同时，丁氏也在四处打听成章的下落。后来，她终于知道成章考中了秀才，就让郭珉带着自己珍藏的半枚银钱去找哥哥。兄弟俩终于在江西相遇了，各自拿出半枚银钱合二为一。二人心头百感交集，拥抱相认。成章随弟弟去东阳看望生母。并欲接生母回自己家，但是母亲没有同意。后来多次劝说迎接，也没有成功。成章并不气馁，他放弃了求学的机会，到东阳一心奉养母亲。母亲去世后，成章和弟弟郭珉先后到京城做了官。当时的皇帝得知这件事，特别下诏书封成章为国子学录，还赐给郭珉许多花红洋酒。

忠孝双全

沈云英（1624—1660 年），明朝浙江萧山县昭东长巷村人。她从小喜欢骑马射箭，挥刀舞枪，练就了一身好武艺，并且苦读诗书，记忆力强，对宋朝胡安国的《春秋传》颇有研究。

崇祯十六年（1643 年），沈云英的父亲沈至绪出任湖南道州府守备。沈云英时年十九岁，随侍父亲左右。

当年，恰逢农民起义军张献忠部队围攻道州，沈至绪率兵出城迎敌，不幸战死阵中。沈云英闻讯悲愤至极，登上高处疾呼："我虽一个小女子，为了完成父亲守城的遗愿，定与敌军决一死战。希望全体军民齐心协力，保卫家乡。"言毕，束发披甲，一马当先，杀出城外。

情此景顿时激发起全军斗志，纷纷随之出城奋勇杀敌。因沈云英带头拼死冲杀，终于击退了敌兵，夺回了父尸，解了道州之围。

事后，道州郡守上表奏请其功，湖南巡抚王聚奎奏请朝廷敕封，追封沈至绪为昭武将军，在麻滩驿建祠，并加封云英为游击将军，继续守卫道州府。道州府的百姓为她建了一座忠孝双全的纪念祠。

后来，清兵入侵中原，南渡钱塘江，沈云英眼见山河破碎，回天无力，便欲投水自尽，幸得母亲奋力挽救，才免于死。沈云英后来家境十分贫寒，在长巷家祠开办私塾讲学，训练族中子女。

清朝顺治十七年（1660 年）秋，沈云英病逝，时年 36 岁。至今故里长巷村仍保留着"云英将军讲学处"。

薛包分家

薛包是后汉人，为人敦厚，对父母极其孝顺。他的母亲去世早，父亲再娶了一个后母，后母不愿意与薛包同住，要他迁出。薛包伤心痛哭，不忍离去，哀求父母不要赶他出去，父母大怒，用竹杖打他，要将他撵出家门。不得已，薛包只好顺从父母心意，离开父母，在屋外搭茅棚独居，每天早晨照常入内洒扫。父亲愤怒未消，又驱逐他，不让他干活。薛包就到里门另搭茅棚居住，依然是每天早晨回家向父母请安，对父母倍加谨慎，精心侍奉，从不间断。过了一年多，父母终于回心转意，让他回屋，全家再次共享天伦之乐。

几年后，父母相继去世，薛包的弟弟也已经成人，要求分家单过。薛包劝止不了，只好将家产平分。分家时，他提出，年老的奴婢都归自己。他说："年老的奴婢和我共事多年，我们彼此熟悉，你不熟悉，不会使唤。"他把荒芜的田园都分给自己，说："这是我少年时代经营的，心中有感情。"他把破旧的家具都分给自己，说："这些我平时用惯了，舍不得丢。"

兄弟分居以后，弟弟不善经营，数次将财产耗尽，薛包一次又一次地救济他。

薛包具有高尚的德行，因而被举荐为侍中，直到后来因病不起，皇上才下诏赐准还乡。更受尊礼，享年八十余岁，无疾而终。

陈孝妇终身践诺

汉朝有一个叫陈孝妇的人，是淮阳地方人，品行贤淑。她十六岁时，便按照父母之命出嫁了。陈孝妇的丈夫，是一位孝顺之人，家境贫寒，父亲早逝，与母亲相依为命。他对母亲十分孝敬，百依百顺。陈孝妇嫁到婆家后，夫妇二人不仅能恩爱互敬，还共同孝养母亲，一家三口生活充满了温暖与和乐。

婚后不多久，丈夫就应征去从军了。在临行的前一天晚上，丈夫和妻子有说不完的话。他最担忧的就是母亲的晚年，于是对妻子叹息说："如今我要从军去了，生死难料。自小，幸有母亲把我养育长大，可母亲只有我这一个儿子，没有其他兄弟可以依靠。假若我回不来，你肯奉养我的母亲吗？"

陈孝妇看着丈夫那期盼却又不安的眼神，马上应诺一声："好！只要有我在，一定让婆婆生活好！"她没有丝毫犹豫，神情坚定。丈夫听后十分感动，不由流下眼泪，把妻子紧紧地搂在怀中。

有了妻子的这句承诺，丈夫心上的石头也算落了地，便安心从军去了。从此，陈孝妇尽心侍奉着婆婆，也期盼着丈夫能早日平安回来，一家人可以再次团聚。早也盼，晚也盼，陈孝妇盼着丈夫回来，可是，得到的却是丈夫战死的消息！当噩耗传来时，婆婆与陈孝妇陷入万劫不复境地。母亲失去了唯一的爱子，妻子失去了新婚不久的丈夫，一个完整的家庭就破裂了，整个家就像被乌云笼罩了一样，灰蒙蒙的。陈孝妇和婆婆不由得都失声痛哭，谁看了都会心酸。

陈孝妇没有被悲痛击倒，也没有怨天尤人，而是牢记丈夫临行前对她最后的嘱托，决心用自己的全部精力照顾好婆婆。因此，她越加坚强起来，而且比以前更为勤劳。除了照顾婆婆，打理家事外，她还要纺纱织布，到集市出售，用赚来的钱买点食物，奉养婆婆。她日日夜夜地辛勤劳作，一点儿不懈怠，希望婆婆能生活得好一些。

婆婆也非常爱护媳妇，十分理解媳妇的痛苦。儿子死了以后，媳妇对自己更加体贴照顾，怕自己会伤心难过，还时常抚慰自己，生活也照顾得更为周到。婆婆感到媳妇的一片至诚孝心，因此虽然失去儿子，可心里也有所安慰。婆婆对陈孝妇视如己出，把媳妇关照得无微不至。

按照那时的制度，陈孝妇为丈夫守了三年丧。当丧期满后，婆婆心疼她这么年轻就要守寡，又没有一个孩子，心中实在不忍，就多次劝她改嫁。然而，陈孝妇却坚决不肯答应，回答说："媳妇听说：信是为人的根本，义是行为的规则。夫君临行前，谆谆交代媳妇终身照顾婆婆，我一定会坚定奉守丈夫的嘱托。更何况您是我最亲的人，我怎可以背信弃义离您而去呢？违背托付是失信，背叛亡夫更是忘义，媳妇怎能这样做啊？"陈孝妇的话，让婆婆万分感动。婆婆老泪纵横，拉着她的手，泣不成声，说道："娘实在是不忍心看你这么年轻就守寡啊！"

陈孝妇也哭着回答道："媳妇听说，做人宁可担负义而死，也决不可贪恋利而生。我已经答应了夫君，怎么可以不守信用呢？为人无信，怎能立足世间啊？我作为媳妇，侍奉公婆是分内之事。夫君不幸先死，不得尽他为人子的责任，如今再叫我离开，没有人奉养婆婆，那便显明了夫君的不肖，也显出我的不孝啊。假使媳妇为人不孝不信又无义，那媳妇还有何颜面活在世间哪？"陈孝妇申明，如果婆婆再逼她改嫁，她就自杀明志。婆婆见她如此坚定，也不由得痛哭起来，从此也不再叫她改嫁了。

此后，陈孝妇更是尽心竭力在家侍奉婆婆，早起晚睡，日日夜夜辛勤不断。在媳妇的精心照顾下，婆婆幸福地又活了二十八年，直到八十四岁才寿终正寝。婆婆去世后，因为家中贫寒，陈孝妇无力安葬婆婆，就将房产和田地都变卖了，给婆婆办好丧事。自己也终身奉守祭祀，完成她对丈夫的承诺，也尽她为人媳的责任。

淮阳太守得知此事后，非常受感动，便将她的孝行向汉孝文帝作了汇报。孝文帝听后，对陈孝妇信守承诺，奉养婆婆的孝行十分赞赏，便下旨赐给她四十斤的黄金，并免除她终身的徭役，以彰显她的信义与孝行。